科普活动

科学策划 精心组织

邱成利　著

重庆大学出版社

图书在版编目（CIP）数据

科普活动 / 邱成利著. -- 重庆 : 重庆大学出版社,
2025.5. -- ISBN 978-7-5689-5221-7

Ⅰ. G322

中国国家版本馆CIP数据核字第2025RA8532号

科普活动
KEPU HUODONG
邱成利　著

策划编辑：王思楠　　　责任印制：赵　晟
责任编辑：陈　力　　　装帧设计：武思七
责任校对：谢　芳　　　内文制作：常　亭

重庆大学出版社出版发行
出版人：陈晓阳
社址：（401331）重庆市沙坪坝区大学城西路 21 号
网址：http://www.cqup.com.cn
印刷：重庆升光电力印务有限公司

开本：720mm×960mm　1/16　印张：22　字数：296千
2025年5月第1版　　2025年5月第1次印刷
ISBN 978-7-5689-5221-7　　定价：78.00元

目　录

第一章

科普活动兴起

第一条　为了实施科教兴国战略、人才强国战略和创新驱动发展战略，全面促进科学技术普及，加强国家科学技术普及能力建设，提高公民的科学文化素质，推进实现高水平科技自立自强，推动经济发展和社会进步，根据宪法，制定本法。

第二条　本法适用于国家和社会普及科学技术知识、倡导科学方法、传播科学思想、弘扬科学精神的活动。

开展科学技术普及（以下简称科普），应当采取公众易于接触、理解、接受、参与的方式。

——《中华人民共和国科学技术普及法》

　　一提起科普，人们通常第一时间想到的就是科普活动。的确，大部分的科普是从组织或参与科普活动开始的。科普作为一个中文专有名词，其实在 1950 年以前并没有出现过。自 1950 年起，它是"中华全国科学技术普及协会"的简称。大约从 1956 年开始，"科普"作为"科学普及"的缩略语，逐渐从口头词语变成非规范的文字词语，并在 1978 年被收入《现代汉语词典》中，成为规范化的专有名词。[1]

　　科普是人类科学实践内容的一部分。《中华人民共和国科学技术普及法》（以下简称《科普法》）第五条指出："科普是公益事业，是社会主义物质文明和精神文明建设的重要内容。发展科普事业是国家的长期任务，国家推动科普全面融入经济、政治、文化、社会、生态文明建设，构建政府、社会、市场等协同推进的科普发展格局。"

　　与其说科普是一门使人聪明的学问，不如说它是使人幸福的学问，而科普活动则是使人聪明与幸福的途径，每种科普活动都有其作用与价值。科普活动在普及科学技术知识，增强公众的科技意识、科学素质，推动科技创新与科学普及协调发展，促进科技、经济、社会发展和国防建设方面发挥着十分重要的作用。习近平总书记高度重视科学普及，作出了一系列重要指示，党中央、国务院大力推进科普事业发展，科普的

1　景佳，韦强，马曙，等 . 科普活动的策划与组织实施 [M]. 武汉：华中科技大学出版社，2011: 1.

重要性日益凸显，成为公众日常生活和工作的重要内容之一。如今，"科普一下"成为很多公务员、专家、公众的口头禅。通过系统介绍科普活动的兴起、内涵、策划、内容、形式、实施等方面的内容，本书旨在为科普工作者、科技工作者、教育工作者、科普爱好者、科普志愿者和广大公众提供科普活动的相关知识和具体指导。

做科普容易，做好科普活动却并不容易，做出彩则很难，需要掌握必要的策划与组织技巧。

（一）科普活动最初起源

自人类开始群居生活，科学技术就逐渐进入了人们的生产和生活中，一些获取食物和衣物、建设定居场所的方法及技巧被口口相传，逐渐改变了人们的生产和生活方式，开始显示出其实用价值，也使人们的生活内容和质量得到提升，逐步从愚昧迈向文明社会。

1. 古代科学传播的萌芽

在人类文明的早期，人们就对自然现象进行了观察、记录和解释，积累了一些经验和自然科学知识。例如，古希腊哲学家提出了有关原子、元素和自然规律的观点，中国哲学家提出了阴阳五行等哲学思想。

古代科学的萌芽形态　在古代，科学的萌芽与人类的生存需求紧密相连。从原始社会开始，人类通过观察自然现象，如日月星辰的运行、四季的更替等，逐渐积累了零散的自然科学知识，这些观察与经验成为科学探索的最初动力。

早期科学的自发传播　在原始社会，科学的传播形式非常原始且自发。由于还没有文字和学校，科学技术的传播主要靠口头、符号、画图、结绳等方式。例如，神农氏发明了农具和种植方法"以教天下"，后稷"教民稼穑"等，这些都可以看作是原始的"科普"。这种自发的传播方式虽然在传播效率和覆盖范围上存在局限，但正是通过这种形式的知识传递，知识才得以被记录并传承下来。

古代文明的科技成就 随着社会的进步，古代文明孕育了科学的萌芽。古埃及的天文学、古巴比伦的数学、中国古代的医药学等都是古代科学的典型代表。这些科学的探索奠定了科学思维的基础，为后来的科学进步打下了坚实的基础。

古埃及人通过观察星空，制定了历法，并用于农业生产和宗教仪式。他们还建造了金字塔，这些浩大的建筑不仅体现了他们的工程能力，也反映了他们对天文学和几何学的理解。

古巴比伦人发明了六十进制，并用于天文观测和计算。他们的数学成就，如平方根和立方根的近似计算，对后来的数学发展产生了重要影响。

中国古代的医药学在长期的实践中逐渐发展成熟。神农尝百草，奠定了中药学的基础；扁鹊、华佗等名医的出现，挽救了许多人的生命，推动了中国古代医学的发展，他们创立的针灸、推拿等疗法至今仍具有广泛的应用价值。

2. 古代科学传播的方式

在古代社会，科学的传播方式逐渐多样化。随着文字的发明和学校的出现，科学的传播开始变得系统和规范了。

文字的发明跨越了口头语言的时空障碍，使科学知识得以更加准确和广泛地传播。例如，中国的甲骨文、金文等，都是古代科学知识传播的重要载体。

从古埃及、古希腊和中国的夏商周时期起，学校教育在世界主要文明区域中起源并发展。学校成为传授知识的重要场所，极大地促进了科学和技术的发展。

同时，世界各国的古代典籍中都出现过不少包含科学、技术、工程等内容的记载。这些典籍不仅记录了当时的科学成就，也起到了广泛传播普及科学技术知识的作用。

3. 古代科学实践的应用

古代科学的萌芽不仅体现在理论探索上，更体现在实践与应用中。这些实践与应用不仅推动了古代军事、经济、社会等领域的发展，也为后来的科学进步奠定了基础。

古代人民通过观察自然现象和长期实践，逐渐掌握了农耕技术。例如，中国的轮作制、灌溉技术等，大大提高了农业生产效率。

古代人民在手工业和制造业方面也取得了显著进步。例如，中国的青铜器、陶器、瓷器等制作技术，都体现了古代人民的智慧和创造力。

古代医学在长期的实践中逐渐发展成熟。例如，中国古代建立起了中医学理论体系，针灸、推拿等疗法得到了广泛应用。这些医学成果不仅为古代人民的健康提供了保障，也为后来的医学发展奠定了基础。

4. 中世纪科学思想受限

科学思想的发展并不是一帆风顺的，它在发展过程中受到了宗教和哲学观念的制约，许多科学思想一度被压制。值得一提的是，阿拉伯学者的翻译和研究工作在一定程度上保障了科学知识的流传。在世界科学史的研究中，人们往往被古希腊科学和欧洲近现代科学的光芒所吸引，认为阿拉伯科学只是连接两次科学盛世的桥梁，即公元8世纪的阿拉伯翻译运动保留了古希腊学术典籍，并在公元 12 世纪通过拉丁翻译运动将古希腊科学交还给欧洲。然而，近几十年的研究逐渐揭示出阿拉伯科学在数学、炼金术、天文学、医学等方面的开创性发展，其学术思想和研究成果深刻影响了欧洲近代科学。

中世纪是欧洲历史上的一个重要时期，大约从公元 5 世纪持续到 15 世纪。在这一时期，欧洲的科学发展受到了宗教、哲学观念和教育制度的严重制约。

宗教对科学的压制　在中世纪早期，基督教是欧洲最主要的宗教。基督教强调人的道德修养，重视人在现实中对上帝的信仰，主张通过信仰来实现人们对上帝的追求。这种宗教思想对欧洲中世纪的人们影响很大，他们逐渐形成了一种固定的宗教思维模式。

在这种宗教思想的影响下，科学知识的学习和传播受到了极大的限制。教会将科学知识视为一种异端的学说，不允许人们学习科学知识。在当时，教会拥有大量的图书资料和财富，这使得教会可以支持自己的思想体系。教会对科学知识的垄断也导致人们不能质疑教会，如果质疑了就有可能受到惩罚。

哲学观念的束缚　在中世纪，最有影响力和代表性的哲学思想是经院哲学。经院哲学是以基督教为核心发展起来的，强调通过逻辑推理和辩论来阐释和捍卫基督教教义，在一定程度上束缚了人们的科学思维。在经院哲学的框架下，人们往往只能按照既定的逻辑和教义来思考问题，而无法进行自由的科学探索。这种束缚不仅限制了科学思想的发展，也阻碍了科学知识的传播和应用。

教育制度的局限　中世纪的教育制度也严重制约了科学的发展。在当时，教育主要由教会掌握，以培养神职人员和牧师为主。这些教育机构注重的是宗教和神学知识的传授，而忽视了科学知识。此外，中世纪的教育资源也非常有限，大部分人都无法接受正规的教育，这种教育制度的局限使科学知识无法得到广泛的传播和应用。

阿拉伯学者的作用　尽管中世纪欧洲的科学发展受到了严重的制约，但阿拉伯学者的翻译和研究工作在一定程度上保障了科学知识的流传。

阿拉伯翻译运动是指公元 8 世纪至 10 世纪，阿拉伯学者对古希腊学术典籍进行翻译和保存的运动。在这期间，阿拉伯学者将大量的古希腊学术典籍翻译成阿拉伯文，并对其进行了注释和评论。这些古希腊学术典籍涵盖了数学、天文学、医学等多个领域。在阿拉伯翻译运动的基础上，阿拉伯科学得到了迅速的发展。

在数学方面，阿拉伯学者将代数学与古希腊的几何学相结合，开创了代数学与几何学相结合的新领域。他们编写了《几何原本》等数学著作，为后来的数学发展奠定了基础。

在炼金术方面，阿拉伯学者通过实验研究，提出了许多新的理论和观点。他们认为金、木、水、火等自然元素是可以相互转换的，并尝试通过某些手段将廉价金属转换为金子。这种思想为后来的化学发展提供了重要的启示。

在天文学方面，阿拉伯学者对托勒密体系进行了质疑和改进。他们改进了观测工具，修正了托勒密体系的偏差，并编制了天文数表。这些工作为后来的天文学发展奠定了基础。

在医学方面，阿拉伯学者建立了许多医院和医学院，培养了大量的医学人才。他们还编写了《医典》等医学著作，对后来的医学发展产生了深远的影响。

阿拉伯科学对欧洲的影响　公元 12—14 世纪，阿拉伯科学通过拉丁翻译运动传回欧洲，为欧洲的学术复兴提供了重要的思想资源和方法论准备。

在数学方面，阿拉伯学者的代数学和几何学思想对欧洲的数学家产生了重要的影响。他们借鉴阿拉伯学者的思想和方法，推动了欧洲数学的发展。

在天文学方面，阿拉伯学者的天文学著作和观测数据为欧洲的天文学家提供了重要的参考。他们借鉴阿拉伯学者的成果，改进了自己的观测方法和理论模型。

在医学方面，阿拉伯学者的医学著作和医疗实践对欧洲的医学家产生了重要的影响。他们借鉴阿拉伯学者的医疗技术和方法，推动了欧洲医学的发展。

阿拉伯学者对科学发展的启示　阿拉伯学者在翻译和研究古希腊学术典籍的过程中，不仅保留了原有的科学知识，还对其进行了发展和创新，这种注重基础研究和理论创新的精神在如今的科学研究中依然适用。阿拉伯学者在炼金术和医学等领域进行了大量的实验和实践研究，取得了许多重要的成果，这种重视实验和实践的研究方法对我们今天的科学研究仍然具有重要的指导意义。阿拉伯学者通过翻译和研究工作，将不同地区的科学知识融合在一起，推动了科学的发展。这种加强交流与合作的精神也值得我们今天的科学研究学习。

尽管中世纪欧洲的科学发展受到了严重的制约，但阿拉伯学者的贡献让科学知识得以流传和发展。这一历史现象告诉我们，科学的发展需要开放的思想和自由的探索精神。只有打破束缚和限制，才能推动科学的进步和创新。

5. 近代科学的兴起影响

在文艺复兴时期，人们开始追求个人观察、实验和理性思维，为科学革命奠定了基础。16—17世纪的科学革命时期，伽利略、开普勒、牛顿等科学家提出了天体运动、万有引力等革命性的理论和定律，强调了实证观察和实验验证的重要性。

近代科学的兴起是人类历史上一个极为重要的时期，标志着人类从直观观察和思辨性猜测向基于实证观察和逻辑推理的科学方法转变。这一时期，科学不再仅仅依赖于传统的宗教观念和思辨模式，而是开始采用系统的实验方法来验证假设，推动了科学知识的精确化和系统化。

兴起背景　近代科学的兴起与文艺复兴和宗教改革的深入发展密不可分。文艺复兴起源于14世纪中期至15世纪初的意大利，随后扩展到整个欧洲。在这一时期，欧洲人民逐渐走出了中世纪的黑暗和迷信，开始追求知识和美的表达。随着资本主义的发展，社会经济形态发生了变革，人们对自然界的认识也发生了革命性变化。

在文艺复兴时期，艺术作品呈现出多样化的形式和风格，不再局限于宗教题材，而是注重个人与自然的表达，绘画、雕塑和建筑等艺术形式都有了新的发展。更重要的是，人文主义思潮的兴起激发了人们对知识和科学方法的浓厚兴趣。人文主义者追求人的全面发展和尊严，崇尚人的智慧和力量，注重人的能力和理性思维，强调教育和社会进步的重要性。这种思潮在教育、文学和社会思想等领域产生了深远影响，为近代科学的诞生奠定了思想基础。

与此同时，宗教改革也推动了人们对传统宗教观念的质疑和反思。随着人们对宗教权威的怀疑，他们开始更加关注自然界本身，并通过观察和实验来探索自然界的奥秘。这种实证主义思想的兴起，为近代科学的形成和发展提供了重要前提。

重要成就 16—17 世纪的科学革命是近代科学兴起的重要标志。在这一时期，许多杰出的科学家通过他们的研究，提出了天体运动、万有引力等革命性理论和定律，主要有以下成就：

波兰天文学家哥白尼提出了"日心说"，否定了天主教会宣扬的"地心说"，建立起一种新的宇宙观。这一理论不仅改变了人们对宇宙的认识，也为后来的科学研究提供了新的视角和方法；德国天文学家开普勒发现了行星运动规律的开普勒三大定律。这些定律揭示了行星运动的规律性和可预测性，为后来的天文学研究提供了重要依据。

意大利物理学家伽利略通过实验手段，论证了哥白尼的日心说，并发现了自由落体定律。他通过斜面实验，推断出物体如不受外力作用，将维持匀速直线运动的结论。这一发现为后来的牛顿运动定律奠定了基础；英国科学家牛顿提出了万有引力定律和牛顿运动定律，确立了较为完整的力学体系。这些定律不仅解释了天体运动的规律，也为后来的物理学、工程学等领域的发展提供了重要支撑；英国科学家胡克发现了胡克定律，揭示了弹性体变形的规律；英国物理学家卡文迪许利用扭秤装置测出了引力常量，为后来的引力研究提供了重要数据。

近代科学在光学、热学、电磁学、解剖学等领域也取得了巨大进步。这些领域的成就不仅推动了科学知识的积累和发展，也为后来的工业革命和技术革新提供了重要支撑。

主要特征 近代科学建立在严格的实验基础上。科学家们通过实验手段来揭示自然界的奥秘，是近代科学的重要特征之一。科学家们通过实验来验证假设和理论，从而推动了科学知识的精确化和系统化。

近代科学强调逻辑推理的严密性。科学家们通过归纳和演绎等方法构建科学理论，使科学知识具有更强的逻辑性和可预测性。这种逻辑推理的方法不仅提高了科学知识的准确性，也推动了科学方法的不断完善和发展。

近代科学追求定量化描述，科学家们力求用数学语言精确地表达自然现象和规律。这种定量化描述的方法不仅提高了科学知识的精确性，也为后来的科学研究提供了更加便捷和高效的手段。

近代科学是开放的、不断发展的知识体系。随着新实验事实的发现和新理论的提出，科学体系不断完善和更新。这种开放性的特征使近代科学能够不断适应新的科学发现和技术发明，推动人类更加深入地认识自然界。

深远影响　近代科学的兴起对人类社会产生了深远的影响。它不仅推动了科学知识的积累和发展，也促进了人类思维方式的变革和社会进步。

科学革命形成了重视经验和事实的理性化思维方式。科学家们通过观察、实验、分析和归纳等基本途径发现自然规律，这种思维方式不仅提高了科学知识的准确性，也推动了人类思维方式的变革。人们开始更加注重实证观察和逻辑推理，逐渐摆脱了迷信和盲从的束缚。

随着近代科学的发展，许多领域取得了重要突破。这不仅推动了科学技术的进步，也促进了社会经济的发展和文化的繁荣。例如，工业革命的发生就与近代科学的发展密切相关，工业革命推动了生产力的提高和社会结构的变革，为人类社会的发展带来了新的动力和方向。

近代科学的兴起还培育了一种科学精神。这种精神强调实证观察、逻辑推理和定量化描述的重要性，鼓励人们不断探索自然界的奥秘和规律，不仅推动了科学知识的积累和发展，也促进了人类文明的进步和繁荣。

近代科学的发展还推动了跨学科研究的兴起。随着科学知识的不断积累和发展，人们开始意识到不同学科之间的联系和交叉点。这种跨学科研究的兴起不仅推动了科学知识的整合和创新，也促进了新学科和新领域的诞生和发展。

近代科学的兴起是人类历史上一个极为重要的时期，它标志着人类认识自然界的新阶段和科学方法的变革。这一时期的成就和贡献不仅推动了科学知识的积累和发展，也为后来的工业革命、技术革新和人类社会的进步提供了重要支撑和动力。

6. 现代科学的迅速发展

科学的出现是人类文明发展的必然产物，经历了从萌芽到受限再到兴起并不断发展的历程，不断推动着人类社会的进步和变革。然而，在近代，科学知识主要局限于学术界内部，尚未形成广泛的社会普及。到了 20 世纪初，随着科学技术对人类社会的影响日益显著，公众对科学了解的需求逐渐上升，科普活动开始萌芽。

案例 1：英国科学节

英国科学节的起源可以追溯至英国科学促进会（British Science Association）于 1831 年举办的年会，而通常认为较为正式的英国科学节，则是斯旺西大学于 1848 年承办的活动，这也是有据可查的早期英国科学节之一。英国科学促进会成立于第一次工业革命时期的 1831 年，成立的目的是提高公众的科学觉悟和对科学的理解，那时英国就对公众理解科学技术的问题给予了关注。1827 年圣诞节，著名科学家迈克尔·法拉第在伦敦的皇家学会给孩子们做了他的第一次科普讲座。1857 年，世界最早的科技博物馆在伦敦建成。英国科促会成立后，对国家的发展和繁荣发挥了一定的作用。

> 科学节的主要内容是科学家交流，活动将科学家们集中起来，共同讨论各自领域的突破性工作。更重要的是，活动为科学家与普通公众之间提供了交流的平台，旨在引发讨论和辩论并普及科学知识。一些重大的科学进展也会在活动上公之于众。例如，19 世纪 40 年代焦耳的热功当量实验、1856 年贝塞麦的转炉炼钢法、1894 年瑞利和拉姆齐首次发现惰性气体氩等。

19 世纪末至 20 世纪初，英国、德国、法国、意大利和美国等国家开始尝试通过各种方式向公众普及科学知识，包括建立科学博物馆、创办科普杂志、设立科学电台等。这些活动不仅为公众提供了接触科学知识的机会，还激发了公众对科学的兴趣和好奇心，也为后来的科普活动奠定了基础。

科学创新传播　科普作为实现创新发展的基础性工作，对激发青少年好奇心以及树立热爱科学、崇尚科学的社会风尚具有深远意义。随着现代科学技术的迅猛发展，科普活动在内容和形式上都得到了极大的丰富和拓展。现代科学不仅为科普提供了丰富的素材和新颖的视角，还通过技术手段创新了科普活动的传播方式，提高了科普活动的效率和效果。

丰富科普内容　现代科学的飞速发展，使科学知识的边界不断扩展，科学发现的深度和广度不断增加。这些新发现、新理论和新技术为科普活动提供了丰富的素材。例如，在物理学领域，量子纠缠、黑洞、引力波等前沿研究成果的公布，激发了公众对宇宙和微观世界的浓厚兴趣；在生物学领域，基因编辑、人工合成生物学等领域的突破，为公众提供了关于生命奥秘的新视角。这些科学成果不仅拓宽了科普活动的内容范围，还提升了科普活动的吸引力和趣味性。

创新科普形式 现代科技的发展，特别是互联网技术的普及，为科普活动提供了更加多样化、便捷化的传播手段。传统的科普形式，如科普讲座、科普展览、科普读物等，虽然仍具有重要意义，但现代科技使科普活动可以突破时空限制，以更加生动、直观的方式呈现。例如，通过虚拟现实（VR）、增强现实（AR）、混合现实（MR）技术，公众可以身临其境地体验科学现象和科学实验；通过社交媒体、短视频平台等新媒体渠道，科学技术知识可以迅速传播给更广泛的受众群体。这些创新形式不仅提高了科普活动的覆盖面和影响力，还增强了科普活动的互动性和趣味性。

提升科普效果 现代科学的发展，特别是数据科学和人工智能技术的应用，为科普活动效果的评估和优化提供了有力支持。通过大数据分析，科普活动组织者可以了解公众对科普内容的偏好和需求，从而有针对性地设计科普活动和传播策略。同时，人工智能技术还可以用于科普内容的智能推荐和个性化推送，提高科普信息的到达率和接受度。此外，通过对科普活动的监测和评估，相关从业人员可以及时发现科普工作中的问题并纠正，不断提升科普的效果和质量。

7. 支持科普活动的开展

提供技术支持 现代科技的发展为科普活动提供了强大的技术支持。例如，科普展览通过多媒体技术、交互技术等手段，可以创造出逼真的科学场景和互动体验；科学教育通过在线学习平台、远程教育系统等手段，可以实现科普资源的共享和优质教育资源的均衡配置。这些技术手段的应用，不仅提高了科普活动的效率和效果，还降低了科普活动的成本和门槛。

培养科普人才 现代科学对科普人才的需求日益增加。为了满足这一需求，一些高校和科研机构开设了科普相关专业或课程，培养了一批具有专业素养和科普能力的专业人才。同时，现代科技还提供了多种培训和提升科普能力的途径。例如，通过在线课程、网络研讨会等手段，科普从业者可以随时随地学习和掌握最新的科普理念和方法；通过参与科普项目和实践活动，科普从业者可以锻炼和提升科普活动策划、组织和实施能力。这些人才的培养和提升，为科普活动的持续开展提供了有力的人才保障。

科普资源共享 现代科技的发展促进了科普资源的共享和整合。通过建设科普资源库、科普云平台等手段，科普资源可以实现集中存储、统一管理和便捷访问。这些平台不仅提供了丰富的科普内容和资源，还支持用户根据需求和兴趣进行个性化选择和定制。同时，通过加强与其他机构、组织的合作与交流，科普资源可以实现共享和互补，提高其利用效率和社会效益。

加强科普交流 现代科技的发展加强了科普领域的国际交流与合作。通过参与国际科普项目、举办国际科普论坛等手段，科普从业者可以了解其他国家科普活动的最新动态和发展趋势，学习借鉴国际科普活动的先进经验和做法。同时，还可以加强与其他国家和地区在科普领域的合作与交流，这些交流与合作不仅拓宽了科普活动的视野和思路，还提高了科普活动的国际影响力和竞争力。

案例 2：创新科普活动

上海科技馆作为世界知名的科普场馆之一，在开展科普活动方面精心策划、锐意创新，策划了多种形式的科普活动，该馆通过运用多媒体技术、交互技术等手段，创造出了逼真的科学场景和互动体验。同时，该馆还通过举办科普讲座、策划科普展览、创作科普作品、制作科普视频、演出科学节目等活动，向公众普及科学技术知识、倡导科学方法，深受社会各界，特别是中小学生的欢迎，成为世界上接纳公众最多的科技馆，也是世界上最好的科技馆之一，具有良好的社会声誉。

中国科协作为国内科普工作的主要推动者之一，通过实施科普中国高校行、科普中国乡村行等项目，推动了科普资源向高校、乡村等地区的覆盖和延伸。同时，中国科协还通过建设中国数字科技馆、科普资源库、科普云平台等手段，实现了科普资源的共享和整合。这些项目的实施不仅提高了科普的覆盖面和影响力，还促进了科普活动的创新和发展。

案例 3：数字科普大使

数字科普大使作为一种新兴的科普形式，在科普传播中发挥了重要作用。中国航天博物馆推出的数字科普大使镜月及虚拟职员仔仔等，通过风格化、定制化的虚拟形象打破了大众对科普工作者的刻板印象，运用人工智能技术实现了与公众的互动和交流，增强了受众的黏性和参与度。

高新技术的发展对科普活动具有重要的促进和支撑作用。高新技术可以丰富科普内容、创新科普形式、提升科普效果，为科普活动提供了强大的动力和支持；高新技术成果可以提供技术支持、推动科普创新、促进科普资源共享和加强科普国际交流，为科普活动的持续开展和高质量发展提供了有力保障。

奠定科学发展基础　公众科学素养是科学发展的基石。只有公众具备一定的科学文化素养，才能够更好地理解科学原理、支持科学创新，并为科学研究提供必要的资源和环境。科普活动通过各种形式和渠道，向公众普及科学知识，提高公众的科学素养水平，为科学发展奠定了坚实的社会基础，犹如肥沃的土壤。

科普活动通过展览、讲座、演讲、讲解等形式，向公众传递科学知识。这些活动通常以生动有趣的方式呈现科学原理，使公众能够轻松理解并接受。例如，科技馆中的互动展品可以让公众亲身体验科学现象，从而加深对科学原理的理解。

科普活动不仅传递科学知识，还注重培养公众的科学精神。科学精神包括批判性思维、实证精神、创新精神等，是科学研究的重要支撑。通过参与科普活动，公众可以学会用科学的眼光看待问题、用科学的方法解决问题，从而具备更好的科学素养。

科普活动能够营造浓厚的科学氛围，使公众在日常生活中更加关注科学。例如，科技活动周、科普日、科技节等活动可以吸引大量公众参与，形成全社会共同关注科学的良好氛围。

推动科学创新发展　科普活动能够激发公众对科学的好奇心、想象力、探索欲，进而推动科学创新与发展。当公众对科学产生浓厚的兴趣时，他们会更愿意投入时间和精力去学习和探索科学，从而为科学研究提供更多的灵感和创意。

科普活动通过展示科学的魅力，激发公众对科学的兴趣。例如，科学实验表演、科学魔术等活动可以让公众在娱乐中感受科学的神奇，从而产生对科学的热爱和向往。

科普活动能引导公众进行科学探索。通过参与科普活动，公众可以了解科学研究的方法和过程，学会用科学的方法去探索和解决问题。这种探索精神是推动科学创新的重要动力。

科普活动还能激发公众的科学创意。公众中藏龙卧虎，有各种人才，当对科学有了更深入的了解和认识后，他们可能会产生新的科学想法和创意，这些想法和创意甚至有可能成为科学研究的新的突破点和创新点。

加速科技成果转化 科普活动在科技传播与交流中发挥着重要作用。通过科普活动，科学家和公众可以更加紧密地联系在一起，共同推动科技成果转化和应用。

科普活动为科技传播提供了更加广泛的渠道。除了传统的媒体渠道外，科普活动还可以通过新媒体渠道进行传播。这种多元化的传播方式使科技知识能够更快速地传递给公众，提高科技成果的知名度和影响力。

科普活动还为科学家和公众搭建了交流平台。通过参与科普活动，公众可以与科学家进行面对面的交流和互动，了解科学研究的最新进展和成果。这种交流有助于增进科学家和公众之间的理解和信任，为科技成果转化和应用创造更加有利的条件。

科普活动还能够加速科技成果转化。通过向公众展示科技成果的应用价值和潜力，科普活动可以激发公众对科技成果的兴趣和需求。这种兴趣和需求可以推动科技成果更快地转化为实际生产力，开拓新的途径或市场，为经济社会发展提供更多的动力和支持。

培养科研后备人才 科普活动在培养科学人才方面也发挥着重要作用。通过参与科普活动，青少年可以更加深入地了解科学，培养对科学的兴趣和热情，从而为未来的科学研究和技术创新储备后备人才。

科普活动可以为青少年提供科学教育的机会。通过参与科普活动，青少年可以了解科学原理、科学实验和科学研究方法等方面的知识。这种教育有助于培养他们的科学素养和创新能力，为未来的科学研究和技术创新打下基础。

科普活动还能够引导青少年对科学的兴趣。通过走进自然界、观察植物动物、搜集植物动物标本等，科普活动可以激发青少年对科学的热爱和向往。这种兴趣可以引导他们更加深入地学习科学，为未来的科学研究和技术创新提供更多的动力和支持。

科普活动还可以为科学人才培养提供支持和帮助。通过参与科普活动，青少年可以结识更多的科学家和科研人员，特别是博士研究生、硕士研究生等，了解他们的科研经历、科研成果和学习经历。这种交流有助于激发青少年的科学梦想和追求，为他们未来的科学研究和技术创新提供更多的指导和帮助。

促进民主科学决策　科普活动在推动科学普及与民主决策相结合方面也发挥着重要作用。通过科普活动，公众可以更加深入地了解科学知识和科学决策的重要性，从而对科学决策给予更多的支持和理解。

科普活动可以向公众普及科学决策的知识和方法。通过展示科学决策在解决实际问题中的应用和效果，科普活动可以帮助公众了解科学决策的重要性和必要性。这种普及有助于增强公众对科学决策的信任和支持，为科学决策的实施创造更加有利的条件。

科普活动还能促进科学决策的优化。通过向公众展示科学决策的过程和结果，科普活动可以公开收集公众的意见和反馈，为科学决策提供更多的参考和依据。这种反馈有助于科学家和决策者更加全面地了解公众的需求和期望，从而制订更加符合实际和科学规律的决策方案。

案例 4："科普进社区"

"科普进社区"是一项面向社区居民的科普活动，通常在周末举办，旨在通过举办讲座、展览等形式向社区居民普及科学知识。该活动通常涵盖多个领域，包括健康、环保、安全、节能等。通过参与该活动，社区居民可以了解最新的科学进展和成果、获取健康知识、学习节能技巧、提高安全意识，从而提高自己的科学素养水平。

案例 5："科学之夜"

"科学之夜"是一项面向公众的科普活动，旨在通过互动体验的方式让公众了解科学。该活动通常在周六晚上举办，便于全家人一起参与。活动内容包括科学实验、科学魔术、科技展览、科普讲解、科学影片、科普大咖面对面等。通过参与该活动，公众可以亲身体验科学的魅力，培养对科学的兴趣和热情。同时，"科学之夜"还邀请科学家和科研人员为公众讲解科学原理和研究方法等方面的知识，为他们学习科学知识和参与创新提供更多的支持和帮助，有时还会邀请外国专家出席，增加国际色彩。

活动通常以家庭为单位参加，提供点心、咖啡、饮料等，并向小朋友赠送小礼物。

（二）科普活动历经阶段

科普活动的发展历经了以下几个主要阶段，每个阶段都各具特点。

1. 初期阶段（20 世纪初至第二次世界大战前）

在这一阶段，科普活动主要以科学博物馆、科普杂志和科普讲座等形式为主。科学博物馆通过展示各种科学仪器和实验装置，使公众能够直观地了解科学原理和技术应用；科普杂志通过发表科学文章和图片，向公众普及科学知识；一些科学家和学者也开始通过讲座和演讲等方式，向公众传播科学思想、知识和方法。具有以下特点：

形式单一　科普活动的形式较为单一，以单向灌输为主，缺乏多样化的传播手段。

受众有限　科普活动主要面向对科学有兴趣的部分公众，普及科学技术知识的方式过于专业化，尚未形成广泛的社会影响。

内容浅显　科普内容相对简单，主要目的是激发公众对科学的兴趣和好奇心，希望公众了解科学技术、支持科学技术研究。

2. 发展阶段（第二次世界大战后至 20 世纪 90 年代）

第二次世界大战后，随着科技革命的到来，科普活动迎来了新的发展机遇。各国政府开始重视科学普及工作，纷纷设立了专门的科普机构和基金，支持科普发展。同时，随着电视、广播等媒体的普及，科普活动开始借助这些新兴的传播手段，向更广泛的公众传播科学知识。具有以下特点：

形式多样　除了传统的科学博物馆、科普杂志和科普讲座外，还出现了电视科普节目、广播科普节目、科普图书等多种形式。

受众广泛　科普活动开始面向更广泛的公众，包括工人、农民等各个阶层，对受教育程度较低、文化水平有限的公众具有较大吸引力。

内容深入　科普内容逐渐从浅显易懂的基础知识向科学原理拓展，并部分涉及了前沿技术。

在这一阶段，一些国家还开始通过立法手段来推动科普工作的开展。例如，美国于1950年颁布了《国家科学基金会法案》，明确规定了国家科学基金会在推动科学普及方面的职责和任务。这些法律政策的出台，为科普事业的发展提供了有力的法律保障和政策支持。

3. 多元阶段（20世纪90年代至今）

进入20世纪90年代，随着数字时代的到来，科普活动迎来了新的变革。互联网、社交媒体等新兴传播手段的兴起，为科普工作提供了更加便捷和高效的传播渠道。同时，随着全球一体化的深入发展，科普活动也开始呈现国际化的趋势。具有以下特点：

渠道多样化 微博、微信、小红书等新兴传播平台成为科普活动的重要渠道，使得科普内容能够迅速传播到全球各个角落。

内容多元化 科普内容涵盖了环境科学、健康科学、科技创新等多个领域，满足了公众对多样化科学知识的需求。

公众参与高 随着科普活动的普及和深入，越来越多的公众开始积极参与科普活动，形成了良好的科学文化氛围。

国际化趋势 科普活动开始跨越国界，国际合作成为推动科普事业发展的重要力量。各国通过共同举办科普展览、开展科普交流等方式，促进了科学文化的传播和交流。

（三）中国科普发展历程

科普活动在中国的发展历史悠久，同样经历了多个阶段，每个阶段都有其独特的内容和特点。

1. 引进西方与启蒙阶段（鸦片战争后到民国时期）

在鸦片战争后，中国开始接触西方的科学技术。一些有识之士意识到科学技术在国家安全中的重要性，因此开始大力推广科学知识。这一时期的科普活动主要集中在引进和翻译西方的科学著作上，如严复翻译的《天演论》等，这些著作不仅传播了科学知识，还激发了人们对科学的兴趣和热情。具有以下特点：

引进为主 这一时期的科普活动以引进西方的科学著作和技术为主，旨在填补国内科学领域的空白。

启蒙性质 科普活动具有启蒙性质，旨在提高公众的科学文化水平，培养人们的科学精神和科学思维。

影响有限 由于历史背景和条件的限制，这一时期的科普活动规模较小，参与人数较少，影响范围有限。

2. 政府推动与发展阶段（中华人民共和国成立后）

1949 年 9 月 21 日至 30 日，中国人民政治协商会议第一届全体会议召开，会议一致通过了《中国人民政治协商会议共同纲领》，其中第四十三条明确提出，努力发展自然科学，以服务于工业农业和国防的建设。奖励科学的发现和发明，普及科学知识。国家开始大力发展科学技术，科普活动也得到了空前的发展。政府成立了专门的科普机构，如科学普及局等，负责组织和推动科普工作。同时，政府出版了大量的科普读物，建立了科普场馆，如科技馆、科学宫等，为公众提供了学习和了解科学的场所。此外，政府还开展了各种形式的科普活动，如科普讲座、科普展览等，吸引了大量公众参与。具有以下特点：

政府主导 这一时期的科普活动由政府主导，具有明确的组织性和计划性。政府提供经费支持，相关部门和事业、企业单位组织实施。

快速发展 科普活动在数量和质量上都得到了快速发展，普及文化知识和科学技术常识成为主要内容，一些简单的科普读物，特别是《十万个为什么》等科普书深受公众欢迎，大城市开始建设一些科技馆、科技类博物馆等科普基础设施。

广泛参与 公众对科普活动的热情高涨，城镇居民关注科技常识、农村居民则热心学习农业科技知识与方法，公众参与度不断提高，形成了良好的科普社会氛围。

3. 多元化与专业化阶段（改革开放后）

改革开放后，中国经济快速发展，社会进步显著，随着科技工作的迅速发展，科普活动也开始呈现多元化和专业化的趋势。1994年，中共中央、国务院印发《关于加强科学技术普及工作的若干意见》，科普工作得到各级党委、政府的高度重视。国家建立了全国科普工作联席会议制度，科技部（原国家科委）为组长单位。1996年、1999年召开了两次全国科普工作会议，表彰全国科普工作先进集体和先进工作者，命名了全国青少年科技教育基地。一方面，科普活动的形式和内容更加丰富多样，包括科普电影、科普电视剧、科普游戏等新型科普方式不断涌现；另一方面，科普活动开始关注不同群体的需求，针对不同受众群体开展个性化的科普服务。例如，针对农民群体开展农业科技培训，针对青少年群体开展科学竞赛和科普夏令营等活动。具有以下特点：

多元化 科普活动的形式和内容趋向多元化，从一般性活动逐渐转向多种形式，满足了不同受众群体的需求。

专业化 科普活动开始注重专业性和科学性，不同的部门和机构开始发挥自身科技优势，强调科学知识的准确性和严谨性。

社会化 社会各界开始积极参与科普活动，形成了政府、科研机构、学校、企业、社会组织和公众共同参与的新格局。

4. 创新与公众参与阶段（21世纪以来）

进入21世纪后，随着科技的飞速发展和社会的不断进步，科普活动也迎来了新的发展机遇。一方面，政府加大了对科普工作的投入力度，出台了一系列政策措施支持科普事业的发展；另一方面，随着互联网的普及和新媒体的兴起，科普活动也开始向数字化、网络化和智能化方向发展。例如，通过微信公众号、短视频平台等新媒体渠道开展的科普宣传和教育活动，吸引了大量年轻受众的关注和参与。

2023年召开了全国科普工作交流研讨会，加强国家科普能力建设和提高全民科学素质成为这一时期科普工作的重要目标。政府和社会各界共同努力，通过举办科普讲座、科普展览、科普竞赛等活动，以及推动科学教育进校园、进社区、进农村、进军营等方式，不断提高公众的科技意识和科学文化水平。具有以下特点：

内容形式创新 科普活动在形式和内容上不断创新发展，涌现了一系列新型科普方式和手段。从科技讲座向科技展览、科学演讲、科普讲解、实验演示、互动体验等方面拓展，内容丰富且形式多样，对公众产生了较大吸引力。

全民广泛参与 科普活动逐渐从少数人的"专利"转变为全民的"盛宴"，从科技馆走向科研机构、企业、学校、社区、乡村，公众参与度不断提高。

数字化网络化 随着互联网的普及和新媒体的兴起，科普活动开始向数字化、网络化和智能化方向发展。数字化展品的出现，VR、AR、MR的广泛使用，都对公众产生了广泛吸引力。

助力科技创新 科普活动开始注重与科技创新的结合，通过展示科技创新成果和推动科技成果转化等方式，进一步激发了公众对科学的兴趣和热情。

案例 6：全国科技活动周

全国科技活动周是中国政府于 2001 年批准设立的一项大规模群众性科学技术活动。根据国务院的批复，自 2001 年起，每年 5 月的第三周被定为"全国科技活动周"。由科技部会同中央宣传部、中国科协等 19 个部门（现已达到 41 个）共同组成全国科技活动周组委会，在全国范围内组织实施。

2001 年，时任中共中央总书记江泽民对首届科技活动周作出重要批示。2015 年，时任中共中央政治局常委、国务院总理李克强对全国科技活动周作出重要批示。

全国科技活动周的主要目的是通过举办丰富多彩的群众性科技活动，普及科学技术知识、倡导科学方法、传播科学思想、弘扬科学精神，推动全社会形成讲科学、爱科学、学科学、用科学的良好氛围。活动周期间，有关部门会在全国各地同步举办各种形式的科普展览、科技讲座、科技竞赛等科普活动，旨在提高公众的科学素质，促进科技创新和科学普及的协调发展。

全国科技活动周已经成功举办了 24 届，每一届都有其独特的主题和亮点。例如，2024 年的全国科技活动周主题为"弘扬科学家精神　激发全社会创新活力"，旨在大力弘扬科学家精神，团结引导广大科技工作者勇当高水平科技自立自强排头兵。全国科技活动周不仅是一个展示科技创新成果的平台，更是一个科普的重要平台。它让公众有机会近距离接触科技、了解科技，从而激发对科技的兴趣和热爱，有助于推动科技创新和科学普及的协调发展。

全国科技活动周已经发展成一项全国范围的群众性科技活动，每年都在全国掀起一股科普热潮，各种类型的科普活动如雨后春笋般涌现。

2002 年 6 月 29 日，全国人大常委会颁布了《科普法》，明确了科普工作的法律地位和基本任务。2002 年底，第三次全国科普工作会议召开，时任中共中央政治局常委、国务院副总理李岚清出席并发表重要讲话，命名了一批全国青少年科技教育基地，表彰了一批全国科普工作先进集体和先进工作者。

2016 年 4 月 18 日，科技部、中央宣传部印发了《中国公民科学素质基准》。

2024 年 12 月 25 日，全国人大常委会颁布了新修订的《科普法》，决定每年 9 月为全国科普月，还专门增加了科普活动作为独立的一章，共十条，可见科普活动的特别重要性。具体内容如下：

第四章　科普活动

第二十九条　国家支持科普产品和服务研究开发，鼓励新颖、独创、科学性强的高质量科普作品创作，提升科普原创能力，依法保护科普成果知识产权。

鼓励科学研究和技术开发机构、高等学校、企业等依托现有资源并根据发展需要建设科普创作中心。

第三十条　国家发展科普产业，鼓励兴办科普企业，促进科普与文化、旅游、体育、卫生健康、农业、生态环保等产业融合发展。

第三十一条　国家推动新技术、新知识在全社会各类人群中的传播与推广，鼓励各类创新主体围绕新技术、新知识开展科普，鼓励在科普中应用新技术，引导社会正确认识和使用科技成果，为科技成果应用创造良好环境。

第三十二条 国家部署实施新技术领域重大科技任务，在符合保密法律法规的前提下，可以组织开展必要的科普，增进公众理解、认同和支持。

第三十三条 国家加强自然灾害、事故灾难、公共卫生事件等突发事件预防、救援、应急处置等方面的科普工作，加强应急科普资源和平台建设，完善应急科普响应机制，提升公众应急处理能力和自我保护意识。

第三十四条 国家鼓励在职业培训、农民技能培训和干部教育培训中增加科普内容，促进培育高素质产业工人和农民，提高公职人员科学履职能力。

第三十五条 组织和个人提供的科普产品和服务、发布的科普信息应当具有合法性、科学性，不得有虚假错误的内容。

第三十六条 国家加强对科普信息发布和传播的监测与评估。对传播范围广、社会危害大的虚假错误信息，科学技术或者有关主管部门应当按照职责分工及时予以澄清和纠正。

网络服务提供者发现用户传播虚假错误信息的，应当立即采取处置措施，防止信息扩散。

第三十七条 有条件的科普组织和科学技术人员应当结合自身专业特色组织、参与国际科普活动，开展国际科技人文交流，拓展国际科普合作渠道，促进优秀科普成果共享。国家支持开展青少年国际科普交流。

第三十八条 国家完善科普工作评估体系和公民科学素质监测评估体系，开展科普调查统计和公民科学素质测评，监测和评估科普事业发展成效。

（四）科普活动现状特征

党的十八大以来，科学普及工作得到了党和政府的高度重视和大力支持。2022 年 9 月，中共中央办公厅、国务院办公厅印发的《关于新时代进一步加强科学技术普及工作的意见》指出，以习近平新时代中国特色社会主义思想为指导，坚持把科学普及放在与科技创新同等重要的位置，强化全社会科普责任，提升科普能力和全民科学素质，推动科普全面融入经济、政治、文化、社会、生态文明建设，构建社会化协同、数字化传播、规范化建设、国际化合作的新时代科普生态，服务人的全面发展、服务创新发展、服务国家治理体系和治理能力现代化、服务推动构建人类命运共同体，为实现高水平科技自立自强、建设世界科技强国奠定坚实基础。在科普管理部门，特别是科协的积极推进下，中国科普活动从无到有、从小到大、从弱到强，呈现蓬勃的生机与活力，在政府、社会各界以及广大公众的共同努力下，科普活动已经成为生活的常态化内容。中国现阶段科普具有如下特征：

1. 投入持续稳定增加

中国对科普工作的投入持续加大，体现在科普经费、科普设施建设等多个方面。中国各级政府部门对科普工作的拨款逐年增加，2023 年全国科普工作经费筹集额 215.06 亿元，全国人均科普专项经费 5.76 元。这些资金主要用于科普场馆的运营、科普活动的组织、科普作品的创作与发行等方面，为科普工作的顺利开展提供了有力保障。科普设施建设是科普工作的重要基础，中国各地纷纷加强科普场馆的建设和升级，提高科普场馆的展示水平和教育功能。截至 2023 年底，全国科技馆和科学技术类博物馆数量已达 1779 个，展厅面积 660.03 万平方米，比 2022 年增加 6.04%。其中，科技馆 703 个，科学技术类博物馆 1076 个。全国范围内共有青少年科技馆站 519 个，城市社区科普（技）专用活动室 4.8 万个，农村科普（技）活动场地 16.19 万个，科普宣传专用车 1203 辆，流动科技馆站 856 个，科普宣传专栏 25.94 万个。这些场馆通过举办各类科普展览、科普讲座等活动，吸引了大量公众前来参观学习。

2. 活动内容丰富多样

中国科普活动形式多样、内容丰富，涵盖了科技前沿、社会热点、日常生活等多个领域。科普讲座和展览是科普活动的重要组成部分，中国各地科技馆、博物馆、学校等纷纷举办各类科普讲座和展览，邀请专家学者为公众普及科学知识，提高公众的科学素养。2023 年，全国组织线上线下科普（技）讲座 130.54 万次，吸引 19.26 亿人次参加；举办线上线下科普（技）专题展览 10.75 万次，共有 5.14 亿人次参观；举办线上线下科普（技）竞赛 4.13 万次，参加人次达 5.66 亿；建设青少年科技兴趣小组 12.74 万个，参加人数达 877.33 万人次；青少年科技夏（冬）令营活动共举办 2.69 万次，参加人次为 147.13 万；科研机构和大学向社会开放 8391 个，接待访问 1964.17 万人次；举办线上线下科普国际交流活动 1315 次，参加人次达 1150.76 万。2023 年，全国科技活动周以"热爱科学 崇尚科学"为主题，举办线下线上各类科普专题活动 12.65 万次，共有 4.48 亿人次参加。这些讲座和展览的内容广泛，既有科技前沿的探讨，也有日常生活中的科学现象解析，满足了不同群体的需求。科普竞赛和互动体验活动是科普工作的重要形式，中国各地通过举办科普知识竞赛、科普创新大赛等活动，激发公众对科学的兴趣和热情。同时，各地还纷纷建设科学基地、科普公园等互动体验场所，让公众在亲身体验中感受科学的魅力。

3. 传播渠道不断拓展

随着互联网的普及和发展，中国科学传播渠道不断拓展，形成了线上线下相结合的科学传播体系。线上科普平台是科学传播的重要渠道之一，中国各地纷纷建设科普网站、科普微信公众号等线上平台，发布科普文章、视频等内容，为公众提供了便捷的科普服务。这些平台通过图文并茂、生动有趣的形式，吸引了大量公众关注和参与。社交媒体和短视频平台也成为科普传播的重要阵地，许多专家学者、科普工作者通过微博、抖音等社交媒体和短视频平台发布科普内容，与公众进行互动交流。这些平台具有传播速度快、覆盖面广等特点，为科普工作提供了新的发展机遇。传统媒体在科普传播中仍发挥着重要作用，电视、广播、报纸等传统媒体通过开设科普栏目、制作科普节目等方式，向公众普及科学知识。同时，传统媒体还积极与新媒体融合，通过线上线下相结合的方式提高科学传播的针对性和实效性。

4. 人才队伍持续壮大

科普人才队伍是科普工作的重要支撑。中国科普工作者的数量逐年增加，包括科普场馆工作人员、科普讲师、科普志愿者等。这些科普工作者通过举办科普活动、撰写科普文章等方式，为公众提供优质的科普服务。为了提高科普人才的专业素养和服务能力，中国各地纷纷加强科普人才培训与发展工作，通过举办培训班、研讨会等活动，提高科普人才的专业知识和技能水平。同时，各地还积极引进和培养优秀科普人才，为科普工作注入新的活力和动力。科普工作人员队伍建设在"小核心＋大协作"模式下多点推进，形成以专职人员为核心、兼职人员为补充、志愿者为后备的"人才蓄水池"。截至2023年，全国科普专、兼职人员共计215.63万人。其中，科普专职人员29.32万人，科普兼职人员

186.31 万人。中级职称及以上或大学本科及以上学历的科普人员数量达到 134.99 万人。女性科普人员 98.01 万人。科普讲解与辅导人员 38.86 万人。专职从事科普创作与研发人员 2.22 万人。注册科普志愿者数量达到 804.53 万人。

5. 科普投入明显增加

2023 年，全国科普工作经费投入首次突破 200 亿元规模，筹集额达到 215.06 亿元，比 2022 年增长 12.60%。其中，以公共财政支持为主的科普经费投入格局稳健持续，各级政府部门拨款 167.11 亿元，比 2022 年增长 8.3%，占当年全国经费筹集额的 77.7%。全国人均科普专项经费 5.76 元，比 2022 年增加 0.46 元。科普活动支出 81.87 亿元，占当年科普经费使用额的 39.42%，科普场馆基建支出 31.37 亿元，占 15.1%，科普展品、设施支出 22.72 亿元，占 10.94%。

6. 公众科学素质提高

科普与科学素质具有十分重要的关系。著名学者米勒在 1979 年的研究中，第一次实施了他所拟定的科学素质问卷调查，把科学素质定义为一种三维建构物。其中，第一维度的标准是公众对科学知识的理解和掌握，包括理解科学的基本术语和普遍概念；第二维度的标准是公众对科学研究过程和方法的理解和应用；第三维度的标准是公众对科学的社会功能和社会影响的理解和认识。根据国际促进公众科学素质研究中心的研究结论，具备科学素质并达到其标准的公众，才能较好地适应现代社会对国民素质的要求。其理想标准是占国民总数的 10%。[1] 通过科普活动

1　景佳，韦强，马曙，等.科普活动的策划与组织实施 [M].武汉：华中科技大学出版社，2011：2.

的开展和科普传播渠道的拓展，中国公众对科学的兴趣日益提高、对科学的认识和了解更加深入、对科学技术的热情也更加高涨。科普工作的开展为科技创新营造了浓厚的氛围。越来越多的公众开始关注科技发展，积极参与科技创新活动，公众科学素质明显提高。同时，科普工作也促进了科技创新成果的转化和应用，推动了经济社会的发展。中国科普工作在国际上的影响力也在不断增强。中国积极参与国际科普交流与合作，与世界各国共同推动科普事业的发展，中国科普工作的经验和做法也得到了国际社会的广泛认可和赞誉。

中国科普活动的发展现状呈现蓬勃的生机与活力。在政府、社会各界以及广大公众的共同努力下，科普工作取得了显著成效。截至 2023 年，中国公民具备科技素质的比例达到 14.14%。

7. 助力发展新质生产力

新质生产力是创新起主导作用，摆脱传统经济增长方式、生产力发展路径，具有高科技、高效能、高质量特征，符合新发展理念的先进生产力质态。它由技术革命性突破、生产要素创新性配置、产业深度转型升级而催生。新质生产力的发展推动了互联网技术、大数据、人工智能等前沿科技的广泛应用，这些技术不仅让科普内容更加丰富多样，还创新了科普的形式和渠道。例如，利用 VR、AR、MR 等技术，人们可以身临其境地体验科学的魅力；同时，通过社交媒体、短视频等平台，科学知识能以更直观、更生动的方式传播。随着人们对新科技、新知识的渴望和接受度不断提高，科普可以更加高效地开展。

新质生产力的发展促进了科普活动的开展。越来越多的专业机构和人员投入科普活动中，他们不仅提供了高质量的科普内容，还推动了科普与教育、文化、旅游等领域的深度融合，举办了更多具有趣味性和互动性的科普活动。

科普活动能够营造有利于新质生产力发展的氛围。科普活动增进了全社会对新质生产力的理解和支持，通过科普活动，大家能了解到最新的科技发展、新型生产技术以及产品创新，认识到这些新质生产力对社会和经济的重要性，进而更多地支持和投入相关领域的发展中；同时，科普活动可以促进社会对新技术、新理念的认同和接受，推动社会舆论对科技创新、新产品进行积极评价并促进它们推广，从而创造一个开放、包容、鼓励创新的社会环境。

新质生产力的发展离不开高素质的劳动者。通过科普活动，劳动者能更好地适应技术变革和产业升级的要求，成为新质生产力发展的重要推动力量，为新质生产力的发展提供源源不断的动力和支持。

新质生产力的发展提升了公众的科学素养和兴趣。现在公众越来越关注科技动态，对科学知识的需求也越来越大，这就给科普工作提供了更广阔的空间和更多的机会，可以举办更多的科普活动，满足公众的学习需求，激发公众对科学的热爱和探索精神。

8. 活动方式创新求变

主题鲜明 科普活动通常都会围绕一个鲜明的主题展开，如 2022 年全国科技活动周以"走进科技 你我同行"为主题，2023 年以"热爱科学 崇尚科学"为主题，2024 年以"弘扬科学家精神 激发全社会创新活力"为主题，不同的主题各自具有其深刻的含义，在引导公众关注社会热点、科技问题方面发挥了良好的引领、示范作用。

形式多样 全国文化科技卫生"三下乡"、全国科技活动周、全国科普日是全国范围的重大示范类科普活动，相关部门在全国各地同步举办，通常包括科技成果展览、科普讲座、互动体验活动、科普讲解、科学实验、科学表演、全国优秀科普作品展示、全国优秀科普微视频播放等多种形式，满足了不同年龄段和不同兴趣爱好公众的需求。

案例 7：全国文化科技卫生 "三下乡" 活动

1996 年 12 月，中央宣传部、国家科委、农业部、文化部等十部委（现增加到 15 个）联合下发了《关于开展文化科技卫生 "三下乡" 活动的通知》，并于 1997 年在全国范围内实施。活动目的是大力推进农村精神文明建设，满足广大农民的精神文化生活需求。

"三下乡" 活动主要包括文化下乡、科技下乡和卫生下乡三个方面。文化下乡包括图书、报刊下乡，送戏下乡，电影、电视下乡，开展群众性文化活动等，旨在丰富农民群众的精神文化生活，传播社会主义核心价值观，引导农民群众树立正确的价值观念，培养良好的道德风尚；科技下乡包括科技人员下乡、科技信息下乡、开展科普活动等，旨在提高农民的科技素质和自我发展能力，推动农村产业升级和经济发展；卫生下乡包括医务人员下乡、扶持乡村卫生组织、培训农村卫生人员、参与和推动当地合作医疗事业发展等，旨在改善农村医疗卫生条件，提高农民的健康水平和自我保健能力。

"三下乡" 活动自启动以来，促进了农村精神文明建设，推动了农村经济社会发展，文化下乡、科技下乡和卫生下乡也为农村经济社会发展注入了新的活力，满足了农民文化、科技、卫生需求，推广了农业新技术，改善了农村医疗卫生条件，促进了城乡交流与融合。

在全国文化科技卫生"三下乡"、全国科技活动周、全国科普日等重大示范类活动举办期间，全国同步举办数万场科普活动，成为内容最丰富、覆盖面最广、社会影响力最大的几个群众性科普活动。重大示范类活动得到了中央和地方各级领导的高度重视和关心，同时也吸引了大量公众积极参与。每年的文化科技卫生"三下乡"、科技活动周、全国科普日等活动参与人次超过3亿，成为名副其实的科普盛宴。重大示范类活动通过广泛的宣传和教育活动，有效增强了公众的科技创新意识和科学素质，为推动中国科普事业的发展作出了重要贡献。

（五）科普活动主要问题

科普活动作为提升全民科学文化素质、推动科技创新成果转化的重要途径，在中国得到了广泛的关注。然而，在实际操作中，科普活动仍存在一些问题。

1. 科普能力总体偏弱

科普能力建设的机制弱化，尤其是市场机制和社会机制未能很好发挥作用，导致科普产业发展滞后，科普产品质量不高。具体原因分析如下：

市场机制不足　科普市场尚未形成完善的运作机制，缺乏有效的市场激励和竞争机制，导致科普产品质量参差不齐。

社会投入较少　科普工作主要依赖财政投入，社会投入机制尚未形成，导致科普资源有限，难以满足公众多样化的科普需求。

政策引导不够　政府在科普工作中的政策引导和支持不足，缺乏系统的政策体系和规划，导致科普工作难以形成合力。

2. 科研科普结合不够

科研与科普结合不紧密，导致科普工作难以充分反映科研成果的最新进展和科技创新的最新成果。具体原因分析如下：

科研体系缺乏对科普要求　中国的科技计划体系中缺少对科普任务明确、具体的要求，项目验收时没有对科普成果的要求，导致科研成果难以转化为科普资源。

科研人员科普积极性不高　科普没有纳入职称评价指标或占比较低，科研人员参与科普的积极性不高，缺乏相应的绩效评价机制，导致科研成果的科普转化动力不足。

科普部门经费和人员紧张　财政部门科普经费缺少对部门的支持，科研机构中的科普部门经费较少、专职科普人员少，多数是兼职人员，难以承担科普工作的重任。

3. 成果转化能力较弱

科技创新成果转化能力较弱，导致科普资源更新换代和升级缓慢。大量科研成果未能及时转化为科普资源，影响了科普工作的质量和效果。具体原因分析如下：

转化机制不畅　科研成果向科普资源转化的过程中，缺乏有效的转化机制和平台，导致科研成果难以快速转化为科普资源。

科学家参与低　科研机构、学校等未重视科普活动，从事科普活动在工作绩效评价中占比很低；同时，科普经费较少且分配不均，导致科学家、科研人员参与科普工作的积极性不高、科研成果的科普转化动力不足。

4. 科普经费投入偏低

科普经费投入和保障不充分，制约了科普工作的深入开展和科普资源的更新升级。据中国科普统计数据，2023 年全国科普工作经费投入筹集额 215.06 亿元，全国人均科普专项经费仅 5.76 元，难以满足科普活动开展的基本需求。具体原因分析如下：

缺少专项经费 中央财政规定的科技经费中，并没有单设科普经费项目是根本原因之一。

投入渠道单一 科普经费主要依赖财政拨款，部门及地方设立的科普专项经费较少。科普活动缺乏多元化的投入渠道，导致科普经费有限，制约了科普活动的广泛开展。

投入结构失衡 科普经费在投入结构上存在不合理之处，如科普场馆基建支出占比较高，而科普活动支出占比较低，影响了科普活动的实际效果。同时，财政科普经费较少且普惠性不足，部门之间科普经费投入力度差距较大。

投入效益不高 科普经费的使用效益有待提高，部分资金未能得到有效利用，导致科普工作难以取得预期效果。

5. 科普人才严重短缺

科普人才，特别是高层次的科普创作人才短缺，是当前中国科普工作面临的一个突出问题。高质量科普作品的缺乏，直接影响了科普的权威性和效果。截至 2023 年，全国科普专、兼职人员共计 215.62 万人。其中，科普专职人员 29.32 万人，科普兼职人员 186.31 万人，数量明显不足。具体原因分析如下：

培养机制不健全 中国在科普人才的培养上缺乏系统的教育体系和培养机制，导致科普人才，特别是高层次科普创作人才的匮乏。

激励机制不完善 科普创作往往周期长、回报低，缺乏相应的激励机制和长期稳定的经费支持，难以吸引优秀人才投身科普事业。

社会认知度不高 科普工作在社会上的认知度和重视程度较低，很多人对科普工作的价值和意义认识不足，导致人才流失。

6. 传播内容方法弱化

随着数字化的快速发展，科普传播内容和方法手段与新时代要求不相适应，影响了科普工作的覆盖面和影响力。具体原因分析如下：

内容创新不足 科普内容创新不足，更多停留在科技讲座，科普活动主要是用图片、文案等方式简单展示科技成果或发放科普资料，缺乏新颖性和吸引力，难以激发公众的兴趣和热情。

传播渠道单一 科普传播渠道相对单一，主要依赖传统媒体和线下活动，缺乏新媒体渠道的广泛应用。

技术手段落后 科普技术手段较为落后，缺乏先进的传播技术手段。在科普工作者中，从事传播的人员较多，具有较高科学专业素质的人员较少，导致科普效果有限。

7. 科普公共服务低效

科普公共服务效能有待提高，包括科普场馆建设、科普活动组织、科普资源开发等方面均存在不足。具体原因分析如下：

基础设施滞后 科普场馆等基础设施建设滞后，难以满足公众日益增长的科普需求。据统计，发达国家平均 50 万人拥有一个科普场馆，中国 2023 年拥有科普场馆 1779 个，约 79.3 万人才拥有一个科普场馆。并且，中国的科普场馆主要集中在发达地区和大城市。

活动缺乏创新 科普活动的内容创新不够，形式较为单一，活动吸引力、影响力有限，难以吸引更多的公众的参与。

资源开发不足 科普资源开发不足，科技资源的科普功能利用率低，缺乏高质量的科普作品和资源，影响了科普工作的实际效果。

中国开展科普活动中存在的主要问题包括科普能力建设的机制弱化、科研与科普结合不紧密、科技创新成果转化能力较弱、科普经费投入和保障不充分、科普人才短缺、科普传播内容和方法手段与新时代要求不适应以及科普公共服务效能有待提高等。这些问题的产生与市场机制和社会机制不完善、科研体系缺乏科普要求、成果转化机制不畅、经费投入渠道单一且投入结构不合理、人才培养机制不健全、内容创新不足且传播渠道单一以及基础设施建设滞后等因素密切相关。

为了推动科普工作的深入开展和科普事业的繁荣发展，需要从多个方面入手，包括建立国家科普工作科学管理体制、完善科研成果向科普资源转化的机制、建立健全的市场机制和社会机制、加大科普经费的投入和保障力度、创新科普传播内容和方法手段、加强科研与科普的结合、加强科普人才的培养和引进、改善科普活动供给，以及提高科普公共服务效能等。只有这样，才能更好地满足公众的科普需求，提升全民科学文化素质，促进科技创新成果的转化、应用并推动科普活动广泛深入开展。

第二章

科普活动内涵

"

管理就是把复杂的问题简单化，混乱的事情规范化。

—— 杰克·韦尔奇

大成功靠团队，小成功靠个人。

—— 比尔·盖茨

"

（一）科普活动概念

科普活动是增强公众科技意识和科学素质的重要途径。本部分将从科普活动的定义、内容、形式、受众、实施策略等多个方面进行论述，以期为党政机关、事业单位、社会团体、企业及军队等组织开展科普活动提供理论指导和实践指南。

1. 基本定义

科普活动，即科学普及活动，是指通过多种形式向公众传播科学技术知识、倡导科学方法、传播科学思想、弘扬科学精神，以提高公众科学文化素质和促进社会进步为目的的一系列有组织、有目的的行为，是促进公众理解科学的重要渠道。科普活动的核心在于"普及"，即将科学从专业领域引入日常生活，使科学知识为公众所理解、掌握和应用。

2022 年 9 月 4 日，中共中央办公厅、国务院办公厅印发的《关于新时代进一步加强科学技术普及工作的意见》指出，科学技术普及（以下简称科普）是国家和社会普及科学技术知识、弘扬科学精神、传播科学思想、倡导科学方法的活动，是实现创新发展的重要基础性工作。

2024 年 12 月 25 日，第十四届全国人民代表大会常务委员会第十三次会议修订的《科普法》指出，本法适用于国家和社会普及科学技术知识、倡导科学方法、传播科学思想、弘扬科学精神的活动。开展科学技术普及（以下简称科普），应当采取公众易于接触、理解、接受、参与的方式。

2. 主要内容

科普活动的内容丰富多彩，涵盖了自然科学、社会科学、工程技术等多个领域。科普活动要坚持"四个面向"，即面向世界科技前沿、面向经济主战场、面向国家重大需求、面向人民生命健康。在自然科学方面，可以介绍物理学、化学、生物学、天文学等基础知识，以及最新的科研成果和技术进展。在社会科学方面，可以探讨经济学、历史学、社会学、心理学等方面的知识，以及社会热点问题。在工程技术方面，可以揭示工程技术的基本原理和应用实例，如信息技术、新能源技术、智能制造等。

3. 活动形式

科普活动的形式多种多样，包括讲座、展览、竞赛、咨询、演示、体验、研学旅行、科学剧等。这些形式各有其优势和特点，可以根据受众的需求和活动的目的进行灵活选择，大型科普活动往往会多种形式并用，以期满足不同人群的需求，获得更好的科普效果。

讲座是科普活动中最常见的形式之一，通过专家的讲述，公众可以获得科学知识或具体的技术方法。展览则是收效较好的方式，通过模型、实物、实验、图片、文字等多种形式展示科技成果和科学原理，使公众近距离了解科技创新成果，增长相关知识。竞赛容易激发公众的参与热情和创新精神，如科普知识竞赛、青少年科技创新大赛等。咨询和演示可以为公众提供个性化的服务，解答他们的疑问，教授科技产品的使用方法。体验活动则可以让公众亲身体验科学的奇妙，如科普夏令营、科技游园会等。

4.目标受众

科普活动的受众广泛，包括不同年龄、性别、职业和文化背景的人群。从青少年到老年人，从城市居民到农村居民，从科技工作者到普通民众，从部队官兵到公安干警，都是科普活动的潜在受众。针对不同受众的特点和需求，科普活动的内容也应有所差异。

例如，对于青少年，科普活动应注重培养他们的科学兴趣和创新能力，通过趣味实验、科普竞赛、科学夏令营等形式，激发他们对科学的热爱和好奇心。对于成年人，科普活动则应侧重于实用技能的传授和科学知识的更新，如健康养生、环保节能、食品安全等方面的知识。对于老年人，科普活动可以关注科技产品的使用方法和健康生活方式的推广，帮助他们更好地融入现代社会。

5.组织实施

组织实施科普活动要注意以下几方面：

受众导向　根据受众的特点和需求设计活动内容，确保活动内容既丰富多样，又具有针对性和实效性，给受众以满足感、喜悦感、幸福感等。

形式多样　采用多种形式的科普活动，首先满足大多数受众的需求，同时也要照顾不同受众的偏好和特殊需求。

资源整合　充分利用政府、企业、高校、科研机构、科普场馆等多方面的资源，开发其科普功能。利用企业淘汰的生产设备、军队退役的武器装备等的科普功能，丰富科普资源，形成科普合力，加大科普服务供给。

媒体宣传　通过电视、广播、报纸、微信、微博等多种媒体渠道进行宣传，扩大科普活动的影响力和覆盖面。可以制作并发放宣传资料、小画册等，调动公众参与的积极性。

效果评估　对科普活动的实施效果要及时进行评估，总结成功经验，收集公众意见与建议，查找存在的问题、不足，不断改进和提高科普活动质量。

（二）基本内容构成

为什么要组织科普活动？科普活动有哪些内容？在现代社会，科普活动已经成为连接科学家与公众、科技与社会的桥梁，成为解公众对科技的向往与需求的重要途径之一，对于加强科技进步、促进经济发展、文化繁荣、社会进步具有重要意义。

1.科研发展需求

科研工作离不开科普活动的开展，两者如同科研之树的茁壮枝干与繁茂绿叶，相辅相成，共同促进着科学知识的传承与发展。在当今信息爆炸的时代，科研工作不能仅仅局限于实验室的象牙塔内，它更需要与公众建立紧密的联系，通过科普活动这一桥梁，将高深莫测的科学原理转化为通俗易懂的知识，激发公众对科学的兴趣与好奇心、想象力、探求欲，进而为科研事业提供更广泛的群众基础和未来的人才储备。

知识普及与成果转化　科研成果的最终价值在于应用与转化，而科普活动是连接科研成果与社会需求的纽带。科普活动可以将最新的科研成果、技术进展及时传递给公众，有时比正式的成果转化活动更有效果，有利于科技成果的产业化和社会化应用，实现科技与经济的深度融合。

公众理解与信任科学　科研工作往往伴随着一定的风险与不确定性，公众的理解和支持是科研活动获得政府财政稳定资助并顺利进行的重要保障。科普活动通过解释科研目的、过程、作用、潜在影响等，增强公众对科研的信任感，减少误解和恐慌，为科研创造良好的社会环境。

科学精神的潜移默化　科普活动不仅传播科学知识，更重要的是培养公众，尤其是青少年的科学精神。科学精神包括质疑精神、探索精神、实证精神和创新精神等。通过参与科普活动，青少年可以学会如何提出问题、如何设计实验、如何收集和分析数据等，培养他们的批判性思维和创新能力。同时，科普活动还能让他们了解到科学家们的奋斗历程和科研精神，激励他们树立远大的科学理想，为未来的科学研究事业贡献力量。

播撒科学启蒙的种子　科普活动通过生动有趣的科学实验、科学展览、科学讲座等形式，将复杂的科学原理以直观、易懂的方式呈现给公众，特别是青少年。这些活动便于公众接触，能够激发他们的好奇心和探索欲，让他们感受到科学的魅力，从而在心中撒下科学的种子。例如，通过简单的电路实验，青少年可以了解电流的流动和基本原理；通过参观科技馆，青少年可以亲眼看见科技进步历程和伟大成果，感受到科学的神奇力量；通过生动有趣的展示和互动，青少年可以燃起对科学的热爱，引导他们走进科学的殿堂，成为未来科研队伍中的新鲜血液。

拓宽科研的广阔视野　科普活动往往涉及多个学科领域的知识，这有助于科研人员跳出自己的专业框架，从更广阔的视角审视问题，促进不同学科之间的交叉融合与创新。随着中国高等教育的普及、公众科学文化素质的普遍提高，公众中的人才可能对科研机构、大学的科研活动提供意想不到的提醒和帮助。同时，科普活动能让青少年接触不同学科的前沿知识和研究成果、拓宽他们的科学视野、激发他们的创新思维和想象力、培养他们综合运用知识解决问题的能力。例如，在设计和制作一个机器人的过程中，青少年需要运用机械工程、电子技术、计算机编程以及数学的几何和算法知识，这种跨学科的思维有助于他们更好地理解科学在实际中的应用。

反馈社会的现实需求　参与科普活动使公众对于科技的需求和期望得以表达，这为科研人员提供了宝贵的市场信息和研究方向，有助于科研更加贴近实际需求、更好解决实际问题。

搭建社会的交流平台　科普活动为青少年提供了与科学家、科技工作者交流的机会。通过参加科学讲座、科学沙龙等活动，他们可以近距离地接触到科学家和科技工作者，了解他们的科研经历和成果，听取他们的专业建议和具体指导。这种交流不仅能够激发青少年的科学兴趣，还能够让他们感受到科学研究的艰辛和乐趣，从而更加坚定地走上科学研究的道路。

在新时代背景下，开展科普活动不仅是对科研成果的有效传播，更是对科学精神的弘扬，对培养未来科技创新人才、加快建设世界科技强国具有深远意义。科普活动也是国际交流与合作的重要平台，通过举办国际科普论坛、科技展览、青少年科技创新大赛和合作项目，各国可以分享科普经验和资源，激发青少年对科技的兴趣，共同提高公众科学素质，推动全球科技事业的发展。这有助于增进国际社会对科学的共识和合作，促进世界和平与发展。

2. 公众普遍需求

叩开科学之门　科普活动为公众了解科学打开了大门。公众科学素质是指公众运用科学知识、技术方法解决实际问题的能力，以及理解科学对社会影响的能力。科普活动通过传播科学技术知识，帮助公众建立科学思维方式，提高公众在面对科学问题时的判断力和决策能力。例如，通过科普讲座、展览和互动体验，公众可以了解健康饮食、环境保护、疾病预防等方面的专业知识，从而在日常生活中作出更加科学的决策。

更新科学知识 在信息爆炸的时代，科学知识的更新速度之快前所未有，公众对于获取最新科技成果、理解科学原理的需求日益增强。科普活动通过举办科技讲座、科学展览等形式，将深奥的科学知识转化为通俗易懂的语言，使公众能够轻松掌握。例如，人工智能、量子计算、生物技术等前沿领域的科普，不仅满足了公众对未知世界的好奇心，还为其日常生活中作出科学决策提供了依据。此外，随着全球气候变化、环境保护等议题的重要性日益凸显，公众对于生物多样性、生态环境保护科学知识的需求也愈发迫切，科普活动在这方面发挥着重要的教育作用。

满足不同需求 公众对科普活动的需求具有多样性和个性化特点。不同年龄、性别、职业、受教育程度、收入、文化背景的人群，对科普内容、形式、参与度等方面的需求各不相同。因此，科普活动应注重多样性和包容性，满足不同群体的需求。例如，针对儿童和青少年的科普活动，可以设计得更加生动有趣，注重互动性和体验性；针对成年人的科普活动，则可以更加注重深度和专业性，提供学术交流和研讨的机会。科普活动还应关注弱势群体，如老年人、残疾人等，通过无障碍设施、哑语、盲文等特殊服务等方式，确保他们能够平等地享受科普资源。

公众对科普活动的形式有着多样化的需求。传统的科普讲座、展览和书籍虽然仍然具有一定的吸引力，但新时代的公众更加倾向于通过互动体验、虚拟现实、网络直播等新型形式获取科学知识，这些新形式能够增强公众的参与感和体验感，使科普活动更加生动有趣。公众对科普内容的需求也呈现出生活化的趋势，他们更希望了解与日常生活密切相关的科学知识，如健康饮食、环境保护、疾病预防、智能家居等方面的内容，这些内容能够帮助公众解决实际生活中遇到的难题，提高生活质量。

随着科技的发展，公众对科普服务的便捷性和高效性要求也越来越高。他们希望能够在网上随时随地获取科普信息，参与感兴趣的科普活动。因此，科普活动应该注重数字化建设，提供便捷高效优质的科普服务。例如，活动可以建立科普网站、微信公众号、视频号等线上平台，向公众提供科普知识和活动信息。

提供实践机会 科普活动往往包含丰富的实践环节，如科学实验、科技制作等。这些实践机会不仅能满足公众对科普活动参与性和互动性的需求，还能让公众，特别是青少年亲自动手操作，体验科学探索的乐趣，培养他们的动手能力和实践能力。通过实践，他们能够更深刻地理解科学原理，将理论知识与实际相结合。在实践过程中，他们可能会遇到挫折和失败，但这些经历能够锻炼他们的坚韧精神和解决问题的能力。

培育科学精神 科学精神包括质疑、探索、实证和创新等要素，是科学发展的内在动力。科普活动通过展示科学发现的历程、科学家的奋斗故事和锲而不舍的钻研精神，以及科学对社会进步的贡献，激发公众对科学的敬畏之心和热爱之情。公众在参与科普活动的过程中，不仅能学习到科学知识，而且能领悟到科学精神的核心价值，形成尊重事实、勇于探索、敢于创新的良好风尚。这种科学精神的培育，对于提升整个社会的创新能力和竞争力具有重要意义。

传承科学文化 科学文化是人类文明的重要组成部分，包含科学思想、科学方法、科学精神，以及科学与社会、文化的互动关系。科普活动通过展示科学文化的魅力，促进科学与人文的融合，使公众在享受科学成果的同时，也能感受到科学文化的深厚底蕴。例如，通过科普剧、科学音乐会等形式，活动可以将科学与艺术相结合，既丰富了公众的文化生活，又加深了公众对科学的理解和认同。科普活动要鼓励公众参与科学创新，通过 DIY 科学实验、科学创意竞赛等活动，激发公众的创造力和想象力，锻炼动手能力，为科学文化的传承与创新注入新的活力。

提升科学素质　科普活动能够提高公众在面对健康、环境、能源等社会问题时，基于科学原理做出明智的选择和判断的能力。例如，在食品安全、疫苗接种等公共卫生问题上，科学素质的提升有助于公众理性对待，减少恐慌和误解。同时，科学素质的提升也意味着公民责任感的增强。公众在了解科学原理的基础上，能够更加积极地参与政府科学决策、环境保护等社会事务，共同推动社会的可持续发展。

未来，随着科技的不断发展和社会的不断进步，科普活动将呈现更加多元化和智能化的趋势。例如，通过人工智能、大数据、算法等技术手段，科普活动可以实现对公众科普需求的精准分析和个性化推荐；通过 AR、VR、MR 等技术手段，科普活动可以打造更加沉浸式和互动性强的科普体验。当公众对科学有了更深入的了解和认识后，他们会更愿意支持科技创新，参与科学研究和科技应用。同时，科普活动还能培养青少年的科学兴趣和创新精神，吸引更多青少年未来投身科研工作。

3. 政府管理需求

政府提升公众科学素养的有效途径　科学素养是现代社会公民的基本素质之一，它关乎着公民对科学知识的了解程度、对科学方法的掌握情况以及运用科学思维解决问题的能力。一个具备高科学素养的公民群体，能够更加理性地看待社会现象、更加科学地处理日常事务，从而为社会的和谐稳定提供有力保障。政府通过组织科普活动，将科学知识以生动、有趣的方式呈现给公众，激发公众对科学的兴趣和热情，进而提升公众的科学素养。这不仅有助于增强公众的自我保护能力，还能提高公众对科学决策的认同感和支持度，为政府管理水平的提升减少阻力和不确定性。

提高政府执行效率和公众满意度　公信力是政府管理的重要基础，它关乎着政策的执行效率和公众的满意度。在科普活动中，政府通过普及科学技术知识、解答公众疑虑、展示科技成果等方式，展现了在科学领域的专业性和权威性，有助于增强公众对政府的信任感，提高政府政策的接受度和执行力。同时，科普活动还能让公众更加了解政府的科学决策过程，增强公众对政府决策的认同感和支持度，进一步提升政府的公信力。

有助于促进政府决策的科学化　科学决策是政府管理水平提升的关键环节。在科普活动中，政府通过介绍科学原理、展示科学数据、分析科学案例等方式，让公众更加深入地了解其科学决策的依据和过程。这种信息的透明化和公开化，有助于公众对政府决策的监督和评估，促进政府决策的科学化和民主化。同时，科普活动还能激发公众的科学思维和创新能力，为政府决策提供更加多元和创新的思路和建议，推动政府决策不断优化和完善。

推动政府各项政策的落地实施　政策的落地实施是政府管理水平的直接体现。在科普活动中，政府通过宣传政策内容、解读政策精神、展示政策效果等方式，让公众更加深入地了解政策的重要性和必要性。这种宣传和教育，有助于增强公众对政策的认同感和支持度，提高政策的执行效率和效果。同时，科普活动还能让公众更加了解政策实施过程中的困难和挑战，激发公众参与政策实施的积极性和创造力，从而为政策的顺利落地奠定良好的公众支持基础。

促进政府与社会各界的沟通　政府管理水平的提升离不开社会各界的支持和参与。在科普活动中，政府通过搭建平台、提供资源、引导方向等方式，促进政府与社会各界的交流与合作。这种交流与合作不仅有助于政府更好地了解公众的需求和期望，还能让社会各界更加深入地了解政府的政策和意图，从而形成共识、凝聚力量、求同存异，共同推动社会进步和发展。

提升政府应对各类危机能力　在现代社会中，各种突发事件和危机事件时有发生，应对这些事件往往需要公众具有一定的科学素养。政府通过组织科普活动来普及科学技术知识和应急技能，提高公众的科学素养和自救互救能力，从而增强社会的整体危机应对能力。这种能力的提升不仅有助于减少突发事件和危机事件对社会的冲击和影响，还能为政府作出更加科学、有效的危机应对策略和措施提供有力支持。

政府组织科普活动是一个既有利于提高管理水平又有利于有效实施相关政策的明智之举。它不仅能够提升公众的科学素养、增强政府的公信力、促进政府决策的科学化、推动政府政策的落地实施、促进政府与社会各界的沟通与合作以及提升政府的危机应对能力，还能在多个层面为政府管理水平的提升和政策的顺利实施提供有力保障和支持。

4. 社会发展需求

开展科普活动是社会发展的需求，这主要基于科普活动在推动社会进步、促进经济繁荣、提升科学素质、增强创新能力以及促进社会和谐等多个方面的深远影响。

推动社会进步与科技发展的同步性　科普活动作为科技与公众之间的桥梁，其核心价值在于促进科学知识的普及与更新，使公众能够紧跟科技发展的步伐，理解并适应科技变革带来的社会变化。在信息时代，科技的快速发展不仅改变了生产方式，也深刻影响了人们的生活方式、思维方式和社会结构。通过科普活动，公众可以及时了解最新的科技成果，理解科技背后的科学原理，从而更加理性地看待科技进步带来的机遇与挑战，为社会的稳定发展提供坚实的认知基础。

促进经济繁荣与产业升级的驱动力　科普活动在促进经济繁荣方面同样发挥着重要作用。一方面，科普活动能够提升公众的科技素养，增强公众对新技术、新产品的接受度和应用能力，为科技创新成果的商业化应用创造有利条件。例如，在智能制造、数字经济、生物科技等领域，科普活动有助于公众理解这些新兴产业的原理和发展趋势，激发他们的投资和消费热情，推动相关产业的快速发展。另一方面，科普活动还能激发青少年的科学兴趣和创新能力，为未来的科技人才储备提供源源不断的供给。通过培养青少年的科学素养和创新能力，科普活动可以为社会经济的持续健康发展提供智力支持。

提升科学素质与增强社会的适应力　较高的科学素质是公众在面对复杂多变的社会环境时作出科学决策、解决科学问题的基础。科普活动通过传播科学技术知识、弘扬科学精神、提升科学技能，有助于公众形成科学的思维方式，增强对科学问题的辨识能力和解决能力。在全球化、信息化的背景下，公众科学素质的提升对于应对气候变化、环境保护、公共卫生等全球性挑战具有重要价值。通过科普活动，公众可以更加理性地看待科学问题、更加积极地参与科学决策，为社会的可持续发展贡献力量。

增强国家创新能力与科技的竞争力　科普活动在增强国家创新能力方面发挥着不可替代的作用。创新是引领发展的第一动力，而科普活动则是培养创新人才、激发创新活力的重要途径。通过科普活动，公众可以接触最前沿的科学研究，了解科学家的创新精神和科研方法，从而激发自己的创新意识和创新思维。同时，科普活动还能促进产学研用深度融合，推动科技创新成果的转化应用，为产业升级和经济发展注入新的活力。

促进社会和谐与文明进步的持续性　科普活动在促进社会和谐方面发挥着积极作用。科学知识的普及有助于消除公众对科学的误解和偏见，减少因无知而引发的社会矛盾和冲突。例如，在食品安全、疫苗接种等公共卫生问题上，科普活动可以帮助公众减少不必要的恐慌和误解，建立正确的科学观念。同时，科普活动还能促进科学与人文的融合，推动科学文化的传承与创新，为社会的文明进步提供精神动力。通过科普活动，公众可以深入地理解科学的本质和价值，形成尊重科学、崇尚创新的良好社会风尚。

构建科技生态与社会可持续发展性　科普活动的持续开展需要构建一个完善的科普生态系统，政府、学校、科研机构、企业、媒体和公众等多方面都要参与进来。政府应制定相关政策，加大对科普活动的投入和支持；学校应加强科学教育，培养学生的科学素养；科研机构和企业应积极组织科普活动，分享科技成果和创新经验；媒体应发挥舆论引导作用，提高科普活动的社会影响力。各方面共同努力，形成合力，推动科普活动的常态化、制度化和专业化发展，为社会的可持续发展提供有力保障。

社会发展不同阶段对科普活动的需求呈现出多样性和动态性的特征，这些需求随着社会经济结构、科技发展水平、公众科学素养以及社会文化环境的变化而不断变化。从农业社会到工业社会，再到信息社会，科普活动的内容、形式和目标都经历了深刻的变革。

在农业社会，科普活动的主要目标是**普及基础科学知识，提高农民的农业生产技能**，以促进农作物生产的稳定和提高。由于农业生产是当时社会的主要经济活动，因此科普活动的内容主要围绕农作物种植、家禽家畜养殖、水利灌溉、农具使用等方面展开。在这一阶段，科普活动的形式相对单一，主要通过口头传授、示范、经验分享等方式进行。由于科技发展水平有限，科普活动的内容较为初级，但对于提高农民的农业生产技能、促进农业生产的稳定和提高具有重要意义。

随着第一次工业革命的兴起，社会逐渐进入工业社会。在这一阶段，科普活动的主要目标转变为**普及科技知识，提高工人的工业化生产技能**，以适应机器化大生产的需要。科普活动的内容开始涉及物理学、化学、工程学等自然科学领域，以及工业生产流程、机器操作、质量控制等方面的技能培训。工业社会对科普活动的需求更加多样化，除了传统的口头传授和示范教学外，还出现了书籍、报纸、杂志等印刷媒体作为科普知识的传播载体。此外，随着科技的发展，科普活动还开始利用幻灯片、电影、视频等视听媒体进行科普知识的传播，使科普活动更加生动、形象。在工业社会，科普活动不仅关注科技知识的普及，还开始注重科学精神的弘扬和科学思维的培养。通过科普活动，公众开始形成对科学的正确认识，理解科学在社会进步中的重要作用，为后续的科技创新和科技发展奠定了良好的社会基础。

随着信息技术的快速发展，社会逐渐进入信息社会。在这一阶段，科普活动的主要目标转变为**提升公众的科学素养，推动科技创新和科技发展**。科普活动的内容不仅涉及自然科学、社会科学、工程技术等多个领域，还开始关注科学史、科学哲学、科学方法论等科学文化的传播。信息社会的科普活动的形式更加多样化，除了传统的印刷媒体和视听媒体外，还出现了微博、微信、小红书等新媒体平台作为科普知识的传播渠道。这些新媒体平台具有交互性强、传播速度快、覆盖面广等特点，使科普活动更加便捷、高效。信息社会的科普活动既关注科学知识的普及，又注重科学精神的弘扬、科学思维的培养以及科技创新能力的激发。通过科普活动，公众可以更加深入地了解科学的本质、科学发展的历程以及科学对社会进步的推动作用，从而增强对科学的认同感和归属感，为科技创新和科技发展提供源源不断的动力。

在未来社会，随着科技的持续发展和社会的不断进步，科普活动将更加注重**科学素养的全面提升和科技创新的引领**。科普活动的内容将更加广泛、深入，包括新兴科技领域，如人工智能、量子计算、生物技术等的发展动态和前沿成果。在未来社会，科普活动的形式将更加多样化、个性化，通过 VR、AR、MR 等先进技术手段，为公众提供更加沉浸式的科普体验。同时，科普活动还将注重科学文化的传承与创新，推动科学精神与人文精神的融合，为社会的全面进步和可持续发展提供强大的精神动力。

社会发展的不同阶段对科普活动的需求呈现出多样性和动态性的特征。科普活动应根据不同阶段的社会需求进行调整和创新，以更好地满足公众对科学知识的需求，从而提升公众的科学素养、推动科技创新和科技发展。

（三）重点人群需求

科学普及是中国实施创新驱动发展战略，建设创新型国家和世界科技强国的一项基础任务。其中，科学普及的知识内容主要关于科学知识、科学理论思想、科学研究方法等，这对提升全民科学素质和科学知识的传播有着重要的作用。[1] 作为国家软实力提升的重要手段，经济合作与发展组织（Organization for Economic Co-operation and Development,

---

1　邱成利，秦秋莉，赵爽，等 . 新时代中国科学普及主要需求与供给分析 [J]. 创新科技，2024，24（6）：41-50.

OECD）把知识的生产、传播和利用看成同等重要的环节，这拓展了知识传播的概念，因此科学普及的作用和地位越来越重要。从科普发展过程来看，科普完成了"公众接受-公众理解-公众参与"阶段的过渡，形成了"知科学-会科学-用科学"认知水平上的提升，具体发展过程详见图 2-1。这恰好契合了新媒体背景下科学普及过程以用户需求为中心，由被动转为主动服务的形式，能够满足公众多变且个性化的科普需求。[1] 2024 年 4 月 16 日，中国科协发布的第十三次中国公民科学素质抽样调查结果显示，2023 年中国公民具备科学素质的比例达到 14.14%，比 2022 年的 12.93% 提高了 1.21 个百分点。中共中央办公厅、国务院办公厅 2022 年印发的《关于新时代进一步加强科学技术普及工作的意见》提出，2025 年，公民具备科学素质的比例超过 15%。

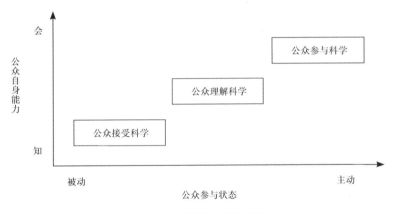

图 2-1　公众与科普发展的三阶段

1　李蔚然，丁振国 . 关于社会热点焦点问题及其科普需求的调研报告 [J]. 科普研究，2013，8（1）：18-24.

　　科普是供需双方互利的过程，强调互动性、参与性、体验性。从供给侧视角，需求方与供给方的良性交互，为中国科普提供了良好的科学文化社会氛围，因此有学者研究提出了科普利益相关者模型，详见图 2-2。科普利益相关者模型列出了新时代与科学传播过程中具有利益关系的需求方或供给方，其中将青少年、农民、产业工人、老年人、领导干部和公务员作为科学普及的需求方，需要经济、政治、科技、文化等自然科学知识；将高等院校、科研机构、传媒机构、科技企业、社会团体作为科普的供给方，[1] 它们致力于将自然科学知识更好地普及公众。因此，在科普供需双方互利的过程中，为了使科学传播达到最优的社会效益，维护好科普需求方和供给方的关系是科学传播发挥最大价值的关键，需要根据每类利益相关者的需求目标，对利益相关者的依赖程度进行相应的权衡。

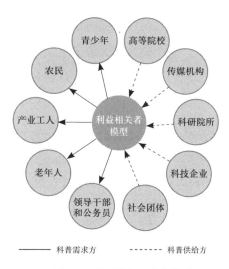

图 2-2　科普传播利益者模型

1　强婷婷，郝琛 . 新媒体环境下科技新闻传播模型构建研究 [J]. 科技传播，2021，13（22）：1-6.

1. 青少年

在知识经济时代，社会对人才的需求日益迫切，青少年作为人才的重要储备力量，是社会发展的坚实推动力。因此，青少年的科学文化素质水平是体现社会发展后备力量的关键。而科普是提升青少年科学文化素质的主要手段，也是公众与社会普遍关心的热点问题。[1] 面对新时代的发展机遇和严峻挑战，应当切实加强青少年科普，运用多种方式、手段，提升其科学文化素质。

科学教育活动 国务院 2021 年印发的《全民科学素质行动规划纲要（2021—2035 年）》，将开展青少年科学教育作为重要内容。开展青少年科学教育，对科技馆、博物馆、各类科普基地等科普场所存在着较大的需求缺口，特别是对高等院校、科研机构、公共服务机构、企业等高端科技资源需求迫切，需要政府为青少年提供充分的科学教育场所。目前各类科学教育活动主要集中在城市，如科学夏令营、科学冬令营、研学旅行、青少年科学节等，老少边穷地区的需求缺口很大。同时，家庭科学教育亟待予以指导，应增强家长科学教育意识和辅导能力，发挥家长在科学教育中的重要作用和价值。此外，还需加强学龄前儿童科学启蒙教育，需要建设一批儿童科技馆、科学乐园等儿童科学教育场所，激发儿童对科学的好奇心和兴趣。

应急科普知识 在中国青少年科学普及中，缺乏与应急知识相关的教育和培训。许多青少年在遇到突发事件时，容易出现恐慌、盲从、不知所措的情况。而应急科普可以帮助青少年了解自救知识、掌握自救互救方法与技能、保障自身生命安全。发达国家普遍将逃生能力、急救知

---

1 李竹，林长春. 中外青少年科普教育活动的比较与思考 [J]. 教育评论，2017（8）：147-150.

识和自救互救方法等作为基础教育的内容，中国在这方面亟待加强。目前，中小学的应急科普是容易被忽视的环节，而学校、公共场所等的应急体系和设施也亟待加快建立和强化。随着中国政府应急管理和服务水平的提升，青少年对应急知识的科普需求也会不断增长。

国防科普知识　科技部、中央宣传部印发的《"十三五"国家科普和创新文化建设规划》明确提出，普及国防科技知识，提高国防观念和科学素质，更好地为国防和军队现代化发展服务。科技部、中央宣传部、中国科协印发的《"十四五"国家科学技术普及发展规划》明确提出，加强国防科普工作。加强军地协调配合，对标新时代国防科普需要，持续提升国防科普能力，更好为国防和军队现代化建设服务。鼓励广大国防科技工作者积极参与科普工作。鼓励国防科普作品创作出版，支持建设国防科普传播平台。在安全保密许可的前提下，利用退役、待销毁的军工设施和军事装备，进行适当开发，建设一批国防科普基地。适度开放国防科研院所和所属高校的实验室等设施，面向公众开展多种形式的国防科普活动。结合国家重大科普活动开展国防科普宣传。积极推进科普进军营等活动，提高部队官兵科学素质。青少年作为未来的国家护卫者，必须具备良好的国防科学素质。开展青少年国防科学普及，迫切需要对公众，特别是青少年开放军营和一般军事设施，加快建立一批特色军事博物馆、科技馆等国防科普基地，将国防基础知识和军事科技创新成果引入国防科普中，通过国防知识学习、军事设备体验、军营生活体验，切实增强青少年保家卫国的意识与责任，让他们学习了解必要的军事科学素质基准，提升其国防科学素质。在国防科技创新知识日新月异的过程中，培育新一代具有良好素质的国防后备人才。

2. 农民

农民是长期从事农业生产的人群，以农业生产为主要生活来源，为人类的生存与发展提供粮食保障。中国农民人数众多，因此面向他们的科普活动应以民生为主，将农民关心的生产、生活、生态科学知识作为主要内容，包括科学种田、生活健康、生产安全、信息科技、生态环境保护等相关知识，最终提高农民的科学知识水平和技术能力。

医疗知识科普需求　农民大多数在农村生活，在国家医疗政策的扶持下，农村的医疗水平有了大幅度提升，但农村医疗卫生条件有限、整体的医疗水平地区差异较大且不均衡、医疗设备落后与专业医生不足的问题仍十分突出，在面对大病和紧急病情时，往往束手无策，患者只能去往城市大医院。因此，医疗健康知识的科普尤为重要，将疾病防患于未然，不仅能节省农民生活就医成本，还能学习基本的医学知识与救治方法。人民健康是保障民生的重要环节，由于中国农村部分地区医疗形势严峻、隐患突出，所以农民对医学知识的科普需求更加明显。

农业知识科普需求　随着农村信息化水平的提高、网络通信技术的不断更新，信息终端渗透到乡镇村，利用信息技术，特别是手机开展农村科学普及成为一种必然的趋势。科普供给方，特别是政府科普主管部门和科协应当增加对农民科学技术知识需求的调查摸底，针对广大农民在生产生活中的现实需求，有针对性地进行农业科技、生产、卫生健康知识科普，[1] 特别要摸清不同地区、不同人群、不同民族农民和牧民的普遍与特殊的科普需求。

气象知识科普需求　由于中国部分地区自然条件较差，不少农民、

1　邱成利，邢天华.树立科学理念普及救助方法是防震减灾的关键 [J]. 城市与减灾，2019（2）：45-50.

牧民还是靠天气吃饭，气象条件对农业收成十分重要。因此，须重视气象条件与农业生产之间的紧密关系，普及气象科学知识，帮助农民、牧民掌握基本的气象知识和气象观测方法，从而使其能基本掌握科学判断农作物的播种期、传粉期、最佳收获期等的方法。加强气象科普宣传，增加气象科技知识培训，增强农民气象知识的储备和应用方法，对农民增产增收有着至关重要的作用。

3. 产业工人

产业工人是中国工业发展的核心要素之一，随着互联网的迅猛发展，越来越多的自动化、智能化提效设备和智能机器人等应用于生产中。企业在不断追求利益最大化的同时，需要相应提升产业工人的知识水平和科技素质，产业工人只有提升自身知识水平与能力，与智能设备等协同配合与合作，才能在急剧变化的企业竞争中占有一席之地。

基础技术知识需求　现阶段中国的传统型产业工人素质相对偏低，且流动性很强，学徒制的能力提升方式已经难以满足创新型企业的需求。目前，缺少良好的企业员工技能培训体系，工人提升知识水平能力的渠道较少，产业工人的上班时间远大于业余时间，造成了学习时间与科学技术发展不适应的问题，产业工人素质参差不齐。科普活动可以通过"线上＋线下"的模式，在技术和技能培训上，为工人提供手工技术本领的教学，增强其操作能力，而且由于科普的公益性，费用相对较低。

高级智能知识需求　对于技术革新的工厂，智能设备一定程度上可以实现自动化，但其操作有严格的要求，需要高级产业技术工人的参与。一方面，生产者需要熟练操作智能设备，特别是计算机；另一方面，生产者要能够与智能设备进行熟练交流。因此，培养高级产业工人的编程和英文解读能力尤为重要，同时也需要高学历的工程师、兼具理论知识与实践能力的高级技师等。

4. 老年人

中国老年群体数量庞大，人口老龄化的速度加快，当前老龄化已成为社会发展的重要趋势。据民政部数据，截至 2022 年末，中国 60 周岁及以上老年人口为 28 004 万人，占总人口的 19.8%；中国 65 周岁及以上老年人口 20 978 万人，占总人口的 14.9%。不少老年人的认知能力随着年龄的增长而相对减弱，容易成为伪科学、行骗者的目标人群。中国的基本国情促使社会需要加强对老年人群科普需求的摸底调研，进行精准分析研究。

健康信息科普需求 人民身体健康是中国政府最关注的民生问题之一。国务院于 2019 年印发了《国务院关于实施健康中国行动的意见》，健康中国成为国家战略，中国通过不断加大公众健康知识的科学普及，力图让人民更健康、少生病。随着中国老年人口占比进一步扩大，老年人的健康问题更加凸显，老年人对健康知识的需求也越来越大，其中慢性病相关知识、健康的生活方式等均是老年人迫切需要被科普的健康信息。

科技知识科普需求 生活在信息化时代的老年群体，其衣食住行都越来越依赖于网络和电子货币，因而对现代科技知识，特别是智能手机等具有高需求。由于老年群体获取信息的途径较少，因此在基于网络环境的犯罪中，老年人容易成为非法分子攻击的主要对象。在移动支付、网络银行等技术背景下，老年群体的科学知识辨别能力较差，以"伪科学""伪养生"名义的网络诈骗手段层出不穷，老年群体需要学习新的科技知识和技术方法，增强对伪科学等信息的辨别能力，避免上当受骗。政府部门、社会团体要针对老年人普及电子货币、微信、支付宝等电子支付方式的知识与方法。银行要有工作人员予以具体指导与帮助。

5. 领导干部和公务员

在不断推进国家治理现代化的进程中，培养综合科学技术素质较高的领导干部和公务员人才队伍、锻造新发展时代的领导力，是解决前进发展动力的关键问题之一。[1] 随着社会主要矛盾的不断转移，人们对涉及生态环境、健康、高新科技等有关问题的社会关注度在逐步增长，这对中国领导干部和公务员的受教育程度、综合科技知识水平与应对能力提出了更高的标准和要求。

科学知识 科学精神、科学思维和科学方法是领导干部知识水平的体现。对领导干部和公务员而言，学习科学技术知识，是紧随时代发展、与时俱进的迫切要求，也是增强自身科学素养的内在需要。这能使其在面对自然灾害、突发事件等紧要关头，理性看待问题，运用专业知识和技术方法解决实际问题，有效化解矛盾。同时，对一些科技类谣言、伪科学知识，领导干部和公务员如果具备识别能力，就能够及时予以驳斥及纠正。

工作能力 随着公众受教育水平的提高和科学素质的不断提升，科学决策水平和科学领导能力已成为领导干部和公务员工作能力的核心要素。科技和行政素养水平的高低决定了领导干部能否科学掌握执政管理能力，培养领导干部和公务员的行政科学素养，不仅是我们实现行政决策的制度科学化、民主化和加强科学管理的迫切需要，还对提高广大群众科学素质水平有着重要的引领和示范作用。

---

1 李红林. 领导干部和公务员科学素质提升的挑战与对策 [J]. 科普研究，2021，16（4）：74-79，110.

（四）政府支持引导

1. 基于人民生活需求的精准化科普

物有所需才能发挥物质的价值，科普亦是如此。随着新时代中国经济社会主要矛盾的不断转化，科普要为解决社会主要矛盾服务。中国科普要充分满足公众对生命健康和美好生活的向往与追求，践行以人民为中心的发展理念，以提升全民科学文化素质的水平构筑未来科技发展的新竞争优势，厚植国家创新驱动发展的基础科技和企业人力资源人才基础，以新的发展理念推进科学普及。科普不仅要成为创新发展的重要基础，而且要为满足人民多样化需求服务，为解决不平衡不充分的发展问题服务。目前，中国科普的模式主要是以政府主导为主，应围绕公众的公共需求，加强供给与需求之间的联动，提高科普多样化、个性化服务的能力。各级政府需要做好科普政策及科普供给架构的顶层设计，整合各类科普资源，基于各级科普机构用户的历史数据对用户分层，并对不同层级的用户需求进行精准分析，依据先进的推荐策略为不同群体提供有效的科普服务；各级政府还要建立互补型社区科学普及联盟，采取大联合、大协作的方式，把科学普及与其他部门的工作统筹协调，建设科普新平台，加快建设科技馆、科技类博物馆、儿童科技馆、青少年科技中心、科普实验室、创新屋等科普设施，开展公众喜闻乐见的各类科普活动，在丰富人民生活的同时，提升人民生活质量。

2. 基于多方主体激励的公平化科普

在信息技术、生物技术、新材料技术、先进制造技术广泛应用的背景下，创新的科普形式不断涌现。从科普的激励手段来看，目前中国科普奖励政策亟待加强，一是科普奖励体系不完善，从数量看奖项数量不足，从质量看奖项的类型少、级别低、奖励额度小。例如，在 2021 年度国家科学技术进步奖中，仅有 1 部科普作品获国家科学技术进步奖二等奖，2023 年有 2 部作品获得国家科学技术进步奖二等奖。自 2005 年国家科学技术进步奖设立科普作品奖以来，共有 60 部科普作品获奖。[1] 总的来看，科普作品所占比例较低，科普奖励尚未起到应有的激励作用，应当提升科普奖励级别、扩大奖励范围、单独设立科普奖。二是缺乏对科普优秀人才的奖励，从马斯洛需求理论分析，目前的奖励难以满足科普人员心理上对荣誉感的追求。因此，构建具有激励作用的机制尤为重要，高校应将科普成果计入学分，开设科普职称评聘系列。政府要完善科普奖励制度，提升科普奖励级别、增加奖励数量与力度，奖励优秀科普成果、机构、集体、个人等；还要完善科技评价机制，将科普成果列入科技评价指标体系，将科研人员、科学家、高校师生、科普志愿者等均认可为科普兼、专职工作者，将第三方组织评价和公众反馈作为衡量科普成果的杠杆，在多主体参与下构建公平化激励机制，激励科研人员、教师等参与科普事业。

3. 基于课程培训教育的专业化科普

科普人才培养是科学普及事业健康发展和推进公民科学素质提升的重要途径。教育部与中国科协联合探索在高校开设科普相关专业，清华大学、浙江大学等 6 所高校招收科普硕士，高校培养的模式使科普更加专业化，取得良好效果。但也存在一些需要解决的问题：在学校层面，科普涉及多领域的知识，在课程设置上很难做到全面对应，且科普对口的教师较少。在实习实践基地层面，存在科普硕士培养的定位不明确、

1　邱成利，科普管理，重庆大学出版社，2024.

学生的实习基地经费支持不足、实习时间段安排不够合理等问题。在其他层面，存在研究成果利用率不高、部分教师积极性不高等问题。建设专业化科技教育、传播与普及队伍是一项涉及理论研究、政策配套的复杂性社会工作，也是科普人才培养的必然要求，中国需要培养一支专业的科普人才队伍、开发适应新时代科普需求的课程、提升科普人才培养层次、建设科普类国家重点实验室等。同时，中国还需要优化科普志愿者队伍质量，建立专业化科普组织，开设科学咖啡馆、科学文化沙龙等，营造有利于创新的文化氛围，并通过高校专业化教育培养出高知识水平、强实践能力、高文化素质的专业化科普人才。

4. 基于多种重点人群的社会化科普

政府应以社会化科普为终极目标，从科普信息化角度，以科普资源共建共享为目标，以"互联网+"为手段，充分发挥信息共享优势，完善科普知识传播渠道，进一步提高科学普及信息化水平，扩大科学普及的覆盖范围。随着人工智能技术，特别是生成式人工智能的发展，政府可以通过智能化的方式，基于各级科普机构用户的历史数据，按照一定的规则对用户进行分层，对不同层级的用户需求进行分析和探索，有针对性地提供科普服务。科技部、中央宣传部 2016 年印发了《中国公民科学素质基准》，应据此加快研究制定《中国青少年科学素质基准》等，明确对不同人群基本科学素质的具体标准及要求。

5. 基于融合媒体下的信息化科普

推进科普信息化建设是国家科普能力建设的重要方向。随着信息技术的快速发展及应用，构建线上线下融合媒体一体化的科普体系十分重要。既要扎实做好科普"发球端"的传播内容体系建设和科普传播服务渠道体系建设，也要扎实做好终端内容呈现和传播效果评估检验工作，形成科普供应链的高效可持续运行模式。新媒体的广泛普及与大范围应用，为中国科普的发展提供了新思路，科普要有效利用新媒体资源，推动线下科普服务的线上供给、以新型媒体技术推动科学传播方式创新、以新兴数字技术发展新型科普形态。同时，新时代应探索新媒体与传统媒体的良性科普传播机制，实现传播度和美誉度、社会效益和经济效益的双丰收。[1]

6. 基于优惠政策下的公益化科普

科学普及的有效推进离不开"十四五"期间强有力的科普政策支持。中国在科普作品创作出版，科学影片拍摄制作，科普展品研发、设计、生产等方面与发达国家还存在不小的差距，随着公众对科学技术和美好生活的向往与追求日益提高，科普供给方的供给能力尚待提升。为充分满足公众需求，落实习近平总书记关于科学普及的重要指示，经国务院批准，2021 年 4 月，财政部、海关总署、税务总局联合印发《关于"十四五"期间支持科普事业发展进口税收政策的通知》，决定自 2021 年 1 月 1 日至 2025 年 12 月 31 日，对公众开放的科技馆、自然博物馆、天文馆（站、台）、气象台（站）、地震台（站），以及高校和科研机构所属对外开放的科普基地，进口以下商品免征进口关税和进口环节增值税：一是为从境外购买自用科普影视作品播映权而进口的拷贝、工作带、硬盘，以及以其他形式进口自用的承载科普影视作品的拷贝、工作带、硬盘；二是国内不能生产或性能不能满足需求的自用科普仪器设备、科普

1　金美意. 新媒体时代电视科普类节目的创新路径研究——以《我是未来》为例 [J]. 新闻研究导刊，2020，11（17）：19-21.

展品、科普专用软件等科普用品。同年，财政部、税务总局印发《关于延续宣传文化增值税优惠政策的公告》，决定自 2021 年 1 月 1 日起至 2023 年 12 月 31 日，对科普单位的门票收入，以及县级及以上党政部门和科协开展科普活动的门票收入免征增值税。这两项重大科普政策，为改善中国科普供给侧能力提供了有力支撑。此外，展教能力是当前提升科普能力建设的重点任务，国家科技计划项目应该加强对科普展品研发的立项支持，强化中国科普展品研发能力，增加前沿高新技术展品。[1] 科普政策内容应及时根据社会和公众需求进行个性化调整，顺应国家发展战略需求。[2]

（五）科普活动目标

科普活动作为普及科学技术知识、倡导科学方法、传播科学思想、弘扬科学精神、提升公众科学文化素养的重要途径，其目标具有多层次、多维度的特点。科普活动的目标不仅在于向公众传递具体的科学技术知识，还在于培养公众的科学思维、激发公众对科学的兴趣和好奇心、促进科学文化的传承与创新，以及推动社会的全面进步和可持续发展。

1. 促进公众理解科学

科普活动的首要目标是普及科学技术知识，使公众能够了解并掌握基本的科学原理、科学方法和科学现象。这包括物理学、化学、生物学、

---

1 中国科学院科学传播研究中心. 中国科学传播报告（2021）[M]. 北京：科学出版社，2021.
2 邱成利. 加强我国科普能力建设的若干思考与建议 [J]. 中国科技资源导刊，2016，48（5）：81-86，110.

地理学、天文学等基础学科的知识，以及信息技术、生物技术、新能源技术等新兴科技领域的发展动态和前沿成果。

提升公众科学素养是科普活动的核心目标之一。科学素养不仅包括科学知识，还包括科学思维、科学方法和科学态度。科普活动通过引导公众运用科学方法解决问题、培养批判性思维和创新能力，使公众能够理性地看待科学问题，避免盲目相信或否定科学。同时，科普活动还注重培养公众的科学精神，包括探索精神、实证精神、创新精神等，这些精神是推动科学进步和社会发展的重要动力。

2. 倡导科学方法

科普活动要面向公众讲授科学方法的原理和应用，让他们了解科学研究的基本步骤和思维方式。掌握科学思维及基本方法，有助于公众在面对各种信息时，能够运用科学方法进行分析和判断，形成基于事实的观点，逐步领悟科学探索的真谛。科普活动通过科普讲解、实验演示、互动体验等多种方式，将科学方法的精髓融入其中。

激发公众对科学的兴趣和好奇心是科普活动的长期目标。通过科普活动，公众可以更加深入地了解科学的本质和科学发展的历程，从而增强对科学的认同感和归属感。同时，科普活动还可以为公众提供参与科学实践和创新活动的机会，使公众能够亲身体验科学的魅力和乐趣，从而更加积极地参与科学学习和创新活动。

3. 广泛传播科学思想

科普活动的一个重要目标是传播科学思想。科学思想是人类认识世界和改造世界的思想武器，它强调理性、实证、创新等原则，是人类文明进步的重要标志。科普活动通过介绍科学家的生平事迹、科学发现的历程和科学方法的运用，使公众能够感受到科学家的探索精神和创新精神，从而激发公众对科学的热爱和追求。

4. 大力弘扬科学精神

弘扬科学精神是科普活动的深层次目标。科学精神是人类文明的重要组成部分，它强调尊重事实、追求真理、勇于探索、不断创新等价值观。科普活动通过传播科学思想，使公众能够形成正确的科学观念，理解科学在社会进步中的重要作用，从而更加积极地参与科学实践和创新活动。

奠定科学精神的基础　科普活动的首要任务是普及科学技术知识，这是弘扬科学精神的前提和基础。通过举办科普讲座、展览、演示等形式多样的活动，科普工作者将深奥的科学原理转化为通俗易懂的语言，让公众在轻松愉快的氛围中接受科学知识的洗礼。这些活动不仅丰富了公众的科学知识库，更激发了公众对科学的好奇心和探索欲，为科学精神的培养奠定了坚实的基础。

培养科学思维的方式　科学思维是科学精神的核心，它强调理性、批判、实证和创新的思维方式。科普活动通过设计一系列互动性强、启发性高的科学实验和实践活动，引导公众运用科学方法解决问题，培养逻辑推理和批判性思维能力。同时，这些活动还鼓励公众敢于质疑权威、勇于探索未知领域，从而在实践中逐步树立起科学精神。

激发科学热情的途径　科普活动常常展示科学技术在各个领域取得的辉煌成就，如航天工程、生物科技、新能源技术等。这些成就不仅展示了科学的巨大威力，更激发了公众对科学的热爱和向往。通过了解科学家的奋斗历程和科研成果背后的故事，公众能够深刻体会到科学精神的真谛，即坚持不懈、勇于创新、追求真理。

倡导培养科学的态度　科普活动强调科学方法的重要性，即通过观察、实验、推理和验证来获取知识。这种科学方法不仅适用于科学研究，也适用于日常生活和工作中的问题解决。通过科普活动，公众能够学会运用科学方法分析问题、解决问题，形成科学、理性的态度和价值观。

营造崇尚科学的氛围　科普活动通过广泛的宣传和推广，营造了浓厚的科学氛围。这种氛围不仅激发了公众对科学的兴趣和热情，还促进了科学知识的传播和普及。在科普活动的推动下，越来越多的人开始关注科学、热爱科学，形成了良好的科学文化环境。

注重科学精神的培育　科普活动不仅注重理论知识的传授，更强调实践创新能力的培养。通过组织科技创新竞赛、科普夏令营等活动，公众可以在实践中体验科学的魅力，锻炼创新思维和动手能力。这些活动不仅培养了公众的科学素养，更在无形中弘扬了科学精神。

5. 营造科学文化氛围

科普活动肩负着促进科学文化的传承与创新的使命。科学文化是人类文明的重要组成部分，是人类认识世界和改造世界的重要思想武器。科普活动通过介绍科学发展的历程和科学方法的运用，使公众能够了解科学文化的内涵和精髓，从而更加深入地理解科学在社会进步中的重要作用。

科普活动可以推动科学文化的创新和发展。科普活动通过引入新的科学理念、科学方法和科学成果，为科学文化的创新和发展提供了源源不断的动力。通过科普活动，公众可以更加深入地了解科学文化的内涵和精髓，从而更加积极地参与科学文化的传承和创新活动。

6.推动社会文明进步

科普活动的最终目标是推动社会的全面进步和可持续发展。科学是推动社会进步和发展的重要力量，它不仅能提高生产效率和生活质量，还能促进经济发展和社会和谐。科普活动可以激发公众对科学的兴趣和好奇心，促进科学文化的传承与创新，为社会的全面进步和可持续发展提供强大的智力支持和精神动力。

科普活动的目标具有多层次、多维度的特点。科普活动可以普及科学技术知识、倡导科学方法、传播科学思想、弘扬科学精神、促进科学文化的传承与创新，并推动社会的全面进步和可持续发展。这些目标的实现需要全社会的共同努力和持续投入，只有这样，才能够构建一个更加科学、文明、和谐的社会，为中国建设成为世界科技强国奠定坚实的社会基础。

第三章

科普活动策划

庸者谋事，智者谋局。

——《孙子兵法》

战略不是一种预测未来的工具，

而是一种决定今天如何行动的工具。

—— 彼得·德鲁克

做好科普活动，关键要有好的创意与策划，能够吸引公众广泛参与，并取得好的社会反馈。如何产生好的创意？如何举办一场精彩的科普活动？这是大家普遍关心的两个问题。没人能随便成功，成功的背后蕴藏着规律与艺术。

（一）基本属性特色

科普活动，即科学普及活动，是指通过各种形式和渠道，向公众传播科学知识、科学方法、科学思想和科学精神的活动。科普活动作为一种特殊的文化传播活动，具有一些独特的基本属性，这些属性决定了科普活动的性质、特点和目标。

1. 科学性

欧阳自远院士常说："科学性是科普活动的灵魂。"科普活动的核心在于科学性，它必须基于科学事实、科学原理和科学方法，确保传播的内容准确、可靠，科学性是科普活动区别于其他文化传播活动的关键所在。科普活动的科学性主要体现在以下几个方面：

内容准确 科普活动所传播的科学知识、科学原理、科学方法等必须准确无误，不能出现错误或误导性的信息。这要求科普活动的组织者必须具备扎实的科学素养和专业知识，确保所传播的内容符合科学事实。

逻辑严密　科普活动的讲解和演示过程必须遵循科学的逻辑和推理，不能出现逻辑混乱或自相矛盾的情况。这有助于公众建立科学的思维方式，提高科学素养。

证据充分　科普活动在传播科学知识时，应提供充分的科学证据和实验数据支持，以增强说服力和可信度。这有助于公众形成科学的认知体系，避免盲目相信或否定科学。

科学性的实现，需要科普活动的组织者具备较高的科学素养和专业知识，同时，还需要借助科学的仪器、方法和手段，来确保科普活动的准确性和可信度。

2. 思想性

思想性是科普活动必不可少的属性。科普活动在传播科学知识的同时，也传播了其中所蕴含的思想观念、价值观念和道德观念。科普活动的思想性主要体现在以下几个方面：

科学方法　科普活动应倡导科学方法，包括实证方法、逻辑方法、系统方法等。这些方法是科学研究的基本工具，也是公众理解科学、运用科学的重要手段。

科学精神　科普活动应弘扬科学精神，包括探索精神、创新精神、批判精神等。这些精神是科学发展的动力源泉，也是公众科学素养的重要组成部分。

价值观念　科普活动应传递正确的价值观念，包括尊重科学、尊重事实、尊重他人等。这些价值观念有助于公众形成正确的世界观、人生观和价值观。

思想性的实现，需要科普活动的组织者具备较高的思想素质和道德水平，同时还需要通过生动的案例、感人的故事等方式，将科学精神、科学方法和价值观念融入科普活动中，使公众在接受科学知识的同时，也受到思想的启迪和道德的熏陶。科普活动的目的是提高公众的科学素质，因此具有很强的教育性。通过科普活动，公众可以了解科学知识，掌握科学方法，培养科学思维，塑造科学精神。

3. 知识性

知识性是科普活动的核心属性之一，是科普活动向公众传播科学知识、提高公众科学素养的重要前提。科普活动的知识性主要体现在以下几个方面：

内容丰富　科普活动的内容涵盖广泛的科学知识领域，包括物理学、化学、生物学、天文学、地理学等。这些领域的知识有助于公众建立全面的科学素养体系。

层次清晰　科普活动应根据不同年龄段、不同知识水平的公众的需求，提供不同层次的科学知识。这种层次清晰的知识体系有助于公众更好地理解和接受科学知识。

更新及时　科普活动应及时更新科学知识，反映科学发展的最新成果和趋势。这种更新有助于公众及时了解科学发展的最新动态，提高科学素养水平。

知识性的实现，需要科普活动的组织者具备较高的科学素养和专业知识，同时还需要借助现代科技手段，如互联网、大数据等，来增强科普活动的知识性和时效性。科普活动的受众是公众，因此具有广泛的普及性。科普活动要面向不同年龄、不同职业、不同文化背景的公众，以通俗易懂的方式传播科学知识。

4. 艺术性

艺术性是指在科普活动传递科学知识的过程中，运用艺术手法和元素，使科普活动的内容更加生动、形象、有趣。科学和艺术"本是同根生"，这点在中外历史上都一样。[1] 科普活动的艺术性主要体现在以下几个方面：

视觉艺术　科普活动可以通过精美的图片、动画、视频等视觉元素，吸引观众的注意力，让他们更直观地了解科学现象和原理，拉近科学与公众的距离。

听觉艺术　科普活动可以利用声音、音乐等听觉元素，营造氛围，增强观众的沉浸感和体验感。比如，在科普展览中播放背景音乐或解说词，让观众在听觉上也能感受到科学的美与魅力。

故事艺术　科普活动可以通过讲述科学故事、科学史、科学发现、技术发明的趣闻等方式，将科学知识融入生动的故事情节中，让观众在欣赏故事的同时，学习科学知识、尊重科学、崇尚创新。

创意艺术　科普活动可以运用创意手法和元素，设计独特的充满艺术气息的活动内容，让观众在浓厚的文化背景和艺术氛围中，参与和体验中感受到科学的乐趣和魅力，了解科学在社会发展中的重要作用和价值。

5. 通俗性

通俗性是科普活动的重要属性之一，它要求科普内容要深入浅出、

1　汪品先. 科坛趣话 [M]. 上海：上海科技教育出版社，2022：105.

通俗易懂，便于文化程度较低的公众理解和接受。科普活动的通俗性主要体现在以下几个方面：

语言通俗易懂　科普活动要使用通俗易懂的语言，避免过于专业或复杂的术语，通过简单的语言描述和生动的例子，让公众轻松理解科学知识。

形式灵活多样　科普活动的形式要灵活多样，包括展览、讲座、讲解、演示、实验、游戏等。这些形式可以根据公众的兴趣和需求进行选择，使科普活动能够吸引更多的公众参与。

内容贴近生活　科普活动的内容要贴近公众的生活，关注公众关心的热点问题和实际问题。通过解答公众的疑惑和满足公众的具体需求，提高公众对科学的兴趣和参与度。

覆盖不同群体　科普活动要广泛覆盖不同地域、不同行业、不同文化背景的公众，确保科普活动的普及性和广泛性。科普活动要鼓励公众参与和互动，让公众成为科普活动的主体和受益者。科普活动要通过公众的参与和反馈，不断改进和优化内容和形式。

服务基层社区　科普活动要深入基层和社区，为公众提供便捷、高效的科普服务，通过举办科普讲座、发放科普资料等方式，提高基层群众的科学素质。

6. 体验性

体验性是科普活动的独特魅力所在，是科普活动与其他活动有所区别的特征之一，能让公众亲身体验科学、感受科学。科普活动的体验性主要体现在以下几个方面：

实践操作　科普活动应提供实践操作的机会，如科学实验、机器人制作等。这有助于公众亲身体验科学的魅力，增强对科学的兴趣和热爱。

场景模拟 科普活动应利用场景模拟的方式，让公众身临其境地感受科学的魅力和应用。这种模拟有助于公众更好地理解科学知识的实际应用价值。

角色扮演 科普活动可以通过角色扮演的方式，让公众扮演科学家、工程师等角色，体验科学研究和工程实践的过程。这种体验有助于公众更好地理解科学工作的艰辛和乐趣。

体验性的实现，需要科普活动的组织者具备较高的实践能力和组织能力，同时还需要借助现代科技手段，如 VR、AR、MR 等，来增强科普活动的体验性和沉浸感。

7. 互动性

科普活动往往采用体验、互动的方式，让公众在参与中学习和体验科学。这种互动性不仅增强了科普活动的趣味性和吸引力，也提高了公众的学习效果和参与度。互动性是科普活动的重要特征，是科普活动区别于传统教育方式的关键所在。科普活动的互动性主要体现在以下几方面：

双向交流 科普活动应鼓励公众与科普工作者之间的双向交流，包括提问、讨论、分享等。这种交流有助于公众更好地理解科学知识，同时也有助于科普工作者了解公众的需求和困惑。

合作共享 科普活动应倡导合作共享的精神，鼓励公众之间、公众与科普工作者之间的合作与分享。这种合作与分享有助于推动科学的普及和发展。

互动性的实现，需要科普活动的组织者具备较高的沟通能力和组织能力，同时还需要借助现代科技手段来增强科普活动的互动性和趣味性。

8. 趣味性

趣味性是科普活动的重要吸引力，是科普活动吸引公众关注、提高公众参与度的重要特征。科普活动的趣味性主要体现在以下几个方面：

内容生动　科普活动的内容应生动有趣，能够引起公众的共鸣和兴趣。这要求科普活动的组织者具备较高的创意能力和表达能力，能够将复杂的科学知识转化为生动有趣的科普内容。

氛围轻松　科普活动的氛围应轻松愉悦，有助于公众放松心情、享受科学。这要求科普活动的组织者不仅要注重活动的氛围营造，如场地布置、音乐选择等，还要具备较高的创意能力和实现方式，如多媒体、动画等，来增强科普活动的趣味性和吸引力。

创新形式　科普活动要不断创新形式和内容，采用新颖有趣的方式吸引公众的注意力。例如，利用 VR、AR、MR 等先进技术，打造沉浸式的科普体验。

设置悬念　科普活动可以设置悬念和疑问，激发公众的好奇心和求知欲。通过引导公众思考和探索，让公众在解决问题的过程中体验科学的乐趣。

9. 地域性

地域性是科普活动的重要特征之一，它要求科普活动要充分考虑地域特点和文化差异。科普活动的地域性主要体现在以下几个方面：

结合地域特色　科普活动要结合地域特色和地域文化，打造具有地方特色的科普品牌和科普活动，通过挖掘地域资源和物产优势，提高科普活动在当地的吸引力和影响力。

关注地域问题　科普活动要关注地域问题和地域需求，针对地域特点和地域差异开展有针对性的科普活动。例如，针对农村地区和民族地区，开展适合当地需求和特点的特色科普活动。

促进区域交流　科普活动可以促进区域交流和合作，推动不同地域之间的科普资源共享和优势互补。科普活动通过举办跨地域的科普活动，可以加强区域之间的交流和合作，提高科普活动的整体水平。

10. 社会性

社会性是科普活动的本质属性之一，它要求科普活动要关注社会问题和社会需求。科普活动的社会性主要体现在以下几个方面：

服务公众关切　科普活动要服务社会发展大局，满足公众关切和主要需求，为促进社会和谐稳定、推动经济社会发展提供科技支撑和智力支持。科普活动通过传播科学知识和技术方法，提高公众的科技意识，推动社会进步和发展。

关注社会热点　科普活动要关注社会热点问题和公众关注的焦点问题，及时回应社会关切和公众诉求。科普活动通过解答公众的疑惑和满足公众的需求，增强公众对科学的信任和支持。

促进社会和谐　科普活动可以促进社会和谐稳定，通过传播科学思想和科学精神，提高公众的科学素养和道德水平，推动社会文明进步和和谐发展。

科学性、思想性、知识性、艺术性、通俗性、体验性、互动性、趣味性、地域性和社会性共同构成了科普活动的核心要素和基本属性。这些属性的实现需要科普活动的组织者具备较高的科学素养、专业知识、创意能力和组织能力，同时还需要借助现代科技手段来增强科普活动的有效性和影响力。只有这样，科普活动才能更好地向公众传播科学知识、倡导科学方法、传播科学思想、弘扬科学精神，为推动社会进步和科技发展作出更大的贡献。

（二）巧妙创意策划

1.基本原则

俗话说："良好的开始是成功的一半。"精妙的策划是科普活动成功的重要前提。策划科普活动，必须遵循党和国家科技发展方针、国家科普规划重点任务，围绕科学技术发展热点问题、经济社会需求、公众主要关注，展示最新科技创新成果。一个成功的科普活动不仅需要精彩的内容，还需要周密的策划与精心的组织，并注入艺术要素和美的感染力，这样才能确保其达到预期的科普效果和社会影响。

明确主要目标　科普活动的首要原则是明确目标，包括确定活动的主题、主要受众、预期效果等。目标是活动的指南针，它决定了活动内容的选择、形式的确定以及资源的分配。明确的目标有助于科普活动的聚焦和深入，确保科学技术能够精准地传递给目标受众。

科普活动的受众可以是儿童、青少年、成年人或老年人，也可以是特定行业或领域的人群。准确的受众定位有助于制订针对性的科普内容和形式，提高活动的吸引力和参与度。例如，针对儿童，科普活动可以采用游戏化、故事化的方式；针对专业人士，科普活动则可以深入探讨技术细节和前沿进展。

科普活动的核心在于传播科学技术知识，因此内容必须科学、准确。这要求活动组织者具备扎实的科学素养，能够筛选和提炼出既符合科学原理又易于理解的科普内容。同时，活动组织者要请权威机构、权威专家审核，避免伪科学、迷信内容的传播，确保科普活动的权威性和可信度。

科学是不断发展的，新的研究成果和技术不断涌现。因此，科普活动的内容应保持更新，及时反映最新的科学进展和研究成果。这有助于激发公众对科学的兴趣和好奇心，推动科技创新的社会认知。

多样性创新性 科普活动的形式应多样化、艺术化，以满足不同受众的需求和兴趣，包括讲座、展览、竞赛、互动体验、实地考察等多种形式。多样化的形式可以吸引更多人的参与，提高科普活动的趣味性和互动性。

创新是科普活动持续发展的动力。通过引入新技术、新媒体等手段，科普活动可以创造更具吸引力和影响力的形式。例如，利用 VR 技术重现科学场景，通过社交媒体平台扩大科普活动的传播范围等。

参与性互动性 科普活动应鼓励公众的广泛参与，使受众从被动接受者转变为主动学习者。通过组织讨论、问答、实验等互动环节，科普活动可以更好地激发受众的好奇心和求知欲，提高他们的参与度和学习效果。

建立有效的互动反馈机制，及时收集受众的反馈意见和建议。这有助于了解受众的需求和兴趣点，为后续的科普活动策划提供参考和改进方向。

资源整合优化 科普活动的策划和实施需要整合多方面的资源，包括人力、物力、财力等。通过与企业、学校、科研机构、媒体等合作，科普活动可以获取更多的资源和支持，形成"1+1 > 2"的效果，提高活动的质量和影响力。

科普活动是一个系统工程，需要多方协作和共同努力。活动组织者应建立合作机制，明确各方职责和分工，形成合力，共同完成活动的预定目标。

塑造良好形象 科普活动的宣传是吸引受众参与的关键。活动组织者应利用多种媒体渠道和宣传手段，提高活动的知名度和影响力，达到家喻户晓的效果。

对科普活动进行定期评估是确保其质量和效果的重要手段。通过收集和分析受众的反馈数据、活动参与度、传播效果等指标，活动组织者应评估活动的成功度和影响力。同时，活动组织者要根据评估结果及时调整和改进活动内容和形式，提高科普活动的针对性和实效性。

科普活动应注重持续性发展，形成长效机制，通过定期举办、连续报道、持续更新等方式，保持科普活动的活力和影响力。科普活动还要注重活动的品牌建设和文化传承，形成具有特色的科普文化。同时，科普活动应制订可持续发展的科普活动策略，包括资金筹措、人才培养、技术创新等方面，通过多元化的资金来源、专业的人才培养体系、持续的技术创新等手段，为科普活动的长期发展提供有力保障。

在科普活动的策划和实施过程中，应尊重科学伦理和道德规范，避免夸大其词、误导受众等行为的发生。同时，要注重保护受众的隐私权和信息安全。

科普活动作为社会公益事业的一部分，应承担起相应的社会责任，通过传播科学知识、弘扬科学精神、推动科技创新等方式，为社会的和谐稳定和可持续发展贡献力量。

2. 目标设定

科普活动一定要根据受众特点、科普主题、主要内容、多数受众需求、举办时间、地点等设定明确且可衡量的目标。

明确核心目的 科普活动的本质是为了传播科学技术知识，提升公众的科学素养。因此，在设定目标时，要始终围绕这个核心目的来展开。

受众的特点包括他们的年龄、性别、职业、教育背景、兴趣爱好等。不同的受众群体对科学知识的需求和接受程度是不同的，要根据受众的特点来细化目标。比如，针对小朋友们，我们可以设定目标为"激发他们对科学的好奇心和探索欲，让他们在玩耍中学习基础的科学知识"；针对青少年，我们可以设定目标为"提升他们的科学素养，培养他们对科学问题的思考和解决能力，让他们了解科学在现代社会中的重要性和应用"；针对成年人，我们可以设定目标为"帮助他们掌握实用的科学知识，提高他们在工作和生活中的科学应用能力，让他们了解科学对社会发展的推动作用"。

确定核心主题 科普主题的选择要贴近受众的兴趣和需求，同时要考虑科学知识的普及程度和前沿性。比如，如果选择的科普主题是环保，我们可以设定目标为"提高受众对环保问题的认识，鼓励他们采取实际行动来保护环境"；如果选择的科普主题是天文，我们可以设定目标为"让受众了解基础的天文知识，激发他们对宇宙的好奇心和探索欲"。

精心选择地点 活动地点的选择要考虑受众的便利性和活动的可行性。比如，如果选择在学校举办科普活动，我们可以设定目标为"提高学校师生的科学素养，营造校园科学文化氛围"；如果选择在社区举办科普活动，我们可以设定目标为"提升社区居民的科学素养，促进社区和谐与文明建设"。

选择恰当时间 活动时间的选择要考虑受众的空闲时间和活动的宣传效果。比如，活动可以选择在周末或节假日举办科普活动，这样可以吸引更多的受众参与；同时，活动组织者要提前做好活动的宣传工作，让受众了解活动的内容和时间，提高他们的参与意愿。

量化具体指标 比如，活动可以设定目标为"通过活动，让80%的

受众能够掌握 ××× 知识点";或者"通过活动,让受众的 ××× 能力得到明显提升"。这样,在活动结束后就可以通过问卷调查、测试等方式来评估活动是否达到了预期的目标。

科普活动的目标不能过于简单或过于困难,要具有一定的可行性和挑战性。过于简单的目标会让受众感到无聊和乏味,过于困难的目标会让受众感到挫败和失望。因此,在设定目标时,我们要充分考虑到受众的实际情况和活动的实际情况,制订出既具有挑战性又切实可行的目标。把握"度"是关键,切忌"过犹不及"。

3. 策划制订

分析科普活动的策划,包括内容策划、形式策划、传播渠道策划等,强调策划过程中的创意与灵活性。要想让科普活动深入人心,不仅需要科学严谨的内容,还需要新颖有趣的形式,以及广泛有效的传播渠道。同时,在策划过程中,要注重创意与可调整性、灵活性的结合,让活动能够根据实际情况进行灵活调整和优化。

内容策划:科学严谨,寓教于乐　科普活动的内容是活动的核心,它直接决定了受众能否从活动中获得有价值的知识和信息。因此,在内容策划上,要坚持科学严谨的原则,确保所传播的知识准确无误。同时,还要注重寓教于乐,让受众在轻松愉快的氛围中学习科学知识。

根据不同群体的需求精准供给,选择与他们生活密切相关的科学话题作为科普内容。比如,针对青少年,可以选择一些与物理学、化学、生物学等学科知识相关的实验或现象进行介绍;针对成年人,可以选择一些与环保、健康、科技等相关的科普知识。

在策划内容时,必须确保所传播的科学知识准确无误,避免误导受众。活动组织者可以通过查阅权威资料、咨询专家等方式来确保知识的准确性。

尽量将科学知识融入有趣的游戏、实验、互动等环节中，让受众在参与中感受到科学的魅力，从而激发他们对科学的兴趣和好奇心。

形式策划：新颖有趣，互动性强　科普活动的形式决定了受众的参与度和体验感。因此，在形式策划上，要注重创新，采用新颖有趣、互动性强的形式来吸引受众的注意力。

科普活动可以根据活动内容的特点和受众的喜好，采用讲座、展览、讲解、实验、游戏、竞赛等多种形式来呈现科普知识。比如，可以举办科普讲座，邀请专家为受众讲解科学知识；可以举办科普展览，展示科技成果和科普知识；可以邀请科技人员进行科普讲解，通俗易懂地传播科学知识、技术方法等；可以组织科学实验活动，让受众亲手操作实验器材，感受科学的魅力；可以开展科普游戏和竞赛活动，让受众在参与中学习到科学知识。

科普活动还要注重互动性，让受众能够积极参与活动。比如，可以设置问答环节，让受众提问和回答；可以设置互动游戏环节，让受众通过游戏来学习和掌握科学知识；可以设置小组讨论环节，让受众在交流中分享自己的见解和体验。

传播渠道：广泛有效，精准定位　科普活动的传播渠道决定了活动的覆盖范围和影响力。因此，在传播渠道上，要注重广泛有效和精准定位的结合。比如，可以利用社交媒体、官方网站、微信公众号等线上渠道来发布活动信息、传播科学知识。通过线上传播，科普活动能够覆盖更广泛的受众群体，提高活动的知名度和影响力；也可以利用传统媒体、海报、宣传册等线下渠道来宣传和推广活动。通过线下传播，科普活动能够精准定位目标受众群体，提高活动的参与度和效果；还可以与学校、社区、科技馆等机构合作，共同举办科普活动或传播科学知识。通过合作传播，科普活动能够借助合作伙伴的资源和影响力，扩大活动的覆盖范围和影响力。

活动效果：及时评估，动态调整　在科普活动的策划过程中，要注重活动效果的评估和调整。通过评估活动效果，科普活动组织者可以了解受众的反馈和需求，从而及时调整和优化活动策略。也可以根据活动的目标和受众的特点，设置合适的评估指标来评估活动效果，包括受众的参与度、满意度、知识掌握程度等。

在科普活动的策划过程中，还要注重灵活性和可调整性。世上没有十全十美的设计，因为调整好一个限制因素常常会导致与其他限制因素的冲突。[1]根据实际情况和受众的反馈，可以及时调整活动策略，包括内容、形式、传播渠道等方面。比如，如果发现受众对某个环节不感兴趣或难以理解，活动组织者可以及时修改或替换该环节的内容或形式；如果发现某个传播渠道的效果不佳，活动组织者可以及时调整传播渠道或增加新的传播渠道。

强调创意：保持传统，与时俱进　在策划科普活动时，要注重创意与可调整性、灵活性的结合。创意性的策划可以让活动更加新颖有趣、吸引受众的注意力；可调整性和灵活性的结合则可以根据实际情况和受众的反馈来及时调整和优化活动策略，确保活动的效果。

在策划过程中，还要注重活动的可调整性和灵活性。世界在发展变化，公众需求也在不断变化，因此要与时俱进、顺势而为。比如，可以设计多个备选方案来应对可能出现的情况；可以制订灵活的日程安排来

1　美国科学促进协会.面向全体美国人的科学 [M].中国科学技术协会，译.北京：科学普及出版社，2001：24.

适应受众的时间和需求；可以建立反馈机制来及时收集受众的意见和建议，并根据实际情况进行动态调整和优化。

科普活动的策略制订是一个复杂而有趣的过程。只有注重内容策划的科学严谨、形式策划的新颖有趣、传播渠道的广泛有效以及活动效果的评估与调整，并将创意性与可调整性、灵活性结合，才能策划出既有趣又有效的科普活动，让受众在轻松愉快的氛围中学到科学知识。

4. 组织架构

科普活动策划中的组织架构是确保活动顺利进行的关键环节，涵盖了主办单位、承办单位和协办单位等多个角色，每个角色都有其独特的职责和分工。

主办单位　主办单位是科普活动的策划者和发起者，负责活动的整体规划和监督执行。它们通常是具有权威性和影响力的政府机构、科研机构、学术团体或大型企业，主要职责如下：根据国家科技发展战略和科普的整体规划，制订科普活动的长期规划和年度实施计划，包括确定活动的主题、目标、时间、地点和预算等；跟踪国家科普政策的制定和实施，确保活动符合相关政策要求，并推动相关政策的落实；统筹内部资源，协调各方机构、地方科协以及社会力量，确保活动资源的有效整合和高效利用；对活动的执行过程进行监督和评估，确保活动按照计划顺利进行，并对活动效果进行反馈和总结。

承办单位　承办单位是科普活动的具体执行者，负责活动的具体实施和现场管理与服务。它们通常是具有丰富活动组织经验和专业能力的社会组织、企业或个人。主要职责如下：根据主办单位的要求，组织本单位科普展项的申报及实施，对申报资料的真实性、完整性、科学性负责；制订详细的活动实施方案，包括活动流程、物资准备、场地布置、人员分工等；负责活动现场的秩序维护、安全管理和应急处理，协调各方资源，及时解决活动现场出现的各种问题；利用传统媒体和新媒体平台，对活动进行宣传推广，提高活动的知名度和影响力；合理规划和使用活动经费，确保资金使用的透明度和效益；邀请审计机构对活动经费进行专项审计，并出具审计报告。

协办单位　协办单位是科普活动的辅助者，为活动提供必要的支持和服务。它们可以是政府机构、科研机构、学术团体、企业或个人等。主要职责如下：为活动提供技术支持，包括科学知识的讲解、科技产品的展示、科学实验的演示等；确保活动内容的科学性和准确性；为活动提供必要的物资支持，如场地、设备、材料、宣传品等；组织志愿者参与活动，为活动提供人力支持，志愿者可以协助活动现场的管理、宣传、讲解、服务等工作；与主办单位、承办单位以及其他协办单位进行合作与交流，共同推动科普活动目标的实现；分享科普资源和经验，促进科普活动的持续创新和提升。

其他单位　专家学者可以创作高质量的科普作品，包括展品介绍词、视频、游戏等，满足不同人群的科普需求；在活动期间举办科普讲座和咨询活动，为公众提供科学知识和技术解答。

媒体机构可以利用传统媒体和新媒体平台对活动进行宣传报道，扩大活动的影响力和覆盖面；在活动现场进行直播和互动活动，让更多人能够实时了解活动情况并参与互动。

志愿者需要具备良好的沟通能力和服务意识，在活动现场负责秩序维护、引导服务等工作，确保活动现场的安全和秩序。

科普活动的策划和组织需要多方合作和共同努力。主办单位、承办单位和协办单位等各个角色在科普活动中都发挥着不可或缺的作用，通过明确各自的职责和分工、加强合作与交流，推动科普事业的不断发展。

5. 流程管理

科普活动包括策划、筹备、执行、评估等阶段的管理流程，强调团队协作与项目管理的重要性。科普活动作为向公众传播科学知识、提升科学素养的重要途径，其流程布局的合理性直接影响到活动的吸引力和教育效果。优化科普活动的流程布局，不仅能够提升公众的参与体验，还能更有效地传递科学知识。

明确目标受众 明确科普活动的目标受众是优化流程布局的基础。目标受众决定了活动的核心内容、教育方向、形式和风格。例如，如果目标受众是青少年，那么活动可以设计得更加注重趣味性和互动性；如果目标受众是老年人，那么活动内容可以更加偏向健康知识。

设计科学流程 活动的开头部分需要有一个吸引人的引入，可以是一个有趣的小实验、一个引人入胜的故事或者一个与主题相关的视频。这个环节旨在激发公众的兴趣，为后续的科普内容做好铺垫。

活动的核心部分需要系统地讲解科学知识，并通过多种手段（如图片、视频、实物模型等）来辅助解释。在讲解过程中，活动可以设置互动环节，如提问、讨论等，以增加公众的参与度和理解深度。

为了让公众更加直观地理解科学知识，活动可以设置一些实践操作环节，如科学小实验、动手制作等。这些环节不仅能让公众动手体验，还能加深他们对科学知识的理解和记忆。

在活动结束前，需要对所学的科学知识进行总结，并鼓励公众分享自己的心得和感受。同时，可以设置反馈环节，收集公众对活动的意见和建议，以便改进和优化未来的活动。

注重空间布局　根据活动的流程和内容，合理划分不同的区域，如讲解区、实践操作区、互动讨论区等。每个区域都应有明确的功能和标识，以便公众快速找到并参与其中。

活动空间的布局应考虑公众的舒适度和参与度。例如，讲解区可以设置成半圆形或圆形，以便公众更好地聆听和互动；实践操作区可以设计成开放式，以便公众自由参观和交流。

活动空间的布局可以充分利用科技手段来提升活动效果。例如，使用大屏幕播放科普视频、使用 VR 技术模拟科学场景等。这些手段能够增强活动的趣味性和互动性，提升公众的参与体验。

优化时间安排　根据活动的流程和内容，合理安排每个环节的时间节点。应确保每个环节都有足够的时间进行深入的讲解和互动，同时避免时间过于紧凑导致公众无法充分参与。

在活动过程中，可以设置适当的休息时间，让公众有机会休息和交流。这不仅能够缓解公众的疲劳感，还能增加他们之间的互动和分享。

加强宣传引导　在活动前，活动组织者需要通过多种渠道（如社交媒体、官方网站、海报等）进行宣传，吸引公众的关注和参与。

在活动现场，设置清晰的引导标识和指示牌，帮助公众快速找到活动区域和流程节点，建议在地面上设置不同颜色标识予以区分。

可以招募志愿者在活动现场进行引导和服务，帮助公众解决疑问和困难。这既为科普志愿者提供了从事科普的机会，也可以缓解工作人员的不足，降低活动成本。

优化科普活动的流程布局需要从明确活动目标受众、设计科学合理的流程、注重活动空间的布局、优化时间安排以及加强宣传与引导等多个方面入手，从而提升科普活动的吸引力和教育效果，为公众提供更加优质的科普服务。

6.资源调配

明确目标定位　科普活动要先确定需要传递给公众什么样的科学知识，希望达到什么样的效果。比如，是希望提高公众的科学素养，还是希望激发大家对某个科学领域的兴趣。明确了目标和定位，才能有针对性地调配资源。

资源整合开发　要对可用的资源进行盘点和整合。这些资源包括人力、物力、财力等。人力包括科普志愿者、专业的科普讲解员、科技工作者等，他们是科普活动的"灵魂"，没有他们，活动就失去了活力。物力包括科普场馆、科普设备、科普资料等，这些是科普活动的"硬件"基础，没有它们，就无法直观地展示科学知识。同时，科普活动需要资金，比如场地租赁费、设备购置费、人员培训费等，事先一定要合理规划预算，确保每一分钱都用在刀刃上，不要出现超支现象。

在盘点和整合资源的过程中，还要注重资源的共享和协同。比如，可以和其他科普机构、学校、企业等建立合作关系，共同利用和分享资源。

优化资源配置　有了资源之后，就要考虑如何优化资源配置，发挥其最大效益。如果活动主题是关于环保的，那就要多配置一些与环保相关的科普资料和设备；如果受众是小朋友，那就要多准备一些生动有趣的科普游戏和互动环节。要确保所有资源都能发挥最大的效用，比如，合理安排科普讲解员的工作时间，避免浪费人力；充分利用科普场馆的每一个角落，避免空间浪费。

加强宣传推广　科普活动需要公众，特别是青少年广泛参与，所以要加强宣传与推广。可以通过社交媒体、官方网站、海报等多种渠道进行宣传，让更多的人知道活动的内容，激发他们的参与热情。要努力打造活动的亮点和特色，比如，邀请知名的科技工作者来现场讲解，或者举办一些有趣的科普竞赛等，这样就能吸引更多的人来参与活动。

重视效果评估　活动结束后，要注重对活动效果的评估，这样才能知道活动是否达到了预期的效果，是否需要进行改进和优化。可以通过问卷调查、现场访谈等方式收集受众的反馈，了解他们对活动的满意度、对科普知识的掌握程度等。要对收集到的数据进行仔细地分析和研究，看看哪些环节做得好，哪些环节需要改进。如果受众对某个科普游戏特别感兴趣，那就可以在以后的活动中多设置一些类似的游戏。最后要根据评估结果对科普活动进行持续改进与优化，包括优化活动流程、扩充科普资料、提升讲解员的讲解水平等。只有这样，科普活动才能越来越完善，越来越受大家喜爱。

（三）多种策划方法

科普活动的策划方法很多，下面介绍的 9 种主要方法"条条大路通罗马"。

1. 社会征集法

策划科普活动方案时，公开征集法是一个很好的方法，可以集思广益，得到更多有创意、有深度的科普方案。

明确目的　公开征集科普活动方案，旨在汇聚社会各界的智慧和力量，创新科普形式和内容，提高科普活动的趣味性和实效性，满足公众对科学知识的多样化需求。

确定对象　面向广大社会公众，鼓励大家发挥自己的创意和想象力，为科普活动贡献智慧。比如，科研机构与高校借助其专业背景和科研实力，提出具有前瞻性和创新性的科普活动方案；科普工作者与志愿者有丰富的科普经验和实践能力，可以为活动提供宝贵的建议。

细化要求　方案应围绕特定的科学主题或领域，如物理学、化学、生物学、天文学等，确保内容具有针对性和专业性。鼓励提出新颖独特的科普形式，如互动体验、虚拟现实、科学实验等，提高活动的吸引力和参与度。方案应注重科普内容的通俗化和趣味性，确保公众能够轻松理解科学原理和知识。方案还应具有较高的可行性，能够在有限的资源条件下顺利实施。

公开流程　征集者通过官方网站、社交媒体等渠道发布征集公告，明确征集目的、对象、要求及截止日期等。征集期间，允许参与者通过在线平台或邮寄等方式提交科普方案。由专家评审团对提交的方案进行评审，评选出优秀方案，并给出改进建议。将评审结果通过官方渠道进行公示，并邀请优秀方案的创作者参加后续的科普活动策划与实施工作。

激励机制　征集者应对优秀方案的创作者给予表彰和奖励，如荣誉证书、奖金或奖品等。将优秀方案在科普活动中进行展示和实施，让更多人了解并受益于这些创意。同时，利用媒体宣传和推广优秀方案，提高创作者的知名度和影响力。

注意事项　保证提交的科普活动方案为原创作品，不得侵犯他人的知识产权。在科普活动方案的评审和公示过程中，应保护创作者的隐私和知识产权。对提交科普活动方案的创作者给予及时反馈，让他们了解自己的作品是否入选及入选的理由。

案例 8：全国科技活动周标志（LOGO）公开征集

2002 年，全国科技活动周组委会办公室决定面向社会公开征集"全国科技活动周标志"，经过专家评审，征求地方、部门和社会各界意见，最终确定了全国科技活动周标志（如图），一直沿用至今。

标志征集的要求：1. 体现科学技术的特征；2. 突出全国科技活动周群众性、广泛性的丰富内涵；3. 设计图案应构思新颖、图案简洁、视觉效果强烈、体现时代感；4. 设计图案应注明各部分比例、尺寸、颜色并附创意说明文字一份（设计稿中可有汉字、拼音文字及抽象图案等）；5. 所送交的每一幅标志设计图案稿应提供 2 幅 A4 规格的正式图案彩稿（手绘、激光打印或彩色喷绘均可），同时提供电子版文件或通过互联网发送给公布的电子信箱；6. 设计稿件中出现的标志不得构成对他人的注册商标、外观设计专利及受知识产权法保护的其他文体的侵犯；7. 送交设计图案时必须注明设计者的姓名、单位、身份证号码、详细通信地址、邮编、联系电话及所需注明的其他事项；8. 来稿恕不退回，请设计者自留底稿。

征集和奖励办法：1. 征集工作通过媒体公开进行，截稿后将邀请有关专家组成评委会，对投稿进行评选，评出优秀设计稿 3 件。评奖结果将通过有关媒体向社会公布；2. 优秀设计稿的版权由"科技活动周"组委会一次性付酬 5000 元，知识产权归"科技活动周"组委会所有（其他略）。

2. 座谈会议法

座谈会议法是由主持人引导，与一些来自不同领域和专业背景的调查对象（具有高级职称或与科普密切相关的部门代表，知名专家等）进行非结构化访谈的方法。

该法通常以自由的小组讨论形式进行，人数一般在 5 ～ 11 人（单数），持续时间大约 60 ～ 120 分钟。需限定每人的发言时间，每次 5 ～ 7 分钟，并设置讨论环节。座谈会议法的目的是收集受访者的观点和建议，优点是简单、快速。

3. 实地调研法

实地调研法是一种通过深入调查现场，利用观察、访问、座谈等方法收集特定对象的资料，并对调查对象进行深入解剖的方法。

主要特点 只调查少数个案；对每个个案的各种特征和各个方面都进行深入细致的调查；主要依靠无结构的、非标准化观察记录和访问记录收集资料；依靠定性分析得出结论。

主要优点 适合在自然条件下观察和研究人们的态度和行为；研究的效度较高；研究方式比较灵活，弹性较大；适合研究现象发展变化的过程及其特征。

主要缺点 概括性较差；可信度较低；所需时间较长；可能存在伦理问题。

4. 专家咨询法

专家征求意见法，也称德尔菲法，主要步骤如下：由项目执行组织召集某领域的专家，就项目的某一主题，例如项目的解决方案、执行项目的步骤与方法、项目的风险及应对办法等，在互不见面、互不讨论的情况下分别提出自己的判断或意见。然后由项目执行组织汇总不同专家的判断或意见，再让那些专家们在汇总的基础上作出第二轮、第三轮的判断，并经过反复确认最终达成一致意见。若无法达成共识，就采取投票方式确定。

这种方法能充分发挥专家的作用，集思广益，避免个人因素对结果产生的不当影响，通过反复论证和分析，最终能就某一主题达成科学的、一致的意见。

5. 社会调查法

社会调查法是有目的、有计划地搜集有关研究对象科普需求现实状况或科普活动开展历史状况材料的方法。主要目的在于收集充分的一手数据以解决研究的问题，了解社会科普需求的真实情况。常用方法包括问卷调查法、文献调查法、实地观察法、访问调查法、集体访谈法、蹲点调查法等。这些方法可以用于研究各种科普活动的因果关系，探索科普活动的本质及其发展规律，以便开展适宜的科普活动。

6. 头脑风暴法

头脑风暴法是一种激发创意和想法的方法。在实施头脑风暴法时，大家聚在一起自由发表观点，不评价某种想法的好坏，鼓励大胆思考，有专人负责记录所有的想法，之后再筛选和优化的方法。主要环节如下：为了激发参与者的想象力，最好选择一个比较轻松的场所，如茶馆、咖啡馆、小酒馆、会议室等。准备好茶、咖啡、水果、点心和一个大电视机或投影，可以播放轻松的音乐。鼓励参与者畅所欲言，工作人员要记录下所有想法，列在屏幕上，主持人要及时捕捉有创意的想法。时间2～4个小时，若在约定的时间内没有形成共识，就要继续进行，并及时提供简餐，直至达成共识。在讨论后，去除没有新意和价值的想法，逐渐接近目标，最终保留3个想法，组织大家投票，根据得票排序。对得票第一的想法进行集体完善、优化，最终提出一个方案，备选二个方案，提交委托部门或委托者。

案例9：全国科技活动周主题策划

2022年全国科技活动周主题从2022年初就开始研究，但是一直没有得到相关领导的认可，领导要求要贴近公众、通俗易懂。为此，相关部门忙了一段时间，依然无解。到了2022年2月下旬，有关部门具体负责同志找到我，诚恳提出有关领导希望我组织专家研究并提出一个方案。我觉得义不容辞，便答应下来，于是在某个阳光明媚的下午，我邀请了9位部门代表和专家集中在科学出版社内的某个会议室里来了一次头脑风暴。在醇香的岩茶和浓香的现磨咖啡、精美点心、水果等的陪伴下，与会嘉宾畅所欲言。我要求工作人员记录下每个人提出的主题内容，展示在大电视屏幕上，然后我提出去除大部分专家认为不合适的主题内容，最终聚焦在3～5个选题上。我建议大家讨论、争论一番，最后投票确定，民主集中制要落到实处，最终主题确定为"科技创新 你我同行"。上报给科技部人才与科普司后，报部领导，最终2022年全国科技活动周主题修改为"走近科技 你我同行"，应该承认，改得非常好，受到社会各界的广泛认可和好评。

7. 闭门讨论法

闭门讨论法是指在特定的场合或情况下，只允许特定的人员参与会议，并且会议的内容和发言是保密的一种讨论方法。

特点　参与人员是经过筛选的，具有高度敏锐性和可信度。会议通常会被安排在特定的场所，通常安全措施比较严密。会议的议题和讨论是严格受控制的，只有在特定的范围和条件下才能公开。

应用　该方法通常应用于管理机关、事业单位、企业高层，时间紧、任务急，需要立即出方案。比如，政府制定政策、处理敏感事务、讨论国家安全等议题；企业讨论商业策略、产品规划、竞争对手情报等；学术界和科研领域讨论前沿科学问题和研究领域，分享未发表的研究成果，展望未来发展。

优点　该方法能创造一个集中和专注的环境，避免干扰；有助于避免会议交流中可能发生的信息泄露，便于更自由地表达想法和意见。

缺点　该方法可能导致信息的不对称和偏见，影响公正和公平等。

8. 科学决策法

作出科学决策的主要方式方法包括：

科学研究方法　收集和分析数据，验证假设。

数据分析方法　利用统计学和其他分析工具处理数据。

成本效益分析　评估决策选项的成本和预期效益。

SWOT 分析　SWOT 分析是一种常用的战略规划方法，通过对企业或个人的优势（Strengths）、劣势（Weaknesses）、机会（Opportunities）、威胁（Threats）进行全面、系统、准确的研究，帮助制订相应的发展战略、机会及方案等。

标准化流程　确保决策过程的一致性和可重复性。

多元决策法　结合多种方法，如权衡分析、数据分析和专家意见等。

经验判断法　依靠决策者的经验、学识和逻辑推理能力进行综合判断。

试验决策法　通过多轮试验及检验，从中选择最佳方法。

这些方法可以根据具体情况和决策目标进行选择和组合。

9. 落实批示法

对领导的批示要快速反应，第一时间着手处理或提交计划。务必先弄清楚领导的要求，确保事情做到领导期望的程度。在执行过程中，定期向领导进行阶段性汇报，确保工作不偏离目标。要发挥主观能动性，创造性地完成任务，并及时向领导反馈发现的问题和变化。无论领导决策是否与自己的想法一致，都要无条件组织实施。

第四章

科普活动内容

人皆知有用之用，而莫知无用之用也。

——《庄子》

整个世界展现在我们面前，期待着我们去创造，而不是去重复。

——毕加索

科普活动内容的确定是一项既富有挑战性又极具意义的工作，它不仅要求活动内容丰富、形式多样，还要脑洞大开、集思广益、巧妙构思，能够吸引公众的注意力与参与热情，给公众带来获得感、喜悦感、幸福感。

（一）明确具体主题

研究确定科普活动的主题，是组织开展科普活动的重要前提。确定具有新意、契合时代特征和公众关切的主题，会收到意想不到的效果，为此要注意以下方面：

1. 契合时代要求

科普活动的主题一般要结合党和政府的方针政策、国家经济社会发展目标和对科技的要求、公众普遍关注的内容来研究确定，既要符合国家科技方针政策与战略目标，又要契合公众的主要需求。

2. 突出重点任务

主题应该突出活动的重要内容和目的，文字要通俗易懂、言简意赅、朗朗上口、便于传播。一般应组织专班进行研究、酝酿，提出初步设想，然后报请主管领导、主要领导基本认可。

3. 符合公众需求

主题要贴近主办单位的工作重点，避免过于高大上和阳春白雪，应该贴近公众、贴近基层、贴近实际。

4. 文字简短易记

主题文字要简洁，便于记忆和传播。最好四个字、六个字、八个字、十个字，不宜超过十六个字，文字最好一句话或两个词、两句话，二个词、两句话字数一定要一致。例如，2022年全国科技活动周的主题是"走近科技 你我同行"；2023年全国科技活动周的主题是"热爱科学 崇尚科学"；2023年中国航天日的主题是"格物致知 叩问苍穹"；2024年中国航天日主题是"极目楚天 共襄星汉"；2023年全国科普日主题是"提升全民科学素质 助力科技自立自强"；2024年全国科普日主题是"提升全民科学素质 协力建设科技强国"。

5. 集思广益确定

为了保证科普活动的主题能够有广泛的代表性，应该征求党中央、直辖市、科技大省的科技管理部门，以及科协、院士、知名科普专家及公众代表的意见建议，并通过召开座谈会、实地调研，听取各方面意见，择优确定。

（二）确定主要内容

1. 符合受众喜好

科普活动内容要根据受众的需求和兴趣来确定，既要展示最新科技创新成果，又要普及基础科技知识；既要有科技知识讲座，又要有科技成果展览，还要有动手参与、互动体验的内容。

2. 满足不同人群

我们可以针对青少年群体开展天文知识科普活动，让他们了解宇宙的奥秘和星空的美丽；可以针对老年人群体开展健康养生科普活动，让他们了解如何保持身体健康和心情愉悦；可以针对居民对新科技知识的渴求，普及新的高新技术；可以针对农民对农业种植技术的需求，普及新的良种和耕作方法；可以针对领导干部和公务员，普及前沿科技知识、国际科技创新动态等。

3. 展示创新成果

科普活动内容一定要丰富多样，满足不同群体的需求，通常应该包括前沿科技、最新科技成果展示、最新高新技术产品展示等。我们可以设定科普指标，例如参与科普活动的人数、科普活动的满意度、科普知识的知晓率等，从而更加客观地评估科普活动的目标是否达成。

（三）制订详细计划

科普活动计划要包括活动举办的确切时间、地点、参与人员、活动流程等具体内容。

活动通常会举办开幕式或启动式，邀请上级领导和知名科学家代表出席，邀请社会各界代表出席，组织部分学生、社区居民、农民等出席。

开幕式要设计一些新颖的活动，如科学演出、科普讲解、科学实验演示等，在科学之中增加艺术要素、艺术中增加科学内核。

制订详细、具体的活动计划，可以确保科普活动能够顺利进行和取得预期的效果。

科普活动不同于学校正规教育，它是一种非正规教育。它要与学校教育有所不同，弥补学校教育接触自然少、动手机会少的不足。

科普活动不能仅仅是成果展示，一定要通过设置互动环节和有趣的科普游戏，让受众更加积极地参与科普活动，体验其中的科学原理和技术奥秘，认识到科研的重要作用和价值，理解和支持科技创新。

参与性、互动性是科普活动的基本特征，走进科研机构和企业，向各行各业的社会教师学习，可以打开公众的视野，并让他们掌握各类实用知识和技能。

（四）活动基本要素

1. 主要目的

当今社会科技日新月异，科学素质已成为衡量一个国家综合国力的重要指标之一。为了普及科学技术知识、弘扬科学精神、提高全民科学文化素质，科普活动可以通过生动有趣的互动体验，让公众尤其是青少年了解科学原理，感受科技魅力，激发他们对科学的兴趣和热情。

2. 确定主题

"科技点亮生活，创新引领未来"（4～12字之间为宜）。

3. 具体时间

××××年××月××日（周六），时长为1天，9:30—17:00。

4. 举办地点

市科技馆及周边社区。

5. 目标受众

学生、社区居民、科技爱好者，1000～3000人次。

6. 主要内容

开幕式 时间为9:00—10:00，邀请知名科学家或科普专家进行主题演讲，介绍最新的科技动态，分享有趣的科学故事，激发受众的好奇心；形式为"线下讲座+线上直播"，方便更多人参与。

科普展览 时间为10:30—16:00，设置多个展区，如"环保科技""生命科学""信息技术"等，展示科技成果并介绍科学原理；利用实物展示、AR、VR等手段，增强观众的参与感和体验感。

科普实验坊 时间为13:30—15:00，组织多个小实验工作坊，如"自制火箭发射""化学魔法秀""机器人编程"等，让观众在动手实践中学习科学知识。分组进行，每组由专业人员指导，确保安全有序。

科普知识竞赛 时间为15:30—16:30，围绕科普展览和主题演讲的内容设置问题，进行知识竞赛，答对者有机会获得奖品。竞赛可以设置为"现场抢答+线上答题"的形式，增加活动的趣味性和互动性。

宣传推广 利用微博、微信、抖音等社交媒体平台发布活动信息，吸引更多人关注；在社区、学校、商场等人流密集的地方张贴海报、发放传单；与当地媒体、学校、社区等建立合作关系，共同宣传。

安全保障 设置专门的安全保障小组，负责活动现场的安全巡逻和应急处理；准备急救箱、消防器材等应急物资，确保活动安全进行；制订详细的应急预案，包括突发事件的处理流程、人员疏散路线等。

评估总结　通过问卷调查、现场访谈等方式收集参与者的意见和建议；活动结束后，对活动效果进行评估，分析目标的达成情况；总结活动中的成功经验以及需要改进的地方，为未来活动提供参考。

（五）常规科普活动

1.活动基本内容

背景目的　为激发大家对科学的兴趣和热情，进一步提升公众的科学文化素质，我们计划在全国科普日期间举办一次科普活动。希望通过丰富多彩的活动形式，让大家在参与中体验科学的魅力、学习科学知识、培养科学思维。

活动主题　探索科学奥秘，点亮智慧生活。

时间地点　时间为××××年9月××日（星期六或星期日），09:30—17:00，地点为××市××科技馆。

参与对象　全体市民，特别是青少年学生，计划5000～10000人次。

活动内容　设置多个科普展区，如物理世界、生命科学、环保科技、天文探索等，通过图文、模型、实物等形式展示科学知识。观众自由参观，可设置导览员引导讲解。

邀请知名科学家或科普专家，围绕活动主题进行科普讲座，如"生活中的科学小奥秘""科技如何改变我们的生活"等。现场讲座，观众提问互动。

设计一系列简单有趣的科普实验，如静电实验、折射实验、化学反应实验等，让观众亲手操作，感受科学的神奇。实验分组进行，每组由实验员指导操作。

举办科普知识竞赛或科普创意作品比赛，如科普手抄报、科幻画创作等，鼓励观众积极参与，展示自己的科普知识和创意。设置奖项，对优秀选手进行奖励。

设置 VR 体验区、科普游戏区等互动体验区，让观众通过 VR、游戏等形式，更加直观地了解科学知识。观众自由体验，可安排工作人员协助指导。

细化流程　介绍活动背景、目的、主要内容及出席领导、嘉宾，邀请嘉宾致辞。观众自由参观科普展览，参与科普实验和互动体验。按计划进行科普讲座，观众提问互动。进行科普知识竞赛或科普创意作品比赛，评选优秀作品。总结活动成果，颁发奖项，感谢参与者和支持者。

广泛宣传　提前布置活动场地，确保各展区整洁有序。准备好活动所需的科普资料、实验器材、奖品等。对导览员、实验员、工作人员等进行培训，确保他们熟悉活动内容和工作流程。通过电视、广播、报纸、网络等媒体进行广泛宣传，吸引公众关注。

评估总结　通过问卷调查、观众反馈等方式，对活动效果进行评估。撰写活动总结报告，总结成功经验，分析不足之处，提出改进措施。将总结报告及时上报领导机关或委任、支持单位。

2. 科技知识讲座

邀请专家举办讲座是最常见的科普活动形式之一，也是科普活动的保留项目，深受公众的欢迎。

目标设定　向公众普及基础科学知识，如物理定律、化学原理等。

组织实施　按照活动方案，分工负责，各自开展，确保活动顺利进行，完成预期任务。

资料准备　收集并整理相关的科学知识资料，如书籍、海报、宣传页、视频等。

讲座展览　组织专家讲座或举办展览，向公众展示和讲解科学知识。

互动问答　设置问答环节，解答公众的疑问和困惑。

宣传材料　制作并发放宣传材料，如科普手册、海报等，以便公众在活动后继续学习和了解相关知识。准备新闻通稿，提供给媒体（同步提供电子版），供媒体进行报道。

3. 社区科普活动

社区是科普活动的重要阵地，可以举办各种贴近居民日常生活的科普活动。通过展览、讲座、互动体验等多种形式，活动向居民普及科学知识。

目标设定　鼓励公众参与科普内容的创作、制作和分享，形成良好的科普社群效应。

组织实施　组织工作人员分工负责，动员社区人员参与科普活动。

平台搭建　利用社交媒体、网络平台等搭建科普内容创作、制作和分享的平台。

活动引导　设置创作主题、提供创作素材和工具，引导公众积极参与创作。

作品评选　组织专家或公众代表对创作的科普作品进行评选，选出优秀作品并给予奖励。

成果展示　将优秀作品进行展示和推广，扩大科普活动的影响力。借助大型语言模型、社交媒体、网络平台等渠道，鼓励公众参与科普内容的创作和分享。

4. 互动体验活动

互动体验科普活动不仅能让大家学到很多科学知识，还能亲身参与和体验，感受科学的魅力，激发对科学的兴趣。

事先充分准备 设计科学实验、互动游戏等参与式活动，以及沉浸式体验内容，如虚拟实验室、科普游戏等。进行科学实验器材、互动展品等的准备和调试，如 VR、AR、3D 打印等技术设备的准备和调试。确保场地具备实施沉浸式体验的条件，如足够的空间、良好的照明和音效等。培训志愿者引导公众排队有序参与活动，确保活动的顺利进行。通过问卷调查、现场访谈等方式收集参与者的意见和建议，以便改进未来的活动。确保参与者在体验过程中的安全，如设置安全警示标识、提供必要的安全防护措施等。

确定主要内容 通过颜色变化、气体产生等直观现象，展示化学反应的奥秘，如酸碱中和、氧化还原等。利用简单的物理装置，如斜面、滑轮、磁场等，让观众亲手操作，感受力学、光学、电磁学等物理原理。通过显微镜观察动植物细胞、微生物等，了解生物的基本结构和功能，同时进行简单的生物实验，如种子发芽、植物生长等。

让观众戴上 VR/AR 设备，体验虚拟世界的奇妙，如太空旅行、深海探险等。展示智能机器人的各种功能，如语音识别、人脸识别、自主导航等，让观众与机器人进行对话、游戏等互动。提供 3D 打印设备和材料，让观众亲手设计并打印出自己的作品，感受 3D 打印技术的神奇。

邀请科学家、科普专家进行科普讲座，讲解科学原理、科学史、科技前沿成果等，同时设置互动问答环节，鼓励观众提问和参与讨论。组织科普知识竞赛，通过趣味问答、知识抢答等形式，检验观众的科普知识掌握情况，激发其学习兴趣。

编排科普剧目，如科学童话、科学小品等，通过生动有趣的表演形式，向观众传递科学知识。邀请科学家进行现场表演，如科学魔术、科学脱口秀等，让观众在欢笑中感受科学的魅力。

按照流程执行　遵守规则，按部就班确保各个环节顺利进行，鼓励观众积极参与互动体验，提供必要的指导和帮助。设立互动问答、知识竞赛等环节，激发观众学习兴趣和参与度。

及时总结反馈　收集观众反馈意见和建议，了解活动效果和不足之处。对活动进行总结和评估，为今后的科普活动提供参考和改进方向。感谢参与者和嘉宾的支持和贡献，并与其保持联系和合作。

通过周密筹备与精心安排的互动体验科普活动，参与者们既有机会汲取到海量的科学知识，又能在亲身参与的过程中，领略科学所蕴含的非凡魅力与无穷乐趣。

5. 科学教育活动

在当今快速发展的科技时代，科学教育不仅是培养学生科学素养的重要途径，更是推动社会进步和创新发展的基石。科学教育类科普活动作为连接学校与社会的桥梁，旨在通过生动有趣的方式激发学生对科学的兴趣，培养其探索精神和创新能力。

背景与意义　随着科技的日新月异，科学教育不再局限于书本知识，而是更加注重实践操作和创新能力培养。科普活动作为科学教育的重要组成部分，通过寓教于乐的方式，将抽象的科学知识转化为具体可感的体验，帮助学生更好地理解和掌握科学原理，激发他们对未知世界的探索欲望。科普活动还有助于培养学生的团队合作精神、沟通能力和解决问题的能力，为他们的全面发展奠定坚实基础。

类型与内容　科学教育类科普活动形式多样、内容丰富，主要分为以下几种：

邀请科学家、专家或科普工作者，围绕某一科学主题举办讲座，结合图片、视频、实物等展示手段，生动形象地介绍科学知识和科技应用。同时，组织学生参观科普展览，展示科技成果、科学原理和实验装置，让学生近距离感受科学的魅力。

设计一系列简单有趣的科学实验，如物理的"光的折射与反射"、化学的"酸碱反应"、生物的"植物细胞观察"等，让学生在动手实践中学习科学原理，体验科学探究的乐趣。通过实验操作，学生可以直观地观察到科学现象，加深对科学知识的理解。

鼓励学生利用废旧物品或简单材料，发挥想象力和创造力，制作科技小作品，如机器人、飞行器、简易电路等。这不仅能锻炼学生的动手能力和创新思维，还能培养他们的环保意识。

组织各类科学竞赛，如科技创新竞赛、机器人比赛、科学论文竞赛等，为学生提供展示才华的舞台。开展科学研学活动，如参观科技馆、科研机构、企业生产线等，让学生了解科学技术的应用和发展趋势。

组织学生参与科普志愿服务活动，如走进社区、农村等，开展科普宣传、科技咨询、科学普及等工作。这不仅能提升学生的社会责任感，还能增强他们的沟通能力和团队协作能力。

实施与策略　充分利用学校、家庭、社区、企业等多方资源，形成科学教育合力。邀请专业人士参与活动策划和实施，确保活动的专业性和趣味性。将理论与实践相结合，注重学生的实践操作和亲身体验。通过动手实验、制作科技作品等方式，让学生在实践中学习科学原理，体验科学探究的乐趣。采用多样化的活动形式，如游戏、竞赛、角色扮演等，激发学生的学习兴趣和好奇心。同时，利用新媒体平台，如微信、微博、小红书等，扩大科普活动的传播范围和影响力。针对不同年龄、不同兴趣、不同基础的学生，设计不同层次的科普活动，确保每个学生都能在活动中找到自己的位置，获得成长和进步。建立科学的评估体系，对科普活动的实施效果进行定期评估和总结。根据评估结果，及时调整活动内容和形式，持续改进科学教育质量。

成效与展望 通过开展科学教育类科普活动，学生对科学的兴趣和探索欲望得到了有效激发。同时，科普活动还促进了学校与社会的联系，增强了学生对社会的了解和责任感。

科学教育类科普活动是提升学生科学素养、培养其创新精神和实践能力的重要途径。通过丰富多彩的形式和内容，活动可以有效地激发学生对科学的兴趣和好奇心，为他们的全面发展奠定坚实基础。社会各界应携手共进，共同推动科学教育，为培养更多具有科学素养和创新精神的人才贡献力量。

6. 科研机构开放

自 2006 年科技部等部门联合印发《关于科研机构和大学向社会开放开展科普活动的若干意见》（以下简称《意见》）以来，中国科研机构和大学在科技设施的开放工作方面取得了显著成效，有力地推动了科普能力建设和创新型国家的建设。促进科研机构对社会开放，实际上是为科研机构、大学、企业建立科普场馆做准备，目标是建立一批特色科普场馆。

政策背景与目标 《意见》旨在充分发挥科研机构和大学在科普事业发展中的重要作用，进一步建立健全面向社会开放、开展科普活动的有效制度。其背景是《国家中长期科学和技术发展规划纲要（2006—2020 年）》和《全民科学素质行动计划纲要（2006—2010—2020 年）》的实施，以及建设创新型国家的战略目标。目标是通过开放科研设施、场所等科技资源，让科技进步惠及广大公众，提升中国科普能力，增强公众创新意识，营造创新的社会氛围，提高公众科学素质，培养科技后备人才。

开放范围与原则 《意见》明确了科研机构和大学的开放范围，包括科研机构和大学中的实验室、工程中心、技术中心、野外站（台）等研究实验基地，以及各类仪器中心、分析测试中心、自然科技资源库（馆）、科学数据中心（网）、科技文献中心（网）、科技信息服务中心（网）等科研基础设施。同时，非涉密的科研仪器设施、实验和观测场所，以及科技类博物馆、标本馆、陈列馆、天文台（馆、站）和植物园等也纳入开放范围。

开放工作坚持公益性原则，不以营利为目的，突出社会效益。活动要充分体现实践性、体验性、参与性和实效性，使公众通过参观科研过程、参与科研实践和探讨科技问题等活动，增进对科学技术的兴趣和理解，提升其使用科技手段分析和解决问题的能力。

执行进展与成效 近年来，中国科研机构与大学积极响应国家号召，面向社会开放，开展了一系列丰富多彩的科普活动。这些活动形式多样，内容涵盖物理、化学、生物、天文、地球科学等多个领域，旨在满足不同年龄层次、不同兴趣爱好的公众需求。

科研机构与大学定期举办科普讲座，邀请知名科学家、专家进行科普宣讲，介绍最新的科研成果和科技应用。同时，举办科普展览，展示科技成果、科学原理和实验装置，让公众近距离感受科学的魅力。科研机构与大学开放实验室，邀请公众尤其是青少年参与科学实验，通过动手实践学习科学原理并体验科学研究的乐趣，这些实验活动既有趣味性，又有教育性，深受公众喜爱。科研机构与大学鼓励公众尤其是青少年利用废旧物品或简单材料，发挥想象力和创造力，制作科技小作品，这些作品不仅展示了青少年的创新思维和动手能力，还激发了他们对科学的兴趣和热情。科研机构与大学联合举办各类科学竞赛，如科技创新竞赛、机器人竞赛等，为公众尤其是青少年提供展示才华的舞台。此外，科研机构和大学还开展科学研学活动，组织公众参观科研机构、企业生产线等，了解科技的应用和发展趋势。科研机构与大学组织志愿者队伍，走进社区、农村等基层单位，开展科普宣传、科技咨询等服务，这些志愿服务活动增强了志愿者的社会责任感和团队协作能力。

开放单位范围与数量　按照《意见》要求，中国科学院所属科研机构、国务院部门所属社会公益类科研机构和进入"211 工程"的相关大学率先实现向社会开放。随后，其他部门、地方所属科研机构和大学也积极创造条件，逐步实现向社会开放。2023 年全国科研机构和大学向社会开放的数量达到 8391 个，覆盖了自然科学、工程科学与技术研究的多个领域。

开放活动内容与形式　开放单位结合自身科研特色，设计了丰富多彩的科普活动，通过举办科普讲座、科普展览、科普竞赛、科技夏令营等形式，向公众普及科学知识、传播科学精神。同时，开放单位还积极利用新媒体平台开展线上科普活动，拓宽了科普传播的渠道和受众范围。

接待人次与影响力　随着开放工作的深入推进，科研机构和大学接待的科普访问人次逐年攀升。从最初的几千人次到如今的数百万甚至上千万人次，2023 年接待了 1964.17 万人次，科普活动的影响力不断扩大。公众通过参观科技设施，不仅增长了科学知识，还激发了探索科学的兴趣和热情。

人员队伍建设与培训　为了保障开放工作的顺利进行，开放单位加强了科普工作的人员队伍建设，逐步设立科普工作岗位，纳入专业技术岗位管理范围。同时，开放单位还完善了业绩考核办法，将科研人员和教师参与开放的工作量视同科研和教学工作量，作为职称评定、岗位聘任和工作绩效评价的重要依据。此外，开放单位也加强了对从事科普工作人员的业务培训，提升其科普作品的创作、讲解演示等与公众的沟通能力和技巧。

科普设施与场所建设 在进行新建、扩建和改建等工程项目时，部分开放单位根据面向社会开放、开展科普活动的实际需要，经相关部门批准后将相应的科普设施和场所建设纳入基本建设计划。这些设施和场所不仅为科普活动提供了有力支撑，还成为展示科技成果、传播科学知识的重要窗口。

问题与应对措施 尽管科研机构和大学在科普开放方面取得了显著成效，但仍面临一些困难。例如，部分单位对科普工作的重视程度不够，投入不足；科普活动的内容和形式还需进一步丰富和创新；科普人员队伍建设还需加强等。

针对这些挑战，建议采取以下改进措施：一是加强政策引导和资金支持，鼓励更多科研机构和大学参与科普开放活动；二是加强科普活动的规划和设计，注重活动的创新性和实效性；三是加强人员队伍建设和培训，提升科普活动的专业化水平；四是加强与社会各界的合作与交流，共同推动科普活动的创新。

《意见》的执行情况总体良好，有力地丰富了中国科普资源建设。今后应加强政策引导和支持，为科研机构和大学对社会开放提供资金支持或开放补贴，提升科普活动的质量和效益，为建设世界科技强国贡献更大力量。

中国科研机构与大学面向社会开放开展科普活动是一项长期而艰巨的任务。希望未来能有更多的科研机构和大学面向社会开放，夯实和丰富科普资源，让更多人有机会接触科学、感受科学的魅力。只有不断加大科普工作力度，提升科普活动质量和效果，才能为国家的科技创新、经济高质量发展、社会进步提供有力支撑。

7. 传统文化科普

传统文化是文明演化而汇集成的反映民族特质和风貌的文化，是各民族历史上各种思想文化、观念形态的总体表现。传统文化的内容包括历代存在过的种种物质的、制度的和精神的文化实体和文化意识，例如民族服饰、生活习俗、古典诗文、忠孝观念、礼仪规则等。传统文化也是科普的重要内容之一，许多科学里包含文化，许多文化里有科学，两者是相互包容和互补的关系。

中国传统文化是中华民族智慧的结晶，它不仅包括具体的物质文化遗产，如建筑、艺术品等，还包括抽象的文化精神，如哲学、伦理、审美等。中国传统文化的类型丰富多样，主要包括以下几个方面：

传统节日与习俗　中国的传统节日，如春节、元宵节、清明节、端午节、中秋节等，都蕴含着丰富的文化内涵和民俗风情。这些节日不仅是家人团聚的时刻，也是传承和弘扬传统文化的重要载体。在民俗方面，传统节日和习俗更是体现了中华民族的文化特色和民族精神。

传统美术与工艺　中国传统美术，如剪纸、年画、刺绣、国画、书法等，体现了中国传统审美观念和技艺。传统工艺，如陶瓷制作、织锦、造纸等，则是中华民族勤劳智慧的结晶。

民族音乐与舞蹈　中国民族音乐是传统文化的重要组成部分，包括民间歌曲、民间器乐曲等。传统舞蹈则包括各种民族舞蹈和仪式舞蹈，如秧歌、腰鼓、扇子舞等，它们都是中华民族传统文化宝库中的瑰宝。

传统戏剧与曲艺　传统戏剧，如京剧、昆曲、豫剧、越剧等，综合了文学、音乐、舞蹈、绘画、雕塑等多种艺术元素，具有极高的艺术价值。曲艺，如评书、相声等，则是民间口头文学和歌唱艺术经过长期演化发展而成的一种独特的表演艺术形式。

中医理念与针灸　中医是中国传统文化的瑰宝之一，它强调阴阳平衡、五行相生相克等理论，通过望、闻、问、切等方法诊断疾病，运用中药、针灸等手段进行治疗。中医文化不仅在中国深受欢迎，还逐渐走向了世界舞台。

儒家、佛家与道家　中国传统文化的内容同样丰富多彩，涵盖了哲学、宗教、思想、文字、语言等多个方面。其中，儒家学说是中国传统文化的重要组成部分，它强调仁爱、礼义、诚信等价值观念，对中国社会和中华文化的发展产生了深远影响。儒家经典，如《论语》《孟子》等，至今仍被广泛研读。佛家文化以慈悲、大爱、解脱为核心，强调"诸恶莫作，众善奉行"。道家则主张顺应自然、无为而治，让人追求内心的平和与自由。这三种文化共同构成了中国传统文化的精神支柱。

中国传统文化是中华民族身份和文化自信的体现，它不仅丰富了人们的精神世界，还为中华民族的发展提供了源源不断的动力。为了弘扬传统文化，可以举办相关科普活动，如"传统茶文化"知识科普活动，通过生动的讲解和互动体验，向青少年普及中国茶文化和茶道精神。

（六）部门科普活动

1. 卫生健康科普活动

背景意义　在快节奏的现代生活中，健康已成为人们日益关注的焦点。随着生活方式的改变，食品安全问题、环境污染的加剧以及健康知识的缺乏，许多慢性病和公共卫生问题日益凸显。因此，普及卫生健康知识并提高公众的健康素养，成为预防疾病、提升健康水平的关键。国家卫生健康委认真贯彻落实习近平总书记关于卫生健康和科普的重要指示，通过组织一系列丰富多彩的卫生健康科普活动，增强公众的健康意识，普及基本卫生健康知识，引导大家形成良好的生活习惯，共同营造健康、和谐的社会环境。

活动主题 "健康守护，你我同行"（通常每年不同）。

主要目标 普及基本的健康知识，包括疾病预防、营养膳食、心理健康等；教授实用的健康技能，如急救知识、心脏复苏、运动锻炼方法等；增强公众的健康意识，促进健康生活方式的养成；鼓励社区居民积极参与健康活动，形成健康向上的社区氛围。

时间地点 时间为××××年××月××日（星期六），9:30—16:00，地点为××市××公园及周边社区中心。

主要内容 简短开幕式，介绍活动背景、目的、日程安排及安全提示。邀请卫生健康领域专家发言，强调健康生活方式的重要性。全体参与者共同宣读健康宣言，表达对健康生活的承诺。

举办多场专题讲座，涵盖常见疾病预防、营养膳食搭配、心理健康维护等主题。邀请专业医生、营养师、心理咨询师等担任讲师，确保讲座内容科学、权威。设置互动问答环节，鼓励参与者提问，讲师现场解答，增强互动性。

开设急救知识工作坊，教授心肺复苏、止血包扎等基本急救技能。举办运动锻炼指导班，教授瑜伽、太极、健身操等运动方法，强调适量运动的重要性。开设营养烹饪课程，教授如何制作健康美味的餐点，引导大家养成良好的饮食习惯。

设立健康检查区，提供血压、血糖、体脂等基本健康指标的免费检测。邀请医疗团队现场提供健康咨询服务，解答参与者关于健康问题的疑惑。

组织健康挑战赛，如快走比赛、健康饮食打卡等，鼓励参与者通过实际行动践行健康生活。设立奖项，对表现优秀的参与者进行小礼品奖励，激发大家的参与热情。

制作并发放健康手册、健康小贴士等宣传资料，涵盖健康饮食、运动锻炼、疾病预防等方面的知识。在活动现场设置宣传展板，展示健康知识图片、视频等，方便参与者随时查阅。

招募志愿者，组成健康志愿服务团队，深入社区开展健康知识宣传、健康检查等志愿服务活动。鼓励志愿者与社区居民建立长期联系，为居民提供持续的健康支持和帮助。

总结活动成果，展示健康挑战赛获奖名单、健康志愿服务团队风采等。邀请嘉宾发表闭幕致辞，强调健康生活方式对提升全民健康水平的重要性。发放健康礼包，包括健康手册、运动器材等，鼓励参与者将健康生活方式延续下去。

宣传与动员　利用社交媒体、地方电视台、广播电台、报刊等渠道进行广泛宣传，提高活动知名度。与学校、社区、医疗机构等合作，组织报名参与。制作活动海报、传单，张贴于公共场所，吸引公众关注。

保障与安全措施　确保活动场地安全，设置急救站，配备专业医疗人员。提供必要的防护用品，如口罩、消毒液等，保障参与者健康。安排志愿者负责现场秩序维护，确保活动顺利进行。对参与人员进行健康筛查，确保无传染疾病风险。

后续行动与反馈　建立健康科普微信群、QQ群等，定期分享健康知识、活动动态等。邀请专家开展线上健康讲座，为公众提供持续的健康指导。收集参与者反馈，评估活动效果，为未来活动提供参考。与当地医疗机构合作，为社区居民提供定期的健康检查服务。

2. 生态环境科普活动

背景意义 生物多样性是地球上生命的基础，它构成了生态系统的复杂性和稳定性，支撑着人类社会的生存与发展。然而，随着城市化进程加快、环境污染加剧和气候变化等因素的影响，生物多样性正面临前所未有的威胁。因此，提高公众保护生物多样性的意识，显得尤为重要。生态环境部认真贯彻落实习近平总书记关于生态文明和科普的重要指示，通过组织一系列生态环境科普活动，让公众尤其是青少年了解生物多样性的重要性，学会观察、理解和保护自然。

活动主题 "守护生命乐章"（通常每年不同）。

活动目标 普及生物多样性的基本概念、重要性及面临的威胁；激发公众对生物多样性的情感认同和保护欲望；鼓励公众采取实际行动，参与生物多样性保护。

时间地点 时间为××××年××月××日（星期六），9:30—16:00，地点为××市植物园／自然保护区及周边社区。

活动内容 开幕式简短介绍活动背景、目的及日程安排。邀请生物学专家进行主题演讲，阐述生物多样性的重要性和保护策略。设置室内及室外展览区，展示生物多样性图片、标本、模型及互动装置。展览内容涵盖动植物多样性、生态系统类型、生物多样性与人类关系等。

组织参与者进行自然观察徒步，由专业向导带领，识别沿途的植物、昆虫、鸟类等生物。提供望远镜、显微镜等工具，增强观察体验效果。

开设手工制作工作坊，如制作昆虫旅馆、植物标本画等，让参与者亲手参与生物多样性保护行动。邀请手工艺人进行指导，讲解生物多样性保护小知识。

举办生物多样性科普讲座，涵盖生物多样性保护法律法规、成功案例分享等。设置互动问答环节，鼓励参与者提问，增强互动性。邀请参与者录制生物多样性保护宣言或创意短视频，通过社交媒体传播，扩大影响力。提供录音棚和拍摄设备，鼓励参与者创意表达。

总结活动成果，表彰积极参与的团体和个人。发放生物多样性保护手册、宣传资料和小纪念品，鼓励参与者持续学习和行动。

宣传与动员　利用社交媒体、地方电视台、广播电台、报刊等渠道进行广泛宣传。与学校、社区合作，组织公众报名参与。制作活动海报、传单，张贴于公共场所。

保障与安全措施　对参与者着装提出具体要求，例如穿运动鞋和长衣裤、戴帽子等。确保活动场地安全，设置急救站，配备专业医疗人员。提供防晒、防蚊、防虫等防护物品，保障参与者健康。安排志愿者负责现场秩序维护，确保活动顺利进行。

后续行动与反馈　建立生物多样性保护志愿者群，定期分享保护动态和行动指南。收集参与者反馈，评估活动效果，为未来活动提供参考。与当地环保组织合作，持续推动生物多样性保护项目。希望此次活动能在公众心中播撒下生物多样性保护的种子，激发更多人成为生物多样性保护的行动者，共同守护我们美丽的地球家园。

3. 农业农村科普活动

背景目的　随着现代科技的飞速发展，现代农业技术正以前所未有的速度改变着传统的农业生产方式。从精准农业到智能农机，从生物育种到生态种植，农业科技的进步为提高农业生产效率、保障粮食安全、促进农村经济发展提供了强有力的支撑。然而，由于信息不对称、技术培训不足等原因，许多农民对最新的农业技术了解不够，难以将其有效应用于实际生产中。农业农村部认真贯彻落实习近平总书记关于农业农村农民和科普的重要指示，通过组织开展农业技术知识普及活动，让农业科技走进田间地头，帮助农民掌握现代农业生产技能，提升农业生产的科技含量和竞争力，具有非常重要的现实意义。

活动主题　"科技兴农，智慧播种"（一般每年不同）。

活动目标　普及现代农业科技知识和方法，包括精准农业、智能农机、生物育种、生态种植等；提升农民的农业科技应用能力，包括使用智能农机、实施精准施肥灌溉、管理生态农场等；引导农民树立科技兴农的理念，鼓励采用新技术、新方法，提高农业生产效率和质量；增强农村社区的科技氛围，促进农业科技交流与合作，形成科技兴农的良好风尚。

时间地点　时间为××××年××月（整月），每周六、日举办主题活动。地点为××市××县农业科技示范园及周边村庄。

主要内容　举办开幕式，邀请农业科技领域的专家学者、政府官员、企业代表及农民参加，共同启动活动。设立农业科技展览区，展示现代农业科技成果，包括智能农机、植保无人机、生物育种技术等，让农民直观感受科技的力量。

邀请农业科技领域的专家，围绕精准农业、智能农机、生态种植等主题，举办系列讲座，深入浅出地讲解农业科技的原理、应用及前景。组织实操培训，如智能农机操作培训、生态农场管理培训等，让农民在专家指导下，亲手操作，亲身体验。

在农业科技示范园或选定农田，组织现场示范活动，展示智能农机作业、精准施肥灌溉、无人机播种、生物育种等技术的实际应用效果。邀请农民参与，通过现场观摩、交流，加深他们对农业科技的理解和认识。

　　设立农业科技咨询服务台，邀请农业科技专家现场解答农民关于农业科技应用的疑问。提供农业科技资料，包括技术手册、科普读物、视频教程等，方便农民随时查阅学习。

　　组织农业科技创新竞赛，鼓励农民、农业科技企业和科研机构围绕农业生产中的实际问题，提出创新解决方案。

　　举办农业科技成果对接会，邀请农业科技企业和科研机构展示其最新科技成果，与农民面对面交流，探讨合作机会。促进农业科技成果的转化应用，推动农业科技与农业生产深度融合。

　　利用社交媒体、农村广播、宣传栏等多种渠道，广泛宣传农业科技知识，提高农民的科技素养。制作农业科技宣传手册、海报等，发放给农民，方便他们随时学习。

　　宣传与动员　与当地电视台、广播电台合作，制作农业科技专题节目，报道活动进展，扩大活动影响力。利用社交媒体平台，发布农业科技知识，组织线上互动，吸引更多农民参与。与乡镇政府、村委会合作，组织动员农民参加活动，确保活动覆盖广泛。

　　保障与安全措施　确保活动场地安全，设置安全警示标志，配备必要的急救设施。安排专业人员进行现场指导，确保农民在参与实操培训、现场示范等活动时安全有序。加强活动期间的安全预警、处置及急救等防护措施。

　　后续行动与反馈　建立农业科技交流平台，方便农民与农业科技专家保持联系，持续获取农业科技信息。对活动进行总结评估，收集农民、专家及合作单位的反馈意见，为未来活动提供参考。根据活动效果，适时举办农业科技培训班、研讨会等活动，持续推动农业科技知识的普及与应用。这些活动能够激发农民对农业科技的热情，提升他们的农业科技应用能力，为农业可持续发展注入新的活力。

4. 林业草原科普活动

国家林业和草原局高度重视林草科普工作，认真贯彻落实习近平总书记关于林草和科普的重要指示，在全国范围内组织开展林草科普活动。这些活动不仅加深了公众对林草科技的认识，普及了林草相关科技知识，还激发了人们对生态保护的热情，推动了中国生态文明建设迈向新的高度。

背景与意义 随着全球气候变化和生态环境问题的日益严峻，林业和草原作为地球生态系统的重要组成部分，其地位和作用愈发凸显。为了加强公众对林草科技的了解，增强全社会的生态保护意识，国家林业和草原局及各级地方政府积极组织开展了形式多样的林草科普活动。这些活动旨在普及林草科学知识，传播生态文明理念，推动林草事业高质量发展，为实现美丽中国目标贡献力量。

内容与形式 全国林草科普活动内容丰富、形式多样，涵盖了命名国家林草科普基地、全国林草科技活动周、全国林草科普讲解大赛、全国林草科普微视频大赛、全国优秀林草科普作品评选等多个方面。

2023年，国家林业和草原局、科技部公布了首批国家林草科普基地，共57个，其中场馆场所类23个、教育科研类12个、自然保护地类22个。国家林草科普基地由国家林业和草原局、科技部共同命名和管理，是国家特色科普基地的重要组成部分，是依托森林、草原、湿地、荒漠、野生动植物等林草资源开展自然教育和生态体验活动、展示林业和草原科技成果和生态文明实践成就、进行科普作品创作的重要场所。国家林业和草原局、科技部要求，各科普基地依托单位要积极整合科普资源，保障林草科普工作投入，加强林草科普人才队伍建设，发挥各自特色优势，不断提升林草科普服务能力。要制定专项工作计划，建立健全面向公众开放的工作机制，宣传林草科技成就，普及林草科学知识，推广林草科技成果，弘扬林草科学精神，为全面提升全民科学素质和生态意识，推动林草事业高质量发展和生态文明建设作出积极贡献。各地林草和科技主管部门、有关高校及科研院所、行业学（协）会等单位，要充分发挥科普基地作用，积极培育建设国家林草科普基地，提升林草科普工作水平和成效，促进林草科技创新和林草科普工作协调发展。

国家林业和草原局及各级林业和草原部门每年组织林草科技活动周，通过展览展示、专家讲座、科技咨询等多种形式，向公众普及林草科技知识。

全国林草科普讲解大赛是林草科普活动的重要组成部分。以 2024 年为例，该赛事分为代表队推选、分赛区决赛和总决赛三个环节，经过激烈角逐，最终 10 位选手荣获一等奖、16 位选手荣获二等奖、24 位选手荣获三等奖，一等奖获得者还荣获"国家林业和草原局金牌讲解员"称号，北京市园林绿化局等 12 家单位获优秀组织奖。

全国林草科普微视频大赛通过征集和评选优秀的林草科普微视频作品，大赛旨在以更加直观、生动的方式传播林草科技知识。2024 年，国家林业和草原局科技司举办了全国林草科普微视频大赛，经过形式审查、通讯评审、会议评审和社会公示等环节，最终评选出 40 部全国优秀林草科普微视频作品。

全国优秀林草科普作品评选活动旨在鼓励和表彰在林草科普创作方面作出突出贡献的个人和单位，通过评选和表彰一批优秀科普作品，推动林草科普创作的繁荣和发展。经过形式审查、通讯评审、会议评审和社会公示等环节，31 部作品入选 2024 年全国优秀林草科普作品。

成效与亮点　全国林草科普活动取得了显著成效，具体表现在以下几个方面：首先，随着林草科普活动的深入开展，越来越多的公众开始关注和参与林草科普事业。无论是科普讲解大赛的现场观众，还是林草科普活动的参与者，都表现出了极高的热情和参与度。其次，通过科普讲解、展览展示、微视频等多种形式，林草科普知识得以更加广泛地传播和普及。据统计，仅 2024 年全国林草科普讲解大赛就吸引了数百万公众的关注和参与，有效推动了林草科普知识的普及和传播。同时，通过展览展示、专家讲座等形式，公众对林草科技成果有了更加深入的了解和认识，进一步推动了林草科技成果的转化和应用。最后，全国林草科普活动不仅普及了林草科技知识，还传播了生态文明理念。通过这些活动，公众对生态文明建设的认识和重视程度不断提高，为推动美丽中国建设贡献了力量。

以具体数据为例，截至 2023 年年底，我国森林覆盖率超过 25%，森林蓄积量超过 200 亿立方米，年碳汇量达到 12 亿吨以上。这一数据的背后，离不开全国林草科普活动的有力推动。通过科普活动，公众对森林、草原等生态系统的重要性有了更加深入的认识和了解，进一步增强了全体公民的生态保护意识。

5. 交通运输科普活动

交通运输部高度重视科普工作，深入贯彻落实习近平总书记"要把科学普及放在与科技创新同等重要的位置"的重要指示精神，会同相关部门指导有关地方交通运输主管部门、部系统单位、行业学会等，着力强化行业科普能力建设，广泛组织开展群众性交通运输科普活动，大力鼓励优秀科普作品创作，取得了显著成效。

主要内容 根据《交通运输部关于加强交通运输科学技术普及工作的指导意见》有关科普工作任务部署，2020 年 7 月，交通运输部和科技部出台了《国家交通运输科普基地管理办法》，启动了国家交通运输科普基地建设，并根据该管理办法按程序遴选，确定了首批国家交通运输科普基地，包括上海中国航海博物馆、中国铁道博物馆、桥梁博物馆、大连海事大学校史馆及"育鲲"轮、长安大学公路交通博物馆、港珠澳大桥、交通运输部天津水运工程科学研究所大型水动力实验中心（临港基地）、北京交通大学交通运输科学馆、人民交通出版社股份有限公司、道路绿色照明与安全防灾新材料试验室。

全国交通运输科普讲解大赛旨在推动交通运输科普工作，提升行业科普能力。交通运输科普讲解大赛虽然起步较晚，但是显示出了雄厚的实力，交通运输部代表队选手白响恩荣获第九届（2022 年）全国科普讲解大赛第一名。

全国交通运输科普微视频大赛旨在鼓励在交通运输行业重点科普领域征集创意新颖、制作精良、通俗易懂的科普微视频作品。入选的优秀作品颁发证书，并优先推荐参加交通运输科技活动周和国家有关科普视频征集活动。

交通运输部还积极推动优秀科普作品的创作和推广，组织开展全国交通运输优秀科普作品评选。这一活动的开展，激发了交通运输科普作品的创作积极性，一批批优秀的交通运输科普作品不断面世。

发展特点 注重科普活动的丰富性和多样性。交通运输部的科普活动涵盖了交通运输的多个领域，包括道路、桥梁、港口、航运、铁路、邮电、快递等。同时，科普活动的形式也多种多样，包括图书、动画、视频、展览等多种形式，以满足不同受众的需求。

推动科普与科研的紧密结合。交通运输部的科普活动不仅注重向公众普及知识，还积极推动科普与科研的紧密结合。例如，鼓励有条件的项目将科普作品创作、科普人才培养等纳入科技项目考核指标，支持项目承担单位将研究成果转化为通俗易懂的科普内容进行交流、推广。

广泛动员社会力量参与科普。交通运输部的科普活动不仅依靠政府部门的推动，还广泛动员社会力量参与。例如，联合高校、科研院所、企业等共同开展科普活动，推动科普工作的社会化、市场化发展。

主要成效 提升了公众对交通运输行业的认知和理解。通过交通运输科普活动，公众对交通运输行业的认知和理解得到了显著提升。越来越多人开始关注交通运输行业的发展动态和技术创新成果，对行业的未来充满信心。

推动了交通运输科技创新成果的转化和应用。交通运输科普活动不仅向公众普及了交通运输知识，还推动了科技创新成果的转化和应用。通过科普活动，一些先进的交通运输技术和产品得到了更广泛的推广和应用，为行业的可持续发展提供了有力支撑。

增强了交通运输行业软实力和国际影响力。通过向国内外展示中国交通运输行业的科技创新成果和发展成就，交通运输科普活动不仅提升了公众对行业的认知和理解，还增强了行业的软实力和国际影响力，提升了行业的国际地位和影响力。

促进了交通运输行业与社会的融合与发展。交通运输科普活动促进了交通运输行业与社会的融合与发展。通过科普活动，行业与社会之间的联系更加紧密，行业发展的成果更多地惠及了人民群众。同时，行业也借助社会力量推动了科普工作的深入开展。例如，西南交通大学依托"陆地交通地质灾害防治技术国家工程研究中心"建立了"陆地交通防灾减灾科普基地"。该基地面向全社会开展科普教育工作，每年吸引了超5000人次不同年龄的参观者。为了增加场馆内的科普元素，他们在实验室大厅打造了科普角、科普展品陈列区和智能减隔振体验房等，让公众能够沉浸式体验地震、了解减隔振科技等高精尖技术。

交通运输部牵头组织的科普活动在推动交通运输行业科普工作的开

展中发挥了重要作用。通过制定科普政策、命名科普基地、组织科普大赛和微视频大赛以及推荐优秀科普作品等措施，交通运输科普活动不仅提升了公众对交通运输行业的认知和理解，还推动了交通运输行业科技创新成果的转化和应用。

6. 应急管理科普活动

背景目的　在快速变化的社会环境中，自然灾害、事故灾难等各类突发事件时有发生，对人民群众的生命财产安全构成严重威胁。增强公众的应急意识和自救互救能力，是减少灾害损失、保障社会和谐稳定的关键。应急管理部认真贯彻落实习近平总书记关于应急管理和科普的重要指示，高度重视科普活动的开展，制定并实施应急科普知识活动方案，通过开展一系列丰富多彩、贴近生活的活动，普及应急知识，提升公众应对突发事件的能力，营造"人人讲安全、事事为安全、时时想安全、处处要安全"的良好社会氛围。

活动主题　"人人讲安全，个个会应急"（每年有所不同）。

活动目标　广泛传播应急法律法规、防灾减灾知识、自救互救技能等，提高公众应急知识水平；通过实操演练、模拟体验等方式，增强公众在火灾、地震、洪水等突发事件中的应对能力；培养公众的风险防范意识，鼓励主动识别潜在危险，积极参与社区应急事务；构建政府、社会组织、企业和公众共同参与的应急科普网络，形成全社会关注应急、支持应急的良好局面。

时间地点　时间为××××年××月×周（持续一周），举办主题应急科普活动。地点为城市广场、社区中心、学校、企业、网络平台等，确保活动覆盖广泛，便于公众参与。

活动内容　举办开幕式，邀请政府领导、应急管理部门负责人、专家学者及公众代表参加，正式启动活动。

设立应急知识展览区，展示应急法律法规、防灾减灾知识、自救互救技能等内容，通过图文、视频、实物等多种形式，让公众直观了解应急知识。

邀请应急管理领域的专家学者，围绕火灾逃生、地震自救、心肺复苏等主题，举办系列讲座，深入浅出地讲解应急知识。设置互动问答环节，鼓励公众提问，专家现场解答，增强活动的互动性和趣味性。

组织火灾逃生演练、地震应急疏散、心肺复苏实操等应急演练活动，让公众在模拟情境中学习并掌握应急技能。设立应急模拟体验区，如 VR 地震体验、火灾逃生模拟器等，让公众身临其境地感受突发事件，提高应对能力。

举办应急知识竞赛，设置线上初赛和线下决赛，吸引公众参与，通过竞赛形式巩固应急知识。开展应急创意征集活动，鼓励公众围绕应急科普主题，创作海报、短视频、漫画等作品，优秀作品将在网络平台展示，扩大应急科普影响力。

组织应急科普志愿者走进校园，为学生开展应急知识讲座、演练等活动，培养学生的应急意识和自救能力。深入企业，开展应急知识培训和演练，提高员工的应急响应能力。在社区设立应急科普宣传栏，定期更新应急知识内容，举办应急知识讲座和演练，增强社区居民的应急意识。

利用社交媒体平台，开展应急科普网络直播，邀请专家讲解应急知识，与观众实时互动、解答疑问。制作应急科普短视频、图文推文等，通过社交媒体广泛传播，扩大应急科普的覆盖面和影响力。

宣传与动员　与当地电视台、广播电台合作，制作应急科普专题节目，报道活动进展，提高公众关注度。利用社交媒体平台，发布应急科普知识，组织线上互动，吸引公众参与。与学校、企业、社区合作，通过宣传栏、海报、横幅等方式，广泛宣传应急科普活动，动员公众参与。

保障与安全措施　确保活动场地安全，设置安全警示标志，配备必要的急救设施。安排专业人员进行现场指导，确保公众在参与演练、体验等活动时安全有序。

后续行动与反馈　建立应急科普长效机制，定期举办应急科普活动，持续提高公众应急能力。对活动进行总结评估，收集公众、专家及合作单位的反馈意见，为未来其他科普活动提供参考。根据活动效果，适时调整应急科普内容，创新活动形式，确保应急科普活动的针对性和实效性。希望活动能够全面提升公众的应急意识和自救互救能力，为构建安全、和谐、稳定的社会环境贡献力量。

7. 水利科普活动

水利部认真贯彻落实习近平总书记关于水利和科普的重要指示，高度重视科普工作，组织开展了一系列丰富多彩、形式多样的科普活动，旨在普及水利知识、提升公众的水科学素养、促进水资源的可持续利用和保护。相关科普活动包括水利部与中国科协、共青团中央联合命名水情教育基地，组织开展全国水利科普讲解大赛、全国水利科普微视频大赛、全国水利科普科学实验展演汇演、全国水利优秀作品推荐等活动。

命名水情教育基地　为深入贯彻党中央、国务院关于生态文明建设和加强水资源管理的决策部署，水利部联合中国科协、共青团中央等部门，共同推动国家水情教育基地的建设，通过命名一批具有代表性、示范性的水情教育基地，旨在加强水情教育，提升公众的水科学素养和节水意识。水利部高度重视水情教育基地的建设工作，自 2016 年起，已分 5 批公布了 84 个国家水情教育基地。这些基地涵盖了节水展馆、水利博物馆、水利枢纽工程、水土保持科技示范园等多种类型，为公众提供了了解水情、学习水利知识的重要平台。

国家水情教育基地通过举办展览、讲座、互动体验等多种形式的科普活动，向公众普及水利知识、传播节水理念，提升公众的水科学素养和节水意识。同时，这些基地也成了水利科普教育的重要阵地，为培养新一代水利人才提供了有力支撑。

全国水利科普讲解大赛 全国水利科普讲解大赛是水利部为推动水利科普工作而举办的一项重要活动，由水利部国际合作与科技司、水利部宣传教育中心等部门共同主办，每年举办一届。大赛分为入围赛、半决赛和总决赛三个阶段，参赛选手来自部属单位、地方水行政主管部门、高等院校等多个领域。通过激烈的角逐，大赛最终评选出一等奖、二等奖、三等奖和优秀奖等奖项。大赛的举办不仅选拔出了一批优秀的水利科普讲解人才，还推动了水利科普知识的传播和普及。

全国水利科普微视频大赛 全国水利科普微视频大赛是水利部为推动水利科普工作而举办的另一项重要活动，每年举办一届。参赛作品需围绕水利科普知识进行创作，以微视频的形式呈现，时长一般在 2～5 分钟，内容涵盖水资源管理、节水技术、水利工程建设等多个方面，通过专家评审和公众投票相结合的方式，最终评选出优秀作品并颁发奖项。作品内容要求生动有趣、形象直观，能够吸引公众的注意力和兴趣。作品还需注重科学性和准确性，确保所传播的水利科普知识准确无误。全国水利科普微视频大赛中涌现出了一批优秀的微视频作品，推动了水利科普知识的广泛传播和普及。这些作品通过移动互联网和社交媒体平台传播，让更多的人了解了水利科普知识的重要性和必要性。

全国水利科普科学实验展演汇演活动 全国水利科普科学实验汇演活动是水利部为推动水利科普工作而举办的又一项重要活动。科学实验是科学知识的重要来源和验证手段，通过科学实验展演汇演的形式，可以让公众更加直观地了解水利科学知识和原理，增强他们的科学素养和节水意识。

全国水利优秀科普作品推荐 水利部还建立了全国水利优秀科普作品推荐机制，鼓励各地各单位积极推荐优秀的水利科普作品。推荐作品需符合科学性、准确性、生动性和创新性等要求，能够吸引公众的注意力和兴趣。同时，推荐作品还需注重实用性和可操作性，能够为公众提供实用的水利知识和节水技巧。水利部通过官方网站、社交媒体平台等多种渠道展示优秀作品，包括科普文章、漫画、视频等多种形式，涵盖了水资源管理、节水技术、水利工程建设等多个方面。这些优秀作品可以让更多的人了解水利科普知识的重要性和必要性，它们不仅让公众更加直观地了解了水利科普知识，还激发了公众对水利事业的关注和热爱。

8. 国防科技科普活动

国防科技工业科普工作是一项旨在普及国防知识、增强国民国防意识和爱国主义精神的重要活动，国家国防科技工业局认真贯彻落实习近平总书记关于国防工业和科普的重要指示，高度重视国防科普工作，多种形式开展"中国航天日"等科普活动，体现了国防科技工业在国家安全和发展中的重要地位。

活动起源 国防科技工业科普活动的起源可以追溯到国家对于国防知识普及和国防教育的重视。随着时代的发展，国防科技工业逐渐成为国家安全的重要支撑，其科技水平和创新能力直接关系到国家的综合国力和国际竞争力。因此，普及国防科技知识，增强国民的国防意识和爱国主义精神，成为国防科技工业科普活动的主要任务。

主要内容 国防科技工业科普活动的主要内容涵盖了国防基本知

识、军事科技知识、国家安全与战略、国防建设等多个方面。国防基本知识包括国防概念、国防任务、国防历史、国防法律法规等，这些知识有助于大众了解国防的基本概念和任务，以及国家在国防方面的法律法规。军事科技知识包括现代武器装备、军事技术、军事科研等，这部分内容主要介绍了国防科技工业的最新成果和前沿技术，让大众了解国家在军事科技方面的实力和水平。国家安全与战略包括国际形势、地缘政治、国家战略、军事战略等，这些内容有助于大众了解国际形势和国家安全战略，增强国家安全意识。国防建设包括军队建设、国防科技创新、国防工业发展等，这部分内容主要介绍国家在国防建设方面的努力和成果，以及国防科技工业在其中的重要作用。

主要特点 国防科技工业涉及的技术和知识非常专业，因此相关科普活动的组织者需要具备一定的专业知识和背景，以确保科普内容的准确性和权威性。国防科技工业科普活动不仅涉及军事领域，还涉及政治、经济、文化等多个方面，因此科普活动的内容需要具有广泛性和综合性。为了满足不同受众的需求，国防科技工业科普活动采用了多种形式，如讲座、展览、影视作品、动漫等，以提高科普的趣味性和吸引力。国防科技工业科普活动不仅注重理论知识的普及，还注重实践操作和体验，通过组织参观军事设施、科研单位等活动，让大众亲身体验国防科技的魅力。

重要成效 通过科普活动，大众对国防知识、国家在国防建设方面的努力和成果、军事科技在民用领域的应用有了更深入的了解，对国家的安全形势有了更清晰的认识，从而增强了国防意识、爱国主义精神，提升了国家形象。

中国航天科技集团有限公司（以下简称"中国航天"）是中国主要的空间技术及其产品研制基地，总部位于北京，主要从事运载火箭、各类卫星、载人飞船、货运飞船、深空探测器、空间站等宇航产品和战略导弹、战术导弹、无人系统等武器产品的研究、设计、生产、试验和发射服务，圆满完成了载人航天工程、探月工程、北斗工程、高分工程等重大航天任务。中国航天充分发挥航天技术优势和辐射带动作用，不断将新技术成果推广到国民经济领域，通过举办科普讲座、展览等活动，以及制作发行科普图书、影视作品等，向大众普及航天知识和技术。"神舟"系列飞船是中国航天的重要成果之一，自 1999 年"神舟一号"飞船成功发射以来，"神舟"系列飞船已经发射了多艘，均取得圆满成功。这些飞船的发射和成功运行，不仅提高了中国航天业的国际影响力，也激发了大众对航天的兴趣和热情。

案例 10：珠海航展

珠海航展全称中国国际航空航天博览会，1996 年首次举办，每两年一届，已逐渐成为全球航空航天领域的重要盛会。它以实物展示、贸易洽谈、学术交流和飞行表演为主要特征，向世界各国展示了中国在航空航天领域的最新技术和高精尖装备。

2024 年 11 月 12 日至 17 日，第 15 届珠海航展在广东珠海国际航展中心盛大举行。本届航展规模空前，共有来自 47 个国家和地区的 1022 家企业参展，参展飞机达到 261 架，地面装备 248 型。航展期间，吸引了近 59 万人次参观。

在珠海航展上，一系列"高、精、尖"武器装备集中亮相。歼 -35A，中国自主研制的新一代中型隐身多用途舰载战斗机，与歼 -20、歼 -16 组成"新三剑客"，在航展上空上演了精彩的飞行表演。海军首次组织实装参展，歼 -15T 舰载战斗机、直 -9F 反潜直升机等多型现役主战装备公开亮相,展示了海军航空兵的强大实力。俄罗斯第五代隐形战斗机苏 -57 的首次亮相、中国自主研制的大型运输机运 -20 首次开放货舱进行静态展示、C919 大型客机的商业展出首秀等,成了航展的亮点。

珠海航展不仅是一场科技与蓝天的交响,更是一次科普与交流的盛会。航展通过实物展示、飞行表演和学术交流等多种形式,向公众普及了航空航天知识,提高了公众对航空航天领域的认识和兴趣。航展不仅是一次难得的科普机会,更是激发青少年投身航空航天事业的热情,为国家航空航天事业的发展培养后备力量的重要平台。

珠海航展通过设立科普展区、举办科普讲座和互动体验活动等多种形式,让公众近距离接触和了解航空航天技术。例如,航展上首次设立的斗门莲洲"无人系统演示区",展示了我国在航空航天和国防领域的创新成就,包括无人船、无人机等多种无人系统的演示,让观众对无人系统的应用和发展有了更深入的了解。

中国航空发动机集团有限公司(以下简称"中国航发")是中央直接管理的军工企业,由国务院国有资产监督管理委员会、北京国有资本经营管理中心、中国航空工业集团有限公司、中国商用飞机有限责任公司共同出资组建。下辖多家直属企事业单位和上市公司,拥有包括院士、国家级专家学者在内的高素质、创新型科技人才。中国航发注重航空发动机的自主研发和军民融合发展,通过举办科普讲座、展览等活动,以及制作发行科普图书、影视作品等,向大众普及航空发动机知识和技术。

公司积极开展与高校、科研机构的合作与交流，推动航空发动机技术的创新和发展。中国航发设计生产的涡喷、涡扇、涡轴、涡桨、活塞发动机和燃气轮机等产品，广泛配装于各类军民用飞机、直升机和大型舰艇、中小型发电机组等领域。这些产品的成功研制和生产，不仅为中国国防武器装备建设和国民经济发展作出了突出贡献，还为相关领域的科普工作提供了重要支撑。

中国核能电力股份有限公司（以下简称"中国核电"）总部位于北京，由中国核工业集团有限公司作为控股股东，联合中国长江三峡集团有限公司、中国远洋海运集团有限公司和航天投资控股有限公司共同出资设立。中国核电积极开展核电科普活动，通过举办科普讲座、展览等活动，以及制作发行科普图书、影视作品等，向大众普及核电知识和技术。中国核电还注重与公众的沟通和互动，通过组织参观核电站等活动，让公众了解核电的安全性和可靠性。秦山核电30万千瓦核电机组是中国核电的重要成果之一，这座核电站是中国第一座依靠自己力量研究、设计、建造和管理的核电站，实现了中国大陆核电"零的突破"。

案例11："魅力之光"科普活动

"魅力之光"核科普活动是由中国核学会和中国核电联合主办的一项旨在提升全民核科学素养的科普活动。自2013年首次举办以来，已经连续举办了12年，成为全国范围内具有广泛影响力的核科普品牌。活动每年通过知识竞赛、院士讲座、核电夏令营、核科普讲解大赛等多种形式，吸引了大量公众，尤其是以中学生为主体的青少年群体的关注和参与。

活动的核心理念是传承"两弹一星"精神，弘扬"科学报国"传统。每年的活动主题和内容都有所创新，但都围绕着提升核科学素养这一核心目标展开。例如，第 12 届"魅力之光"核科普活动于 2024 年 4 月在中国科学院学术会堂举行启动仪式，并邀请了多位院士和专家举办讲座，分享他们在核科学领域的经验和见解。讲座不仅涉及核科学的前沿技术，还涵盖了核安全、核能利用等公众关心的问题，有助于消除公众对核能的误解和疑虑。

活动还通过知识竞赛、核电夏令营等形式，让公众亲身体验核科学的魅力。在知识竞赛中，参赛者需要回答与核科学相关的问题，这不仅考验了他们的知识储备，也激发了他们学习核科学的兴趣。而核电夏令营则提供了一个更加深入了解核科学的平台，营员们可以参观核电站、聆听专家讲座、参与科普实验等，亲身体验核能的安全和高效。活动还注重与公众的互动和交流，在活动现场，公众可以与院士、专家面对面交流，提出自己的疑问和见解。这种互动不仅增强了活动的趣味性和参与性，也促进了公众对核科学的理解和认同。同时，"魅力之光"科普活动积极与媒体合作，通过电视、网络等渠道广泛传播科普知识。

国防科技工业科普活动是重要的社会公益活动，在增强国民的国防意识、培育爱国主义精神、促进军民融合发展等方面具有重要意义。中国航天、中国航发、中国核电等作为国防科技工业的重要组成部分，在科普工作中发挥着独特的作用，为推动国防科技工业的高质量发展作出了重要贡献。

（七）知名科普活动

1. 科学之夜

最初起源　"科学之夜"这一科普活动的起源可以追溯到 2016 年的上海科技节。"科学之夜"创立的初衷是让公众在白天繁忙的工作和学习之后，可以趁着华灯初上，与家人朋友一起共赴"科学之夜"，在夜色中感受科学的魅力。上海首创"科学之夜"活动，旨在通过夜间开放各类科技场馆，侧重互动性和游戏化科普，激发青少年对科技的好奇心。这一活动迅速获得了公众的广泛关注和好评，成为上海科技节的一大亮点。这种带着几分浪漫亲近科学的方式，很快便成了一种"新时尚"。

随着"科学之夜"在上海的成功举办，其影响力逐渐扩大。科技部 2017 年首次在中国古动物馆和北京天文馆组织"全国科学之夜"活动，致力于推进科学与艺术的结合、营造科学文化氛围，活动随即在全国得到迅速响应，科技部、中国科学院先后在中国科学院动物所、中国人民革命军事博物馆和北京、广州、成都、长沙、呼和浩特、拉萨等地相继引进了这一活动。各地根据自己的实际情况和特色，对"科学之夜"进行了本土化的改造和创新，使其更加贴近公众的需求和喜好。如今，"科学之夜"已经成为每年全国科技活动周期间最受欢迎的活动之一。

内容丰富　活动内容不断丰富和多样化。除了传统的科普展览和讲座外，还增加了科普讲解、科普大咖面对面、科学实验秀、科技元素歌舞、科普剧场、互动游戏等多种形式。这些活动不仅让公众在轻松愉快的氛围中学习科学知识，还激发了他们对科学的兴趣和热情。活动邀请社会各界人士出席，还邀请外国驻华使馆科技官员、外国在华专家出席，增加了国际色彩。

例如，2019 年"科学之夜"活动在中国人民革命军事博物馆举办，活动邀请了一批部队官兵代表出席活动，为了增加国际化要素，特别邀请了部分国家驻华科技参赞、部分在京外国专家出席活动，受到广泛好评。在 2021 年的上海科技节中，"科学之夜"突破了夜场的限制，开启了"日与夜之约"，在上海环球港 B2 中庭，上演了一场为期三天的科技亲子嘉年华，吸引了众多亲子家庭参与。同时，活动还通过网络直播的方式，让百万观众能够在线上观看和互动。

形式创新 活动突破了传统的夜间活动模式。一些地方开始尝试在白天也开放活动场馆，延长了公众与科学接触的时间。此外，活动还通过网络直播、线上互动等方式，将"科学之夜"带到了更广阔的空间，让更多人能够参与这一科普盛宴。

例如，在 2024 年的"科学之夜"活动中，北京天文馆和中国古动物馆分别举办了沉浸式星空体验活动和恐龙骨骼模型装架复原活动，通过角色扮演、剧情引导、游戏互动等方式，让公众在亲身体验中了解天文知识和恐龙骨骼结构，极大地提高了科普的趣味性和互动性。

范围扩大 逐渐从城市中心向郊区、农村扩展。一些地方开始尝试在科技馆、科学公园、学校等场所举办"科学之夜"活动，让科普惠及更多人。"科学之夜"还开始与其他文化、旅游等活动相结合，形成了独具特色的科普旅游线路。例如，2024 年湖南省的"科学之夜"活动结合了祁东特色非遗文化节目，为公众呈现了一场集科普讲解、科学实验秀、科技元素歌舞、非遗文化表演为一体的科普盛宴。

影响提升 随着"科学之夜"活动的不断发展和创新，其社会影响力也逐渐提升。同时，"科学之夜"也成了各地科普活动的一张亮丽名片，展示了各地在科普工作方面的成果和特色。目前，"科学之夜"已经成为一个全国性的科普品牌活动，各地都在积极举办这一活动，并不断创新和发展。

随着"科学之夜"活动的不断推广和普及，越来越多的地方开始举办这一活动。从一线城市到二、三线城市，从城市中心到郊区农村，到处都能看到"科学之夜"的身影。这让更多的公众能够参与科普活动，享受科学的乐趣。

品质高端 在数量增加的同时，"科学之夜"的活动质量也在不断提高。各地都在努力创新活动内容和形式，提高活动的趣味性和互动性。同时，各地还加强了对活动效果的评估和反馈，不断优化和改进活动方案，确保活动能够达到预期的科普效果。

参与广泛 随着"科学之夜"活动的不断发展和创新，其社会参与度也在不断提升，越来越多的公众开始关注并参与这一活动，形成了良好的科普氛围。同时，一些企业、学校等组织也开始积极参与"科学之夜"的举办，为活动提供了更多的资源和支持。

经过多年的努力和发展，"科学之夜"已经取得了显著的科普效果。通过这一活动，公众对科学的认识和了解不断加深，对科学的兴趣和热情也不断提高。这一活动还促进了科技与文化的融合和交流，为推动科技创新和文化繁荣作出了积极贡献。"科学之夜"将继续保持其创新性和活力，不断推出更多新颖有趣的科普活动。

2.流动科技馆

在科技日新月异的今天，科学教育的重要性日益凸显。为了让更多人能够近距离接触科学，感受科学的魅力，中国科学技术馆牵头组织了一系列流动科技馆活动，将科学的种子播撒到全国各地，特别是偏远地区，让科学的光芒照亮每一个角落。

背景与目的 流动科技馆活动是中国科学技术馆为响应党和政府对

科普的要求，推动科普资源均衡发展，提升全民科学素质而开展的一项重要活动。活动旨在通过巡展的方式，将中国科学技术馆的优质科普资源带到基层，特别是偏远地区和民族地区，让更多人能够享受科学教育带来的乐趣。希望这一活动能够激发公众，特别是青少年对科学的兴趣和热情，培养他们的科学思维和创新能力，为国家的科技事业培养更多后备人才。

内容与形式　流动科技馆活动内容丰富多样，形式灵活多变，旨在满足不同年龄层次、不同知识背景的受众需求。活动主要包括以下几个部分：

流动科技馆会携带一系列精心挑选的科普展品，涵盖物理学、化学、生物学、天文学等多个学科领域。这些展品不仅外观精美，互动性强，而且能够直观展示科学原理，让观众在动手操作中领悟科学的奥秘。

流动科技馆邀请知名科学家、科普专家进行科普讲座，为观众带来前沿的科研成果和科普知识。这些讲座不仅让观众了解科学的最新进展，还能激发他们对科学的兴趣和好奇心。

流动科技馆还会设置一系列科普实验，让观众在动手实践中感受科学的魅力。这些实验既有趣味性，又有教育性，能够让观众在轻松愉快的氛围中学习科学知识。

为了激发观众的参与热情，流动科技馆还会举办各种科普竞赛，如科学小论文比赛、科普知识问答等。这些竞赛不仅让观众在竞争中学习科学知识，还能培养他们的团队协作和创新能力。

亮点与成效　流动科技馆活动自开展以来，取得了显著的成效。

活动已经覆盖了全国多个省市，特别是偏远地区。据中国科学技术馆官网信息，截至 2023 年底，流动科技馆项目已在全国近 2000 个县级行政区巡回展出 6207 个站点，贫困县覆盖率达 98%。每套展览包含约

50件科普互动展品，每到一地展出2至3个月，能够接待3万至5万人次。截至2023年底，流动科技馆已服务县域公众1.89亿人次。以黑龙江省宝清站为例，在两个月的巡展期间，共接待了宝清县区域内中小学师生和社会公众33 800人次，开展了形式多样的群众性科普活动18次。

活动注重观众的参与和体验，通过科普展览、科普实验、科普竞赛等多种形式，让观众在动手操作中感受科学的魅力。这些活动形式不仅让观众更加深入地了解科学原理，还提高了他们的科学素养。

活动得到了社会各界的广泛关注和赞誉。许多观众表示，通过参加这些活动，他们对科学有了更加深入的了解和认识，也激发了他们对科学的兴趣和热情。同时，这些活动还促进了科学家与公众的交流和互动，增强了公众对科学的信任和支持。

流动科技馆活动在内容和形式上不断创新，引入了VR、AR、MR等新技术，让观众在更加真实、生动的环境中学习科学知识。这种创新性的科学教育方式，不仅提高了观众的参与度和满意度，还推动了科学教育的现代化和智能化。

3. 科技列车行

在广袤的中华大地上，自2004年起每年都有一列特殊的"列车"穿梭于城乡之间，它不仅承载着先进的科学技术，更传递着科学精神与创新力量。这就是由科技部联合多部门共同举办的"科技列车行"活动，该活动已成为科技惠民、服务"三农"和科技下乡的知名品牌活动。

"科技列车行"的每一次启程，都意味着一场科技与地方发展的深度交融，一次科学普及与民生改善的生动实践。活动以当年全国科技活动周的主题为主题，旨在通过组织专家团队深入欠发达地区提供优质科普服务，助力乡村振兴和产业升级，推动区域经济高质量发展。历年的

"科技列车行"活动，都吸引了来自全国各地的知名科技专家和学者参与。他们组成了农业技术、医疗卫生、科普活动等多个专业小组，深入贫困地区和民族地区的田间地头、工厂车间、学校医院，开展技术指导、临床诊疗、学术交流、科普讲座等丰富多彩的科技服务活动。这些专家们不仅带来了最新的科研成果和技术手段，更用实际行动诠释了科技工作者的使命与担当。

农业技术领域 "科技列车行"活动为当地农民提供了宝贵的产业技术指导。专家们走进种植基地、养殖企业，实地调研特色产业，解答产业疑难问题，帮助农民们找路径、疏堵点、补短板。通过他们的努力，许多地区的特色产品的质量得到了提升，产业得到了发展壮大，农民收入显著增加，乡村振兴的步伐也明显加快。

医疗卫生方面 在医疗卫生领域，"科技列车行"活动同样发挥了重要作用。医疗专家团队深入基层医院和诊所，开展技术指导、临床诊疗、义诊和学术交流活动，有效提升了当地医疗服务水平。他们不仅为群众提供了高质量的医疗服务，更通过传授先进的医疗技术和理念，为当地培养了一批优秀的医疗人才。

科普活动方面 活动通过举办科普讲座、主题互动体验、放映科普电影等形式，将科学知识送到千家万户。这些活动不仅激发了公众对科学的兴趣和好奇心，更提高了他们的科学素养和创新能力。许多青少年在参与活动的过程中，心里种下了科学的种子，立志将来要为国家的科技进步贡献自己的力量。

"科技列车行"通过举办科技成果巡展、科技大篷车、科学演出等活动，将最新的科技成果和科技创新理念打包带到基层，让当地群众享受最新的科普活动方式。这些活动不仅展示了中国科技事业的辉煌成就，更激发了公众对科技创新的热情和信心。

"科技列车行"活动向活动举办地捐赠了一批批科技物资、科普实验室。例如，为了支持贵州贫困地区中小学的计算机教育，在 2009 年"科技列车贵州行"期间，主办方向其捐赠了 1000 台笔记本电脑。

"科技列车行"活动已经成功举办 21 届，累计服务了十多个省（区）和几百个县市。它已经成为科技惠民和科技服务基层的知名示范品牌，为推动中国民族地区、边疆地区和革命老区的创新发展和脱贫攻坚作出了积极贡献。

4. 科学节

科学节是中国科学院自 2018 年打造的面向社会公众的大型科学嘉年华活动，旨在向公众普及科学知识、展示科技创新成果、激发公众对科学的兴趣。科学节不仅是一场科学的盛宴，更是一次科学与艺术完美融合的展示。

多种多样形式　科学节为中国科学院主办，通常在 9 月底举办，由主场活动和一系列研究所科普活动构成，这些活动在全国范围的中国科学院直属机构内广泛开展，吸引了无数公众的参与。主场活动一般设在北京，为了更广泛地普及科学知识，在其他城市如武汉、广州等地设立专场活动，结合地方特色，推出了一系列精彩纷呈的科普活动，使科学节的多样性和地域性得到了极大的增强。

在科学节中，公众通过科学展览、实景模型、科普报告、科学文艺汇演、科学实践等多种形式，近距离接触前沿科技成果并与科学家面对面交流。这些活动不仅展示了中国科学院在科技创新方面取得的重大进展和成果，还描绘了科技造福人类生活的美好愿景。

科学艺术融合　科学节的一大亮点是科学与艺术的融合。在科学展览和科普报告中，科学家们用生动有趣的方式向公众解释复杂的科学原理和技术应用，而艺术家们则通过音乐、舞蹈、戏剧等艺术形式，将科学知识以更加直观和感性的方式呈现给公众。

例如，在 2024 年广州专场科学节中，主办方设置了"嗨剧场"板块，以科学文艺展演为主，通过才艺节目表演、科学实验、非遗文化展示等多个节目，将科学知识与多种艺术形式相结合，以大众喜闻乐见的方式展示科学的魅力和科学家的精神风貌。此外，"科学之美"板块展出了精美的科学图片、植物科学画等内容，让公众在欣赏美的同时，感受科学的魅力。

公众广泛参与　科学节不仅是一场科学家的盛会，更是一次公众的狂欢。在活动中，公众可以近距离接触科学家，聆听他们的讲座和报告，与他们进行面对面的交流。这种交流不仅拉近了科学家与公众的距离，还增强了公众对科学的信任和理解。

科学节注重公众的参与和互动。例如，在 2024 年广州专场科学节的"创工坊"板块，公众可以亲手尝试各种科学实验和科普互动游戏，体验科研工作有趣的一面；而在"零距离"板块，公众则可以探秘科研院所的实验室和标本馆，了解科学家的日常工作和科研成果。

社会影响深远　科学节的举办不仅让公众有机会亲身接触和体验科学，还激发了青少年对科学的兴趣和热情。通过科学节，公众可以更加深入地了解中国科技的进展和成就，增强民族自豪感和自信心。

中国科学院主办的科学节是一场科学与艺术的盛宴，它让公众在欣赏艺术的同时学习到科学知识，激发了他们对科学的兴趣和热情。未来，期待着更多类似的活动能够继续传递科学的力量，让科学真正成为连接未来的桥梁。

5. 科普援藏

自 2016 年起，科技部联合相关部门、地方，通过捐赠科普经费、援助科普设备、开展科普活动、培养科普人才等举措，引导优质科普资源向民族地区流动，连续 8 年在西藏自治区开展"科普援藏"活动，将其作为推动西藏地区科技发展的重要举措。多年来，"科普援藏"活动持续开展，通过组织专家团队赴西藏自治区进行科普讲座、展览、实验等活动，捐赠科普物资，建立科普实验室等一系列措施，为西藏地区的科普事业注入了新的活力。

"科普援藏"活动旨在激发西藏自治区青少年对科学的兴趣和热情，促进科技创新和成果转化。为实现这一目标，科技部每年精心策划，组织来自全国各地的科普专家、学者和志愿者，他们带着丰富的科普资源和满腔的热情，走进西藏的学校、社区、农牧区，为当地居民带来了一场场精彩纷呈的科普盛宴。

科技知识讲座 专家们围绕天文学、地理学、生物学、物理学等多个领域，为西藏自治区学生带来了生动有趣的科普课程。他们通过深入浅出的讲解和生动的实验演示，将原本枯燥乏味的科学知识变得生动有趣，激发了学生们对科学的浓厚兴趣。同时，专家们还与学生们进行了互动交流，解答了他们在科学学习中的疑惑，为他们提供了宝贵的指导和建议。

科普产品展示 活动组织了一系列以科技创新为主题的展览，展示了中国在航天、生物、信息等领域的最新科技成果。这些展览不仅让西藏自治区居民领略到了科技的魅力，还增强了他们对国家科技发展的自豪感和自信心。此外，展览还设置了互动体验区，让观众能够亲身体验到科技的神奇之处，进一步激发了他们对科学的兴趣和探索欲。

捐赠科普物资 科技部等部门和地方科技部门投入资金和资源，在西藏地区建立了多个科普实验室，为当地学生提供了良好的科学实践平台。这些实验室配备了实验设备和器材，能够满足学生进行各种科学实验的需求。同时，实验室还定期举办科普活动，邀请专家进行指导，帮助学生们掌握科学实验的基本方法和技能，培养他们的创新意识和实践能力。

在捐赠科普物资方面，科技部向西藏自治区学校捐赠了大量科普书籍、教学仪器和实验器材等物资，为当地的科学教育提供了有力的保障。这些物资不仅丰富了学校的科学教育资源，还提高了科学教育的质量和水平。

传授科普技能　中国科学院物理研究所、广东科学中心、上海科技馆、中国地质博物馆等国内顶尖的科普机构和众多科普专家、科普大V的积极参与，让"科普援藏"活动的内容更加丰富、形式更加多样，深受藏族群众的欢迎。这些科普机构和专家们，不仅带来了前沿的科普知识和先进的科普理念，还通过一系列丰富多彩的科普活动，让藏族群众近距离感受到了科学的魅力。

中国科学院物理研究所的专家们，利用其在物理学领域的深厚底蕴，为西藏自治区的孩子们带来了生动有趣的物理实验课程。他们通过简单的实验器材，演示了光的折射、电磁感应等物理现象，让孩子们在动手实践中领略到了物理学的奥秘。这些实验不仅激发了孩子们对科学的兴趣，更培养了他们的动手能力和创新思维。

上海科技馆精心策划了一系列科普讲座和科普影片放映活动。这些讲座和影片涵盖了多个领域，让藏族群众在轻松愉快的氛围中学习到了丰富的科学知识。同时，上海科技馆还带来了VR等先进的科普技术，让参观者能够身临其境地探索宇宙的奥秘。

广东科学中心以其独特的科普展览和互动体验项目，吸引了众多藏族群众的关注。他们带来的"探索与发现"科普展览，通过生动的模型、逼真的场景和互动体验设备，让参观者仿佛置身于科学的海洋中。在这里，藏族群众不仅了解到了最新的科技成果，还亲身体验到了科学的神奇魅力。

中国地质博物馆则以其丰富的地质标本和化石藏品，为西藏自治区的孩子们带来了一场生动的地质科普盛宴。他们通过展示各种珍稀的地质标本和化石，让孩子们了解到了地球的形成和演化过程。同时，他们还组织了一系列的科普互动活动，如化石挖掘体验、地质知识问答等，让孩子们在参与中增长了知识，培养了科学精神。

众多科普大 V 也积极参与"科普援藏"活动。他们利用自己的社交媒体平台，广泛传播科普知识，与藏族群众进行互动交流。这些科普大 V 们不仅为藏族群众提供了丰富的科普资源，还通过线上线下的互动活动，激发了他们学习科学的热情和动力。

"科普援藏"活动的持续开展，取得了显著的成效。一方面，它提升了西藏地区公众的科学素质，激发了青少年对科学的兴趣和热情；另一方面，它也促进了科技创新和成果转化，为西藏地区的经济社会发展提供了有力的支撑。"科普援藏"活动加强了内地与西藏地区的合作与交流，丰富充实了西藏科普资源，为推动西藏地区的科普事业发展贡献了智慧和力量。

第五章

科普活动形式

如果形式不是内容的形式，那么它就没有任何价
值了。

——马克思

　　科普活动已经成为最受公众喜欢的科普形式，经过多年实践探索，科普活动的内容日益丰富，形式多样，各具特色，对普及科学技术知识、倡导科学方法、传播科学思想、弘扬科学精神发挥了特别重要的作用。科普活动形式多样，可以分为重大示范类活动、科技竞赛类活动、研学旅行类活动、专题特色类活动等。

（一）重大示范类活动

　　重大示范类活动通常是指由党中央、国务院有关部门在全国范围内同步主办的大型科普活动，具有引领和示范作用。

1. 文化科技卫生"三下乡"

　　全国文化科技卫生"三下乡"活动，作为一项旨在促进农村全面发展、提升农民生活质量的综合性公益活动，自1997年正式实施以来，已经走过了28年的历程。这一活动通过文化、科技、卫生等方面的深入农村面向农民服务，不仅丰富了农民的精神文化生活，提高了他们的科技素质，还改善了农村医疗卫生条件，为农村社会的全面发展注入了新的活力。

　　活动背景　为了促进农村文化建设，改善农村社会风气，密切党群、干群关系，深入贯彻党中央对"三农"问题的高度重视，大力推进农村精神文明建设，满足广大农民的精神文化生活需求，1996 年 12 月，中央宣传部、国家科委、农业部、文化部等十部委联合下发了《关于开展文化科技卫生"三下乡"活动的通知》，并从 1997 年开始正式实施。活动通常在岁末年初、农闲时举办，这一活动的开展对于推动农村社会的全面进步、提高农民的整体素质具有深远意义。

活动内容　全国文化科技卫生"三下乡"活动主要包括文化下乡、科技下乡和卫生下乡等方面。

文化下乡旨在通过图书、报刊下乡，送戏下乡，电影、电视下乡，以及开展群众性文化活动等方式，丰富农民的精神文化生活。国家级文艺团体、知名演员到县乡进行义演，不仅让农民能够接触到更多的文化产品，还激发了他们对文化艺术的热爱和追求。以 2024 年为例，全国范围内共组织了数千场文化下乡活动，累计发放图书数百万册，送戏下乡数千场次，放映电影、电视剧数万场次，极大地满足了农民的文化需求。

科技下乡旨在通过组织农业科技专家深入田间地头，为农民提供种植、养殖等方面的技术咨询和指导，推广先进的农业技术和管理经验。同时，开展科普宣传、科技培训等活动，提高农民的科技素质。2024 年，全国共组织了数千场科技下乡活动，培训农民数十万人次，推广先进的农业技术和管理经验数百项，有效提高了农业生产效益和农民收入水平。

卫生下乡旨在通过医务人员下乡，扶持乡村卫生组织，培训农村卫生人员，参与和推动当地合作医疗事业发展等方式，改善农村医疗卫生条件。同时，开展健康知识宣传、义诊等活动，增强农民的健康意识和自我保健能力。2024 年，全国共组织了数千场卫生下乡活动，累计义诊数十万人次，发放健康知识宣传资料数百万份，有效提高了农民的健康水平和医疗卫生服务质量。

活动成效　全国文化科技卫生"三下乡"活动的开展，取得了显著的成效：

通过文化下乡活动，农民能够接触更多的文化产品，享受更加丰富多彩的精神文化生活。这不仅提高了他们的文化素养，还激发了他们对美好生活的向往和追求。

通过科技下乡活动，农民能够学习先进的农业技术和管理经验，提高他们的生产技能和收入水平。同时，科技知识的普及也促进了农村经济的转型升级和可持续发展。

通过卫生下乡活动，农民能够享受更加便捷、高效的医疗卫生服务。这不仅提高了他们的健康水平，还促进了农村医疗卫生事业的健康发展。

全国文化科技卫生"三下乡"活动的开展，不仅促进了农村文化、科技、卫生事业的发展，还推动了农村社会的全面进步。这一活动不仅提高了农民的整体素质和生活水平，还促进了农村社会的和谐稳定和繁荣发展。

2. 科技活动周

2001年3月，国务院批准设立科技活动周，每年5月的第三周由科技部牵头在全国范围举办群众性科技活动，参与的政府部门达到41个，已经连续举办24届，成为内容最丰富、参与部门最多、覆盖面最大、影响力最强的重大科普示范活动之一。这是一场集科学教育、科技创新、科技交流于一体的盛大活动，旨在通过丰富多彩的内容和形式，让公众近距离感受科技的魅力，激发全社会对科学的兴趣和热情。科技活动周如同一座桥梁，连接着科技殿堂与民众生活，为公众打开了科学大门，让科技的种子在每个人心中生根发芽，绽放出璀璨的智慧之花。

开幕式（启动式） 科技活动周的序幕在一系列精彩的开幕式活动中缓缓拉开，各地的科技馆、高等院校、科研机构，甚至社区广场，都洋溢着浓厚的科技氛围。开幕式上，党政领导、科技界精英、科普工作者以及社会各界代表齐聚一堂，共同见证这一科技盛宴的启动。通过科技成果展示、科普互动、科学嘉年华等活动，科技活动周有助于展现中国在科技创新领域的辉煌成就和广阔前景，激发人们对科技创新的无限憧憬。

科学教育引导 科学教育是科技活动周的重要组成部分。各地科技馆、科普基地纷纷推出了一系列面向公众尤其是青少年的科普活动。从基础科学知识的普及，到前沿科技领域的探索，每一项活动都旨在激发孩子们的好奇心和求知欲，培养他们的科学素养和创新精神。在科技馆内，孩子们可以亲手操作各种科学实验装置，通过直观感受，理解物理、化学、生物等学科的基本原理。VR 技术的引入，更是让孩子们仿佛置身于一个充满奇幻色彩的科技世界，体验着前所未有的科技乐趣。此外，科普讲座、科普电影、科普展览等形式多样的活动，也让科学知识以更加生动、有趣的方式走进千家万户。

科技创新展示 科技创新是科技活动周的核心亮点。在活动期间，各地纷纷展示了最新的科技成果和创新产品，涵盖了人工智能、大数据、云计算、生物科技、新材料等多个领域。观众可以近距离接触智能机器人、无人驾驶汽车、3D 打印技术等前沿科技产品。通过与科技工作者的交流和互动，人们可以了解这些科技成果背后的研发故事和创新历程，感受科技创新带来的巨大变化和深远影响。

科技交流合作 科技活动周还是一个重要的科技交流平台。活动期间，各地举办了多场科技论坛、研讨会、技术交流会等活动，邀请国内外科技界的专家学者、企业家、投资人等共同探讨科技创新的发展趋势、面临的挑战以及未来的发展方向。

这些交流活动不仅促进了国内外科技界的交流与合作，也为科技成果的转化和产业化提供了更多的机遇和可能。通过思想的碰撞和智慧的交融，活动激发了更多的创新灵感和合作机会，为推动科技创新和产业升级注入了新的活力和动力。

科技活动周虽然每年只有短短的一周时间，但它所激发的科技创新热情和科学教育氛围却久久回荡在每个人的心中。在这场科技盛宴中，公众不仅看到了科技创新的辉煌成就和广阔前景，更感受到了科技改变生活、创造未来的强大力量。

3. 公众科学日

中国科学院公众科学日是中国科学院举办的大型公益性科普活动，起源于 2004 年。中国科学院举办公众科学日活动的宗旨是"让公众了解科学"，从而达到从"科学普及"到"科学传播"、提高全民科学素质的根本目的。这一活动的设立，体现了中国科学院贯彻落实《科普法》《国家中长期科学和技术发展规划纲要（2006—2020 年）》《全民科学素质行动计划纲要（2006—2010—2020 年）》《关于科研机构和大学向社会开放开展科普活动的若干意见》等政策的重要举措。

举办背景 2004 年 5 月 16 日，中国科学院生物物理所迎来了第一个中国科学院公众科学日。生物物理研究所首届"公众科学日"的成功承办，在科研工作者与公众之间搭建起了相互交流的平台。这一活动不仅展示了中国科学院雄厚优质的科普资源，也体现了其在科普工作方面的重要努力。自 2004 年以来，该活动逐渐发展成为中国科学院的一项品牌科普活动，并经历了不断的发展和完善。

持续发展 随着时间的推移，中国科学院公众科学日的规模逐渐扩大，参与的科研院所和公众数量不断增加。中国科学院各个科研院所每年 5 月如约面向社会公众开放，组织包括科普展览、科普报告、重点实验室开放等形式多样、内容丰富的科学文化传播与交流活动。

2020 年，中国科学院第十六届公众科学日主题为"云游中科院 畅想新生活"，以线上形式在全国 121 个院属单位成功举办。活动期间，线上内容观看和阅读人次超过 1 亿，开设的抖音＃抖进科学＃话题引发社会公众参与创作科学视频的热潮，话题汇集相关视频达 32 万部，播放总量逾 18 亿人次，进一步提升了公众科学日的社会影响力，充分激发了社会公众参与科学活动的热情。

2024 年，中国科学院公众科学日迎来二十周年，本届活动主题为"砥砺二十载·科学新征程"。129 个院属单位组织了 500 余场科普活动，50 余位院士率先垂范，上万名科研工作者和志愿者参与，开放包括国家重点实验室在内的科研场地 410 处，现场参观公众近 45.6 万人次，直播观看数超 3000 万人次，线上相关话题阅读量超 1.4 亿人次。

中国科学院公众科学日已成为中国重要的科普品牌活动之一，既是公众了解中国科技进展、走进中国科学院的重要渠道，也是激发青少年科学兴趣、培养未来科技创新人才的重要举措。

内容丰富 公众科学日的历届活动内容涵盖科普展览、科普报告、重点实验室开放、研究生招生咨询等多种形式。这些活动不仅让公众有机会近距离接触和了解科研成果，还让公众有机会与科学家进行面对面的交流和互动。

例如，在第二十届公众科学日期间，中国科学院等离子体物理研究所开放了"人造太阳"大科学装置，让公众有机会一睹人造小太阳的神秘风采；聚变堆主机关键系统综合研究设施园区也对外开放，让公众身临其境地感受大国重器的震撼。此外，中国科学院大学还举办了专场活动，包括机器人对抗赛、云台发射弹丸打靶等趣味科学实验和互动体验活动。

随着互联网的普及和发展，中国科学院公众科学日也开始尝试线上线下融合的方式。其通过线上直播、短视频等形式，让更多人能够参与科普活动。这种创新的方式不仅扩大了活动的覆盖面和影响力，还提高了公众的参与度和互动性。

持续创新　中国科学院公众科学日的成功举办，不仅展示了中国科学院在科普工作方面的综合优势和深厚底蕴，还推动了中国科普事业的发展。通过这一活动，公众有机会近距离接触和了解科研成果和科学知识，提高了全民科学素质；同时，这一活动也促进了科学家与公众之间的交流和互动，增进了彼此之间的相互理解和信任。

影响提升　经过多年的发展，中国科学院公众科学日的社会影响力不断提升。越来越多的公众开始关注和参与这一活动，通过参观展览、聆听报告、参与互动等方式，深入了解科研成果和科学知识。同时，这一活动也激发了公众对科学的兴趣和热情，为培养未来科技创新人才奠定了坚实的基础。

4. 全国科普日

举办背景　全国科普日是由中国科协发起，联合教育部、科技部、工信部、国家自然科学基金委等多个部门为纪念《科普法》颁布实施而共同举办的一项科普活动。自 2003 年首次举办以来，全国科普日已经成为知名的群众性科普活动之一。每年的全国科普日都会有众多科普志愿者、科技工作者、教育工作者以及广大公众参与其中，共同感受科学的魅力，探索科学的奥秘。

全国科普日活动如雨后春笋般涌现，形式多样、内容丰富，旨在将科学的种子播撒到每一个人的心田，让科学的光芒照亮每一个角落。这不仅是一场科学的盛宴，更是一次全民参与、共享科学的盛会。

主要亮点　在全国科普日期间，各地纷纷推出了丰富多彩的科普活动。从科普讲座、科普展览到科普竞赛、科普游戏，每一项活动都旨在以更加生动、有趣的方式普及科学知识，激发公众对科学的兴趣和热情。

在科普讲座中，来自各行各业的专家学者们用通俗易懂的语言，为公众解读科学原理、探讨科学现象，让原本晦涩难懂的科学知识变得生动有趣。而科普展览则通过实物展示、互动体验等方式，让公众近距离感受科学的魅力。在科普竞赛中，参赛者们通过激烈的角逐，既展现了自己的科学素养和创新能力，也激发了更多人对科学的向往和追求。

科学教育是不可或缺的一部分。各地纷纷组织开展了科普进校园、科普进社区等活动，将科学知识送到学生的课堂和居民的家中。在科普进校园活动中，科普志愿者们通过生动的讲解和互动实验，为学生们带来了一堂堂精彩的科普课。这些课程不仅让学生们学到了科学知识，更激发了他们对科学的兴趣和好奇心。而科普进社区活动则让居民们在家门口就能接触到科学知识，提高了他们的科学素养和生活质量。

科普游戏是全国科普日的一大亮点，通过寓教于乐的方式，让公众在游戏中学习科学知识，感受科学的乐趣。这些游戏不仅让科普变得更加有趣，也让科学在公众心中留下了更深刻的印象。

影响广泛　全国科普日的成功举办，离不开广大公众的积极参与和支持。在活动中，公众不仅学到了科学知识、提升了科学素养，还感受到了科学的魅力和价值。他们通过参与科普活动、观看科普展览、参加科普竞赛等方式，与科学亲密接触，共同探索科学的奥秘。

全国科普日所激发的科普热情和科技创新氛围久久回荡在每个人的

心中。在这场科学的盛宴中，公众不仅看到了科学教育的成果和科技创新的力量，更感受到了科学改变生活、创造未来的无限可能。

5. 中国航天日

起源　中国航天日的起源可以追溯到1970年4月24日，这一天，中国成功发射了第一颗人造地球卫星"东方红一号"。这一里程碑式的事件标志着中国正式拉开了探索宇宙奥秘、和平利用太空、造福人类的序幕。为了纪念这一具有历史意义的日子，2016年，国务院批准将每年4月24日设立为"中国航天日"。

"东方红一号"的成功发射，不仅是中国航天事业的重要里程碑，也是中国人民在科技领域取得的一次重大突破。这颗卫星的成功发射，展示了中国在航天技术方面的实力，同时也为后续的航天事业发展奠定了坚实的基础。因此，将这一天设立为中国航天日，既是对历史的回顾，也是对未来的展望。

内容　自2016年中国航天日正式设立以来，这一活动已经逐渐发展成为普及航天知识、激励科学探索、培育创新文化的重要平台。每年的中国航天日，国家航天局都会会同某一省级人民政府举办一系列丰富多彩的活动，包括开幕式、科普讲座、展览展示、互动体验等，旨在拉近公众与航天的距离，让更多的人了解航天、热爱航天。

在中国航天日期间，许多地方都会举办形式多样的科普活动，这些活动不仅面向青少年，也吸引了大量的成年人参与。通过这些活动，公众可以更深入地了解航天知识，感受航天的魅力。

中国航天日还注重与学校的合作，通过组织校园科普活动、开展航天知识竞赛等方式，激发学生对航天的兴趣和热情。这些活动不仅丰富了学生的课余生活，也提高了他们的科学素质和创新能力。

中国航天日不仅是普及航天知识的平台，也是传承航天精神的重要载体。在每年的中国航天日活动中，活动组织者都会邀请航天领域的专家学者、航天员等代表人物，分享他们的航天经历和感悟，讲述航天事业的艰辛与辉煌。这些代表人物的故事和经历，不仅可以让公众更加深入地了解航天事业的发展和成就，也可以激发人们对航天事业的热爱和向往。同时，航天精神也激励着更多的人投身于航天事业，为中国的航天事业发展贡献自己的力量。

创新　随着科技的进步和人们生活方式的变化，中国航天日的活动形式也在不断地创新和发展。除了传统的科普讲座、展览展示和互动体验等活动外，还增加了线上直播、VR 等新型活动形式。这些新型活动形式不仅让公众可以更加便捷地参与中国航天日活动，还提高了活动的趣味性和互动性。例如，2023 年的中国航天日活动通过线上直播的方式，向公众展示了中国首次火星探测任务的成果和火星全球影像图。这种线上直播的方式不仅让公众可以更加直观地了解火星探测任务的进展和成果，也提高了活动的传播效果和影响力。随着中国航天科技的快速发展，中国航天日也成了展示中国航天科技成就的重要平台。每年的中国航天日都会展示中国最新的航天科技成果和进展，包括卫星、火箭、载人航天等方面的成就。例如，2023 年的中国航天日活动展示了中国嫦娥系列月球探测器的成果和计划，这些成果和计划的展示不仅让公众更加了解了中国的月球探测任务和发展方向，也展示了中国在航天科技方面的实力和水平。

随着中国航天事业的不断发展，中国航天日也逐渐成为国际交流与合作的重要平台。在每年的中国航天日活动中，活动组织者都会邀请来自世界各地的航天专家、学者和企业代表参加，共同探讨航天领域的前沿技术和未来发展趋势。这些国际交流与合作不仅促进了中国与世界各国的航天合作与交流，也提高了中国在国际航天领域的影响力和地位。同时，通过与国际同行的交流与合作，中国也可以借鉴和学习国际先进的航天技术和经验，推动中国航天事业的更快发展。

展望 中国航天日作为中国航天事业发展的重要组成部分，已经逐渐发展成了一个具有广泛影响力和知名度的活动。未来，随着中国航天事业的不断发展，中国航天日也将继续秉持普及航天知识、传承航天精神、促进国际交流与合作的宗旨，不断创新和发展航天科普活动形式和内容，以适应时代的需求和公众的需求，为中国航天事业的发展贡献更多的力量。

6. 天宫课堂

在浩瀚的宇宙中，中国空间站如同一座移动的科普殿堂，通过"天宫课堂"这一独特的平台，将科学的种子播撒到亿万青少年的心田。自2013 年神舟十号航天员王亚平等人在天宫一号进行首次太空授课以来，"天宫课堂"已经逐渐成为中国太空科学教育的一张亮丽名片。

全新体验 "天宫课堂"的举办旨在通过直观的太空科学实验和生动的讲解，向青少年传递科学知识，激发他们对科学的兴趣和热情。从早期的质量测量、单摆圆周运动、陀螺运动等基础物理实验，到后来的细胞学实验、太空转身运动、液体表面张力等微重力环境下的独特现象展示，再到近年来的太空"冰雪"实验、液桥演示实验、球形火焰实验等，每一次太空授课都带给了观众全新的视觉和认知体验。

超强教师 "天宫课堂"的"太空教师"由神舟系列飞船的航天员担任。他们不仅是专业的航天员，更是具备丰富科普经验和过硬科技知识的科普专家。从神舟十号的王亚平，到神舟十三号的翟志刚、王亚平、叶光富，再到神舟十四号的陈冬、刘洋、蔡旭哲，以及神舟十六号的景海鹏、朱杨柱、桂海潮，他们轮流担任"太空教师"，在空间站内为青少年们带来了一场场精彩的太空科普课。

天地互动 "天宫课堂"还促进了航天员与青少年之间的互动交流。通过天地互动，航天员们不仅回答了青少年们的问题，还分享了自己的航天经历和感悟。这种互动拉近了航天员与青少年之间的距离，让他们可以更加直观地感受到航天员的艰辛与付出。

"天宫课堂"的听众主要是全国各地的中小学生，他们通过电视、网络等渠道实时观看授课直播，感受太空的神奇与魅力。此外，部分地区的学校还会组织学生在教室集体观看，甚至邀请航天员进行现场交流，以进一步拉近青少年与航天科学的距离。

"天宫课堂"由中国载人航天工程办公室联合教育部、科技部、中国科协等国内权威航天与科普机构共同举办。这些单位不仅提供了专业的技术支持和保障，还积极参与活动的策划和组织，确保了"天宫课堂"的顺利实施和广泛传播。

科学魅力 "天宫课堂"活动激发了公众，尤其是青少年对科学的兴趣和热情，每次开讲收看人数超过亿次，成为听众最多的讲课之一，大大推动了科学教育的普及和发展。通过直观的太空科学实验和生动的讲解，青少年们得以近距离感受太空的神奇与魅力，激发了他们对科学的向往和探索欲。许多青少年在观看授课后表示，他们更加热爱科学了，希望将来能够成为一名科学家或航天员，为国家的航天事业作出贡献。通过电视、网络等渠道的广泛传播，"天宫课堂"让更多的人了解到了航天科学的重要性和魅力。许多学校和家长也积极参与其中，组织孩子们观看授课直播并参与相关活动，进一步推动了科学教育的深入开展。

"天宫课堂"作为中国太空科学教育的典范，不仅展示了中国航天的科技实力和精神风貌，还激发了青少年对科学的兴趣和热情，推动了科学教育的普及和发展。通过参与"天宫课堂"的学习和活动，许多青少年对航天科学产生了浓厚的兴趣，并立志投身于航天事业。这些人才的涌现将为中国航天事业的持续发展提供有力的支持和保障。在未来的日子里，期待"天宫课堂"能够继续发挥它的独特作用，为中国的航天事业和科学教育事业作出更大的贡献。

（二）科技竞赛类活动

1. 青少年科技创新大赛

背景与宗旨　全国青少年科技创新大赛是在国家科技教育政策的指导下，由中国科协等单位共同主办的一项全国性赛事。该大赛旨在通过展示青少年的科技创新成果，推动青少年科技教育活动的蓬勃开展，发现和培养一批具有创新精神和实践能力的优秀青少年科技后备人才。同时，大赛也注重培养青少年的团队协作精神和科学素养，为中国的科技创新事业储备人才。

历史与规模　全国青少年科技创新大赛自创办以来，已经成功举办了 38 届。以第 38 届为例，该届大赛于 2024 年 7 月 29 日在天津圆满落幕，并宣布了下一届（第 39 届）将于 2025 年在内蒙古举办。

每届大赛都吸引了大量的青少年和科技辅导员积极参与。以第 38 届为例，该届大赛共有来自全国 31 个省（区、市）、新疆生产建设兵团和港澳台地区的 700 余名青少年和科技辅导员参赛，来自全球 20 个国家的近百名特邀代表共同角逐大赛奖项。全国青少年科技创新大赛已经成为一项具有广泛影响力的赛事，吸引了来自不同地区和国家的优秀青少年和科技教育工作者参与。

内容与形式　大赛的内容涵盖了广泛的科技领域，包括物理学、化学、生物学、地球与环境科学、工程学、计算机科学以及社会科学等多个学科。参赛者可以通过提交科技作品、科技论文、科技发明等多种形式参与比赛。

大赛采用了多样化的比赛方式，包括现场展示、线上交流、专家评审等。参赛者需要在规定的时间内展示自己的创新成果，并接受专家评委的提问和点评。这种面对面的交流方式不仅让参赛者有机会展示自己的才华，还能让他们从专家评委那里获得宝贵的建议和指导。同时，大赛还设置了科技论坛、科技讲座等活动，为参赛者提供了一个学习交流的平台，让他们能够拓宽视野，了解最新的科技动态和研究成果。

亮点与成果 全国青少年科技创新大赛每年都会涌现出一批创新成果。这些成果不仅展示了青少年的创新思维和实践能力，还为中国的科技创新事业注入了新的活力。例如，在第 38 届大赛中，共评出青少年科技创新成果竞赛作品"中国科协主席奖"4 项、一等奖 45 项、二等奖 113 项、三等奖 161 项。这些奖项的获得不仅是对参赛者努力的肯定，也是对他们创新成果的认可。

全国青少年科技创新大赛不仅是一场科技竞赛，更是一次重要的教育活动。通过参与大赛，青少年可以深入了解科技知识，培养创新思维和实践能力，同时也可以锻炼团队协作精神和科学素养。这些经验和收获将对他们的未来学习和职业发展产生深远的影响。

全国青少年科技创新大赛的举办不仅促进了青少年科技教育活动的蓬勃开展，还推动了中国科技教育事业的发展。通过大赛的示范和引领作用，越来越多的学校和地区开始重视科技教育，加强科技教育师资队伍建设，完善科技教育课程体系，为培养更多优秀的科技创新人才提供了有力支持。

2. 优秀科普作品推荐

科技部 2011 年启动了全国优秀科普作品推荐活动,这一活动旨在加强国家科普能力建设,推动科普创作与出版工作的发展,并在全社会范围内弘扬科学精神、普及科学知识,提升公众的科学文化素养。多年来,该活动取得了显著成效,不仅激发了社会各界参与科普创作的热情,也涌现出了一批高质量的科普作品。

背景与目的 随着科技的飞速发展和社会的不断进步,科学普及工作日益受到重视。为了提高全民科学素质,推动科技创新与经济社会发展紧密结合,科技部决定在全国范围内开展优秀科普作品推荐活动。该活动旨在通过推荐和表彰一批具有科学性、知识性、艺术性、通俗性和趣味性的优秀科普作品,引导社会各界积极参与科普创作,推动科普事业的繁荣发展。

历程与亮点 2012 年,科技部在科技活动周期间首次组织开展了全国优秀科普作品推荐活动。该活动得到了各地各部门的积极响应和广泛参与,共收到来自 24 个中央、国务院部门和 31 个省区市(不包含港澳台地区)推荐的 217 部作品,共计 1085 本图书。这些作品涵盖了自然科学、社会科学、工程技术等多个领域,充分体现了科普创作的多样性和广泛性。

在推荐过程中,科技部坚持公平、公正、公开的原则,聘请知名专家组成评议组,对各地各部门推荐的作品进行了严格评审。经过综合评价,最终评选出 30 部作品作为 2012 年全国优秀科普作品,并在科技部网站和中国科普网进行了公示。这些作品不仅具有较高的科学价值,还具有较强的可读性和趣味性,深受读者喜爱。

后续新进展 自 2012 年以来,科技部每年都会组织开展全国优秀科普作品推荐活动,每年推荐 50 部作品,2019 年开始推荐 100 部作品,至今已经推荐了845部作品（个别年份的数量因公示有异议而减少），并根据时代发展和科普工作的需要，不断调整和完善活动方案。

随着活动的深入开展，各地各部门推荐的科普作品数量逐年增加，作品质量也不断提高。许多作品在科学性、知识性、艺术性、通俗性和趣味性等方面都达到了较高的水平，为公众提供了丰富的科普资源。

近年来，随着人工智能、生物医药、量子科技、脑科学等前沿科技领域的快速发展，科技部在优秀科普作品推荐活动中也更加注重对这些领域的关注和引导。许多作品聚焦于这些前沿科技领域，通过深入浅出的讲解向公众普及科学知识，加深公众对中国科技发展和未来科技趋势的理解。

全国优秀科普作品推荐活动不仅促进了科普创作的发展，也推动了科普产业的发展。许多优秀的科普作品被改编成电影、电视剧、动画片等多种形式，进一步扩大了科普的覆盖面和影响力。同时，一些科普作品还获得了国家级的奖项和荣誉，为科普创作者提供了更多的展示和获奖机会。

成效与影响　活动极大地推动了科普创作与出版的发展。一方面，通过评选和表彰优秀科普作品，活动激发了科普创作者的创作热情和积极性；另一方面，通过推荐和宣传这些作品，活动也促进了科普出版业的繁荣和发展。许多出版社和作者看到了科普市场的巨大潜力，纷纷投入科普的创作和出版工作，为公众提供了更多更好的科普作品。

全国优秀科普作品推荐活动还促进了科技创新与经济社会发展的紧密结合。通过普及科学知识、传播科学思想和科学方法，活动提高了公众对科技创新的认识和理解，为科技创新提供了良好的社会环境和人才基础。同时，一些优秀的科普作品还关注了经济社会发展中的热点问题，如环境保护、能源利用等，为政府决策和企业发展提供了科学依据和智力支持。

3. 科普讲解大赛

为了进一步推动科学知识的普及，创新科普活动形式，激发公众对科学的兴趣和热情，全国科普讲解大赛应运而生。这一赛事不仅是一场科学知识的盛宴，更是一次科学精神的传递和智慧的碰撞。除了精彩的讲解内容，大赛还特别注重形式创新，选手们利用多媒体技术、VR 等现代科技手段，将科学知识以更加直观、形象的方式呈现给观众。这些新颖的形式不仅增强了讲解的趣味性和互动性，也让观众在沉浸式的体验中更深入地理解了科学知识。

背景目的　全国科普讲解大赛的创办，旨在贯彻落实习近平总书记关于科学普及的重要指示精神，通过比赛的形式，激发全社会对科学的兴趣和热情，提升公众的科学素养。大赛鼓励来自不同领域、不同背景的选手参与，通过生动有趣的讲解，向公众传播科学知识、讲述科学故事、弘扬科学家精神，营造尊重科学、崇尚创新的社会氛围。

赛事历程　2014 年 5 月 23 日至 25 日，首届全国科普讲解大赛在广东科学中心成功举行。此次大赛由全国科技活动周组委会办公室、广州市科技和信息化局联合主办，广州科普基地联盟和广东科学中心承办。大赛吸引了众多科普场馆的讲解员、科研院所的研究人员以及社会各界的科普爱好者参与，通过激烈的角逐，评选出了一批优秀的科普讲解人才。此后，每年举办一次。

自首届大赛成功举办以来，全国科普讲解大赛逐渐成为一项年度性的科普盛事。每届大赛都吸引了来自全国各地的选手参与，参赛选手的数量和水平逐年提升。大赛的赛制也逐渐完善，包括预赛、半决赛和决赛等多个环节，确保了比赛的公平性和公正性。

经过十多年的发展，全国科普讲解大赛已经取得了显著成效，成为中国范围内规模最大、水平最高、代表性最强、最具权威性的科普讲解比赛。这一赛事不仅是全国科技活动周的重点示范活动，更是推动中国科普事业发展的重要平台。大赛的影响力也逐渐扩大，成为社会各界关注的焦点。

赛事特点　全国科普讲解大赛的参赛选手来自社会的不同领域，既有科普场馆的讲解员、科研院所的研究人员，也有工程师、解放军官兵、武警官兵、消防员、医护人员、高校师生等，他们的年龄跨度从"60后"到"00后"，具有多龄段、多层次、多领域的特点。

大赛的讲解内容丰富多彩，涵盖了天文、地理、生物、物理、化学等多个学科领域。选手们结合自己的工作和生活实践，以极具趣味性的语言风格和生动有趣的表达形式，带领公众一步步解锁神秘的前沿科技、深入探讨当下的社会热点、全面解读生活中的百科知识。

为了增强科普的生动性和趣味性，大赛鼓励选手们创新讲解形式。除了传统的口头讲解外，还引入了脱口秀、快板、唱歌等多种形式。这些新颖的形式不仅吸引了公众的眼球，还提高了科普的传播效果。

大赛充分利用新媒体平台开展相关话题互动和全网直播，实现了科普的"全民狂欢"。公众可以通过抖音、微信、微博等平台观看比赛直播、参与话题讨论、投票选出最具网络人气奖等。这种线上线下相结合的方式，较好地扩大了活动的受众范围和影响力。

赛事成果　全国科普讲解大赛为众多科普爱好者提供了一个展示才华的舞台。通过比赛，他们不仅锻炼了自己的讲解能力和表达能力，还与来自全国各地的科普同行共同交流学习。

大赛通过生动有趣的讲解和多样化的形式，向公众传播了科学知识，提高了公众的科学素养。许多选手的讲解内容都涉及当下社会关注的热点问题，如环保、健康、食品安全等。这些内容的传播有助于引导公众形成正确的科学观念和生活方式。

评委们根据选手的讲解内容、语言表达、形式创新等方面进行综合评价，确保选拔出真正优秀的科普讲解人才。大赛设立了监督组，并请公证处派员进行公证。大赛还设置了观众投票环节，让公众也能参与到评审中来，以进一步增强大赛的公开性和透明度。

全国科普讲解大赛不仅是一场赛事，更是一个科学教育的平台。大赛的举办不仅提高了公众对科学的认识和兴趣，也促进了科学知识的普及和传播。同时，大赛还培养了一批优秀的科普讲解员，他们将成为未来科普工作的中坚力量，为推动科学普及事业作出更大的贡献。

4. 科普微视频大赛

2015 年，为深入贯彻党的十八大精神，实施创新驱动发展战略，科技部、国家互联网信息办公室和中国科学院携手合作，共同举办了以"创新创业 科技惠民"为主题的全国科普微视频大赛。大赛后由科技部、中国科学院主办。

背景与目的　随着科技的不断进步和信息时代的到来，科学知识的普及和传播面临着新的挑战和机遇。为了更好地适应时代发展的需要，科技部、国家互联网信息办公室和中国科学院决定联合举办全国科普微视频大赛，旨在通过微视频的形式，将科学知识以更加生动、直观、易于理解的方式传递给公众。

筹备与组织　为了确保大赛的顺利进行，科技部办公厅发布了《关于举办 2015 年全国科普微视频大赛的通知》，对大赛的各项要求进行了详细规定。参赛作品应为 2014 年 5 月 1 日至 2015 年 6 月 30 日前完成并播出过的原创微视频作品，时长为 2 ~ 5 分钟。内容要求围绕科学普及、创新创业，普及科技知识，传播科学思想，倡导科学方法，弘扬科学精神，繁荣科普创作，推动科技创新创业。作品形式包括纪录短片、DV

短片、视频剪辑、动画、动漫等，要求兼具科学性、知识性、趣味性、艺术性。

大赛由中国科普网承办，并得到了全国各地机关、企事业单位、高校和个人的大力支持与参与。各单位或个人推荐科普微视频，可于网络投稿或实物投稿两种方式任选其一。经形式审查后，由公众对参选作品进行投票，产生公众评选结果。在此基础上，科技部将组织评议专家组进行评议，结合公众评选结果产生最终结果。

大赛的投稿方式分为地方、部门推荐和社会征集自荐两种。全国科普工作联席会议成员单位、各省（自治区、直辖市）科技管理部门、各计划单列市、副省级城市和新疆生产建设兵团科技管理部门等均可推荐作品参赛，且推荐名额有限。同时，为激励公众参与科普微视频的创作，大赛还向社会公开征集优秀科普微视频作品，每家社会法人机构、团体或每位公民均可自荐 1 部微视频作品参赛。这种多元化的投稿方式不仅扩大了大赛的参与面和影响力，也激发了更多人的创作热情和科学精神。

大赛的评审过程严谨而公正。所有参赛作品经形式审查后，将按地方、部门推荐作品与社会征集作品分组开展评选。科技部、中国科学院将组织评审专家开展评议，形成优秀科普微视频作品建议名单，并经过公示无异议后，确定为上一年度全国优秀科普微视频作品并向社会推荐。这些获奖作品不仅将获得荣誉证书和奖金等奖励，更将在各类媒体平台上广泛传播，为更多人带来科学知识的滋养和启迪。

作品与亮点 大赛收到了来自全国各地、部门、机构和个人的参赛作品，内容涵盖物理、化学、生物、天文、地理等多个科学领域，充分展示了中国科普微视频创作的多样性和创新性。参赛作品不仅内容丰富、形式多样，而且制作精良、创意独特，充分展现了创作者对科学知识的热爱和对科普事业的热情。

其中，《500 米口径球面射电望远镜（FAST）工程》等作品以其独特的视角和深入的讲解，赢得了专家和观众的广泛好评。这些作品不仅让观众了解了 FAST 这一世界级天文观测设施的重要性和作用，还通过生动的画面和形象的比喻，将深奥的天文知识转化为易于理解的科普内容，让观众在欣赏美景的同时，也收获了科学知识。

影响与意义 全国科普微视频大赛的成功举办，对于推动中国科普事业的发展具有重要意义。首先，大赛为公众提供了一个了解科学、学习科学的平台，让科学知识以更加生动、直观的方式走进千家万户。其次，大赛也激发了公众对科学的兴趣和好奇心，培养了他们的科学素养和创新精神。最后，大赛还促进了中国科普微视频创作的繁荣和发展，为科普事业的多元化发展注入了新的活力。

全国科普微视频大赛每年举办一次，它不仅是一场科学知识的盛宴，更是一次科学精神的洗礼。它让公众看到了科学的力量和魅力，感受到了科学家们的执着和奉献。未来，全国科普微视频大赛将继续发挥其独特的作用和价值。为公众提供了解科学、学习科学的平台，推动中国科普事业的不断发展。期待更多有志之士加入科普微视频的创作中来，用镜头捕捉科学的瞬间、用故事讲述科学的魅力、用创意点亮科学的未来。

5. 科学实验展演汇演

为了激发公众对科学的热情，培养青少年的创新思维和实践能力，全国科学实验展演汇演应运而生。自 2017 年起，科技部与中国科学院携手，共同推出了全国科学实验展演汇演活动。最初是在中国科学院物理研究所举办，2019 年转到中国科学技术大学举办。这一活动旨在深入贯彻党的十九大精神，通过生动有趣的科学实验展演，普及科学知识，弘扬科学精神，激发公众对科学的兴趣和热情，助力科技强国梦的实现。

背景与目的　随着科技的飞速发展，科学知识的普及和传播变得尤为重要。为了响应国家创新驱动发展战略，提高全民科学素养，科技部与中国科学院决定联合举办全国科学实验展演汇演活动，旨在通过科学实验与多种艺术形式的巧妙融合，将科学知识以更加直观、生动、有趣的方式呈现给公众，让科学走进千家万户，激发公众尤其是青少年对科学的兴趣和热情，培养他们的科学素养和创新精神。

筹备与组织　为了确保活动的顺利进行，科技部与中国科学院的相关部门进行了精心的筹备和组织。他们制订了详细的活动方案，明确了活动的主题、时间、地点、参赛队伍、评审标准等关键要素。同时，他们邀请了来自中国科学院、中国科技馆、著名高校等单位的知名专家和学者担任评委，确保活动的专业性和公正性。

活动分为两个阶段进行，第一阶段是各地选拔和推荐阶段，各地科技部门、教育部门和科协等组织积极响应，广泛发动、组织本地优秀科学实验队伍参加选拔。在实验展演汇演中，物理的力学、光学、电学原理被巧妙地融入魔术般的表演中，让观众在惊叹中感受到科学的奇妙；在化学实验中，色彩斑斓的反应、变幻莫测的现象，如同魔术师的魔法，让人在视觉的盛宴中领略化学的魅力；生物实验则以生命的奥秘为主题，通过生动的模型展示和互动体验，让观众在探索中领悟生命的真谛。

除了展示科学原理，实验展演汇演还注重培养观众的实践能力和创新思维。在互动环节，观众可以亲手操作实验器材、观察实验现象，甚至尝试设计自己的实验。这种亲身体验的方式不仅让观众更加深入地理解了科学知识，更激发了他们对科学的兴趣和好奇心。

在实验展演汇演的形式上，各团队也进行了大胆的创新和尝试。他们利用音乐、舞蹈、戏剧等艺术形式，将科学实验与表演艺术巧妙结合，创造出一个个独具匠心的科学实验剧目。这些剧目不仅让观众在艺术欣赏中感受到科学的魅力，更通过艺术的感染力让科学精神深入人心。

亮点与成果　全国科学实验展演汇演活动以其独特的魅力和丰富的内涵，吸引了社会各界的广泛关注，活动亮点纷呈、成果丰硕。

各参赛队伍将科学实验与多种艺术形式巧妙融合，以魔术、舞台剧、脱口秀等多种形式展现科学实验的魅力，让观众在欣赏艺术表演的同时，也能学到科学知识，感受到科学魅力。这种新颖的形式不仅提高了观众的参与度，也增强了活动的趣味性和吸引力。

活动内容涵盖了物理、化学、生物等多个学科领域，涉及电磁现象、荧光现象、人体导电、无线能量和信息传递等多个科学话题。这些科学实验不仅展示了科学的前沿研究和热点，也让观众在轻松愉快的氛围中学习到了科学知识，激发了他们对科学的兴趣和热情。

获奖队伍不仅展示了他们的才华和实力，也为中国科普事业的发展作出了积极贡献。同时，活动还促进了各地科技部门、教育部门、科协等组织之间的合作与交流，推动了中国科普事业的协同发展。

活动不仅吸引了来自全国各地的优秀科学实验队伍参加，也吸引了社会各界人士的广泛关注和积极参与。活动通过电视、网络等媒体进行了广泛宣传报道，让更多的人了解到了科学实验的魅力，感受到了科学的魅力。

全国科学实验展演汇演活动的成功举办，对于推动中国科普事业的发展具有重要意义。每年一次的科学实验展演汇演不仅普及了科学知识，弘扬了科学精神，也为全国科技人员搭建了一个展示科研能力和学习交流的平台，推动了中国科普事业的持续健康发展。

6. 科技馆辅导员大赛

为了进一步提升科技馆辅导员的专业素养和综合能力，激发科技馆行业的创新活力，中国科协精心策划并成功举办了全国科技馆辅导员大赛。该活动不仅是一场科技馆辅导员的巅峰对决，更是一次科学教育的深度交流与广泛传播。

背景与宗旨　全国科技馆辅导员大赛每两年举办一次。自首届赛事以来，已成功举办多届，成为科技馆辅导员交流学习、展示才华的重要平台。大赛的宗旨在于通过以赛代训、以赛促学的方式，有效提升科技馆辅导员的综合素养和专业技能，推动科技馆行业的高质量发展，为科学教育事业的繁荣贡献力量。

规模与情况　全国科技馆辅导员大赛覆盖了全国各省、自治区、直辖市，吸引了众多科技馆辅导员和科技志愿者的积极参与。大赛设展品辅导（含单件展品辅导和主题串联辅导两个环节）、科学实验、科普短剧和科学课程（活动）四个项目，全面考察了科技馆辅导员的专业知识和创新能力。多位中国科学院院士、中国工程院院士等担任评审专家，对参赛作品进行科学、公正的评审。

影响与意义　大赛涌现出众多创新作品和亮点项目，如新疆科技馆的《牛顿错了吗？》荣获科学实验项目一等奖，展示了青少年对科学原理的深入理解和创新思维；青海省科技馆的原创科普短剧《群星》荣获科普短剧项目二等奖。该短剧通过生动的表演形式普及了科学知识，弘扬了科学精神。全国科技馆辅导员大赛的成功举办，不仅为全国科技馆辅导员提供了一个展示才华、交流学习的平台，也推动了科技馆行业的创新发展。大赛的举办进一步提升了科技馆辅导员的专业素养和综合能力，为科学教育事业的高质量发展注入了新的活力。

7. 科学素质大赛

科技创新已成为中国推动社会进步的重要引擎，而提升全民科学素质则是实现这一目标的基石。中国科协在全国范围内组织了一系列科学素质大赛，旨在通过竞赛的形式，激发公众尤其是青少年对科学的兴趣与热情，培养创新思维和实践能力，为国家的科技创新和社会发展注入源源不断的活力。

背景与意义　随着全球科技竞争的日益激烈，提高全民科学素质已成为国家发展的战略需求。中国科协作为推动科普事业发展的主要社会力量，积极响应国家号召，通过组织全民科学素质大赛，旨在构建一个集知识学习、实践操作、创新展示于一体的综合性平台。

特点与亮点　全民科学素质大赛面向全社会开放，涵盖不同年龄层、不同职业背景的公众。从中小学生到大学生，从科技工作者到普通市民，都能在这个平台上找到展示自己的舞台。这种广泛的参与度，不仅体现了大赛的包容性和普及性，也促进了科学文化的交流与融合。

大赛内容涵盖物理、化学、生物、天文、地理、信息技术等多个学科领域，既有基础科学知识的考查，也有前沿科技动态的展示。在形式上，大赛不仅设有传统的笔试、实验操作等环节，还融入了 AR、VR 等现代技术手段，让参赛者在互动体验中学习科学，感受科技的魅力。

大赛注重实践能力和创新能力的考察。许多项目要求参赛者不仅要掌握理论知识，还要能够运用所学知识解决实际问题，甚至提出新的科学假设或创新方案。这种"学以致用"的理念，有效激发了参赛者的创造力和团队协作精神。

大赛邀请了众多知名科学家、科普专家和行业领袖担任评委或指导老师，为参赛者提供专业指导并提出宝贵建议。同时，大赛的权威性和公正性也得到了广泛认可，获奖证书和荣誉成为参赛者未来学术和职业发展中的重要加分项。

成效与影响　通过参与全民科学素质大赛，公众特别是青少年在科学知识的获取、科学方法的掌握以及科学精神的培育方面取得了显著进步。他们开始更加关注身边的科学现象，乐于探索未知，勇于挑战自我，形成了良好的科学学习氛围。大赛中的许多优秀作品和创新方案，不仅展示了参赛者的才华和潜力，也为科技创新提供了新思路和新方向。一些项目甚至被企业、高校和研究机构看中，得以进一步研发和应用，推动了科技成果的转化和产业化。

（三）研学旅行类活动

1. 格致论道

在科学与人文交汇的广阔舞台上，有一个由中国科学院计算机网络信息网络中心精心打造的科普讲坛——"格致论道"，以其独特的魅力和深远的影响力，成为连接科技与公众的桥梁。

起源与背景　"格致论道"，原称"SELF 格致论道"，是中国科学院计算机网络信息中心与中国科学院科学传播局联合主办的科学文化讲坛。自 2014 年创立以来，它便致力于以"格物致知"的精神，探讨科技、教育、生活以及未来的发展。这里的"SELF"是 Science（科学）、Education（教育）、Life（生活）、Future（未来）的缩写，恰好体现了讲坛的核心宗旨。

宗旨与目标　格致论道讲坛的宗旨在于，通过邀请来自科技、教育、文化、艺术等领域的杰出人士，分享他们的思想、观点以及前沿的科技成果，从而促进精英思想的跨界交流。讲坛鼓励各界精英从旁观者的角度看其他领域的发展，聆听科学家眼中的文化艺术、艺术家眼里的科技和社会经济、企业家眼里的教育和人生哲学等。这种跨界的碰撞与交流，旨在启迪未来的创新和发展，推动科学文化的普及。

内容与形式　格致论道讲坛的内容丰富多样，涵盖了科技、教育、经济、文化、艺术等多个领域。每一场演讲都力求以独特的视角和深刻的洞察，为听众带来思想的盛宴。讲坛的形式灵活多变，既有剧院式的演讲活动，邀请优秀讲者分享思想和观点；也有针对不同地区、不同观众、不同演讲者的系列活动，如格致论道＋、煮酒论道、格致少年、格致校园等，旨在让更多公众感受科学文化的魅力。

历程与亮点　自创立以来，格致论道讲坛已经成功举办了多场精彩的演讲活动，其中不乏一些具有里程碑意义的时刻。例如，2014 年 5 月 17 日，中国科学院"SELF 格致论道"第一期"互联网时代的大融合"公益演讲会在北京顺利召开。此次会议以中国全功能接入互联网 20 周年为契机，邀请来自科学、互联网、媒体、教育等领域的科学家、企业家、学者共同探讨互联网给中国带来的巨大影响和变化。这一活动不仅标志着格致论道讲坛的正式启航，也为其后续的发展奠定了坚实的基础。

格致论道讲坛不断推陈出新，邀请了一批又一批的杰出人士登上讲坛，其中包括科学家、艺术家、企业家、教育家等，他们用自己的智慧和见解，为听众描绘了一个又一个充满无限可能的未来。这些演讲不仅让听众领略到了科学的魅力，也激发了他们对未来的无限憧憬和期待。

影响与贡献　格致论道讲坛的影响力不仅局限于北京地区，还通过线上直播、社交媒体等方式，将科学的种子撒向了更广阔的天地。无数观众通过这些平台，感受到了科学的魅力，也认识到了科学对于人类未来发展的重要性。

格致论道讲坛还积极推动科学文化的普及与传播。它通过与学校、社区等机构的合作，将科学的理念和方法带入人们的日常生活中。这种普及与传播不仅提高了公众的科学素养，也促进了社会的和谐与进步。

2. 科学咖啡馆

自 2016 年 2 月 29 日起，在科技部、中国科学院有关部门的大力支持下，一场别开生面的科普活动——"科学咖啡馆"在中国科学院物理研究所应运而生。这项活动旨在通过轻松的氛围和深入的交流，将科学的光芒洒向更广泛的公众群体，至今已成功举办了 80 余期，成为科普领域的一股清流。

背景与初衷 "科学咖啡馆"的概念源于 20 世纪末的英国，指在非正式场合下科学家进行面对面的交流活动。这种活动形式旨在让非科学家参与有关科学和技术发展的对话，促进科学知识的普及与传播。2005 年，上海市推出了新民科学咖啡馆活动，中国科学院物理研究所借鉴并创新了这一模式，结合自身的科研优势和社会的资源优势，推出了"科学咖啡馆"活动。

活动的初衷在于打破科学与公众之间的隔阂，让科学不再是遥不可及的神秘存在，而是能够融入人们日常生活、激发人们探索欲望的有趣伙伴。活动旨在搭建一个跨学科、跨领域的交流平台，通过定期邀请不同领域的科学家、学者以及社会各界人士参与，促进新思想、新知识、新信息的碰撞与融合。

形式与内容 "科学咖啡馆"活动每月举办一期，每期活动都围绕一个特定的科学主题展开。活动通常包括两个环节：首先是主讲人的科普专题报告，时长约半小时；随后是自由交流环节，参与者可以就报告内容或相关科学话题进行深入探讨和交流。出席人员可以品尝免费的现磨咖啡，咖啡豆由主讲人或出席者捐赠，并提供简餐，力求营造一个轻松的氛围。咖啡馆陈列柜上摆满了主讲人的签名著作，以及主讲人与参与者提供的世界各地的特色咖啡杯、咖啡豆等。

"科学咖啡馆"活动的主讲人来自不同的学科领域，既有中国科学院物理研究所的科研人员，也有来自国内外其他科研机构和高校的专家学者。包括欧阳自远院士、刘嘉麒院士、匡廷云院士、朱敏院士、王贻芳院士、张文宏、曹则贤、李永乐、贾阳、谭先杰、宋英杰、孙小淳、林国乐、王雪纯、卢琦等知名人士，他们的报告内容涵盖了物理学、化学、生物学、天文学等多个领域的前沿成果和热点问题。这些报告不仅具有很高的学术价值，更以通俗易懂的语言和生动的案例，让公众能够轻松理解并感受到科学的魅力。

自由交流环节是"科学咖啡馆"活动的另一大亮点。在这个环节，参与者可以就感兴趣的话题进行提问和讨论，与主讲人和其他参与者进行面对面的交流。这种互动式的交流方式不仅有助于加深公众对科学的理解，也促进了不同领域之间的合作与交流。

成效与影响　经过80余期的举办，"科学咖啡馆"活动已经取得了显著的成效和广泛的影响。

首先，活动有效地促进了科学知识的普及与传播。通过主讲人的科普报告和自由交流环节的深入探讨，参与者不仅了解了最新的科学成果和热点问题，还学会了如何以科学的思维方式去思考问题、解决问题。这种知识的传递和能力的培养，对于提高公众的科学素养和推动社会进步具有重要意义。

其次，活动推动了跨学科、跨领域的交流与合作。在"科学咖啡馆"的平台上，来自不同学科领域的专家学者和社会各界人士得以相遇、交流，共同探讨科学问题和社会现象。这种跨界的交流不仅有助于拓宽人们的视野，也促进了不同领域之间的合作与创新。

"科学咖啡馆"活动还激发了公众对科学的兴趣和热情。通过轻松愉快的氛围和深入有趣的讨论，参与者感受到了科学的魅力和乐趣，从而更加愿意主动了解和学习科学知识。这种积极的学习态度和探索精神，对于培养新一代的科学人才和推动科学事业的繁荣发展具有重要意义。

沙龙的特色 "科学咖啡馆"活动之所以能够在众多科普活动中脱颖而出，得益于其特色和创新之处。

"科学咖啡馆"将科学讲座与咖啡馆文化相结合，创造了一种全新的活动形式。在这里，参与者无需正襟危坐，而是可以像在咖啡馆里一样自由交谈，在享受糕点和咖啡的同时，聆听科学家的讲解和分享。这种轻松愉悦的氛围有助于消除公众对科学的畏惧感，让他们更加愿意接触和了解科学。

"科学咖啡馆"的选题通常都贴近公众的实际生活和兴趣点，如物理学中的量子纠缠、黑洞等前沿话题，以及生活中的科学现象和原理等。这些话题不仅具有趣味性，还能让公众在了解科学的同时，更好地认识和理解世界。

"科学咖啡馆"鼓励参与者之间的互动和交流。在这里，公众可以向科学家提问，发表自己的观点和看法，甚至与科学家进行深入的讨论。这种互动不仅有助于公众更好地理解和掌握科学知识，还能激发他们的创新思维和批判性思考能力。

"科学咖啡馆"通过其独特的形式和丰富的内容，激发了公众对科学的兴趣和热情。在这里，人们可以近距离地接触科学家，了解他们的研究和工作，感受科学的魅力和力量。这种兴趣和热情既是推动科学进步和创新的重要动力，也是建设创新文化不可或缺的元素。

"科学咖啡馆"的参与者来自各行各业，他们有着不同的专业背景和知识体系。在这里，他们可以自由地交流和讨论，分享彼此的观点和看法。这种跨学科交流有助于拓宽人们的创新视野，促进不同领域之间的融合和创新。在创新文化的建设中，跨学科交流是推动创新的重要源泉之一。

"科学咖啡馆"作为一种新型的科学传播方式，具有传统科学讲座无法比拟的优势。它打破了科学传播的时空限制，让公众可以在更加轻松和自由的氛围中接触和了解科学。这种创新方式不仅有助于提高科学传播的效果和影响力，还能激发更多人对科学传播方式的探索和创新。

"科学咖啡馆"通过举办各种科学活动，加强了公众与科学家之间的联系和互动。这种联系和互动有助于增强社会凝聚力，促进创新生态的建设。在一个充满活力和创新的社会中，人们会更加愿意分享知识和经验，共同推动科学的进步和发展。

"科学咖啡馆"是一种创新的活动形式，具有独特的魅力和价值。通过普及科学知识、激发公众兴趣、促进跨学科交流、推动科学传播方式创新以及增强社会凝聚力等方式，"科学咖啡馆"为创新文化的建设注入了新的活力和动力。

3. 科普创作沙龙

中国科普作家协会组织的"繁荣科普创作系列学术沙龙"活动，自2017年起便成为推动中国科普创作繁荣与创新的重要平台。这些学术沙龙不仅聚焦于科普创作的实践与理论，还广泛涵盖了科学传播、科学教育、科学文化与文创产业等多个领域，展现出鲜明的时代特征和丰富的内涵。科普创作沙龙活动呈现出以下特点：

主题鲜明，紧扣时代脉搏 沙龙的主题紧密围绕国家科普战略和创新驱动发展战略，如"繁荣科普创作 助力创新发展""弘扬科学精神：创新科普创作与传播"等，这些主题不仅体现了科普工作的时代性，也彰显了科普创作在推动社会进步和创新发展中的重要作用。沙龙活动通过前瞻性的思考和启发性的讨论，把握了新时代科普创作的新趋势，为科普工作者提供了明确的方向和指引。

内容丰富，涵盖广泛领域　沙龙的内容丰富多样，涵盖了科普科幻创作、名家名作专题研讨、科学教育、科普图书编辑出版、科普机构运营、科学文化与文创产业等多个领域。这不仅满足了不同科普工作者的需求，也促进了科普创作的多元化发展。同时，沙龙活动还邀请了众多科普作家、科研工作者、出版机构代表、企业媒体人士等参与，形成了跨学科、跨领域的交流平台，促进了知识的共享和智慧的碰撞。

形式多样，注重互动体验　沙龙的形式灵活多样，既有主题演讲、圆桌讨论等传统的学术交流方式，也有现场创作、互动问答、案例分析等创新形式。这些形式不仅增强了沙龙的互动性和参与性，也提高了科普创作的趣味性和吸引力。特别是现场创作环节，让科普作家们有机会展示自己的才华和创意，同时也为其他参与者提供了学习和借鉴的机会。此外，沙龙活动还充分利用互联网等现代传播手段，通过线上直播、社交媒体等方式扩大影响力，吸引更多公众关注和参与。

名家引领，提升创作水平　沙龙邀请了许多在科普领域享有盛誉的专家学者和知名作家参与，如汤寿根、张志敏、赵洋等。他们不仅分享了自己的科普创作经验和心得，还就科普创作的科学性、文学性和艺术性等问题进行了深入探讨。这些名家的引领和示范，不仅提升了科普创作的整体水平，也激发了更多科普工作者的创作热情和灵感。同时，沙龙活动还通过举办名家名作专题研讨等方式，深入挖掘和传承科普创作的优秀传统和宝贵经验。

跨界合作，推动创新发展　沙龙积极促进科学家和科普工作者的跨界合作，通过搭建多方人才参与的科普创作平台，实现了科学、文学、艺术等多领域的融合与创新。这种跨界合作不仅丰富了科普创作的内容和形式，也推动了科普事业的多元化发展。同时，沙龙活动还注重与出版机构、企业媒体等合作，共同探索科普创作的商业化运作模式和市场化发展路径，为科普作品的推广和传播提供了有力支持。

4. 科学文化沙龙

中国科学技术大学科学文化沙龙（以下简称"中国科大科学文化沙龙"）由中国科学院学部工作局与中国科学技术大学指导，中国科大科学传播研究与发展中心具体承办，活动坚持推动多学科杰出人士间的开放对话，聚焦科学前沿、学术前沿、创新前沿、产业前沿、国计民生热点，推进科技与社会、科技与人文的跨界融合发展，努力营造出崇尚创新探索的科学文化氛围。在这里，来自不同领域的专家学者、科技工作者以及热爱科学的公众齐聚一堂，共同探讨科学的奥秘、分享文化的精髓，共同推动科学文化的传播与发展。

独特形式　中国科大科学文化沙龙，作为该校一项重要的学术交流与文化活动，自 2021 年举办以来，便以其独特的魅力和深厚的底蕴吸引了众多关注。沙龙通常选址在校园内温馨的 1958 咖啡馆，为参与者营造了一个轻松但不失庄重的学习氛围。每次沙龙的主题都经过精心策划，旨在覆盖科学、技术、人文等多个领域，以满足不同听众的兴趣和需求。沙龙为参与者提供特色现磨咖啡和精美的简餐，方便参与者利用有限而宝贵的时间光临科学文化沙龙，分享新思想、新知识。

在活动现场，潘建伟院士、包信和院士和其他专家学者们或激情澎湃地讲述自己的研究成果，或深入浅出地解析科学原理；此外，科技工作者们也会分享他们在科研道路上的艰辛与喜悦，以及他们对未来科技发展的展望与期待。这些演讲不仅展现了科学研究的严谨与魅力，更激发了听众对科学的热爱与向往。

科研特色　中国科大科学文化沙龙特别注重互动与交流。参与者可以就感兴趣的话题与演讲嘉宾进行面对面交流，提出自己的疑问和见解。

这种开放式的讨论模式不仅促进了知识的传播与共享，更激发了新的思维火花和创新灵感。沙龙还积极引入文化元素，将科学与文化紧密结合，为听众带来了一场场视听盛宴。这些文化活动不仅丰富了沙龙的内涵，更让人们在欣赏艺术之美的同时，深刻体会到科学与文化的相互交融与相互促进。

中国科大科学文化沙龙还注重青年人才培养与激励。在活动中，经常可以看到青年学者和在校学生的身影。他们或作为演讲嘉宾分享自己的研究成果，或作为听众积极参与讨论，展现出青年一代对科学的热情与追求。中国科大科学文化沙龙不仅是一场知识的盛宴，更是一个智慧与灵感璀璨交汇的殿堂。在这里，科学与文化相互交融、相互促进，和谐共生，共同推动着人类文明的进步与发展。

案例 12：中国科大科学文化沙龙

2021 年，中国科学院科学传播研究中心在中国科学技术大学（以下简称"中国科大"）创办了科学文化沙龙活动，旨在搭建一个高端的科学思想交流平台，鼓励各界人士介绍、推介国内外科学文化的新思想、新动态、新理论和新方式，促进科学文化的传播与交流。活动邀请了多位重量级嘉宾进行主题演讲，包括中国科大常务副校长潘建伟院士和中国科大校长包信和院士。安徽省省长王清宪等政府领导出席了第三期活动，为中国科大科学文化沙龙的举办增添了光彩。

2021 年 6 月 17 日晚，中国科大科学文化沙龙第一期在中国科大绿荫环绕、温馨典雅的 1958 咖啡馆举行，潘建伟院士以"新量子革命"为题开讲，中国科学院科学传播研究中心副主任邱成利主持。在互动提问环节，参会嘉宾围绕量子科学展开了热烈的讨论，提问和讨论话题不仅限于量子科学本身，还延伸到了当代艺术和哲学基本问题的思考。

2021 年 9 月 28 日晚，中国科大校长包信和院士担任第三期中国科大科学文化沙龙的主讲嘉宾，主题是"碳中和与能源革命"。安徽省省长王清宪，省委常委、统战部部长张西明，省政府秘书长潘朝晖、中国科大党委书记舒歌群等 50 余位嘉宾参与了沙龙对话。与会嘉宾围绕碳中和与能源革命的主题展开了深入的讨论。省长王清宪认为本次沙龙政产学研兼用、多领域专家齐聚，就共同的主题同场讨论，非常有价值。

沙龙在创新前沿、科学前沿和文化前沿选取重要议题，以主题演讲开场引导，在轻松不拘、开放思考的环境中形成对议题的跨界交流，为促进新观念、新探索、新实践的传播提供对话空间。沙龙不仅为科学家们提供了一个展示自己研究成果的平台，也为不同领域的专家学者提供了一个跨界交流的机会，从而推动科学文化的传播与发展。

5. 北京青年学术演讲比赛

北京青年学术演讲比赛由北京市科学技术协会主办，是一项旨在促进青年科技工作者学术交流、提升表达能力、弘扬科学家精神的重要赛事，自 2000 年首次举办以来，已成功举办了 25 届，成为北京市乃至全国范围内具有广泛影响力的青年科技人才交流平台。

背景与目的　随着科技的飞速发展，青年科技工作者作为科技创新的生力军，其学术素养、表达能力和社会责任感的培养显得尤为重要。北京市科协作为科技工作者之家，始终致力于搭建青年科技人才学术交流的平台，推动学术成果科普化，培养科学文化的传承者、科技创新的实践者和科学传播的志愿者。北京青年学术演讲比赛正是在这一背景下应运而生的，旨在通过比赛的形式，激发青年科技工作者的创新活力，提升其学术表达能力和综合素质，为科技自立自强和社会主义现代化建设贡献力量。

组织与管理　北京青年学术演讲比赛由北京科技社团服务中心等单位具体承办。赛事的筹备和组织工作十分严谨，从报名、初赛、复赛到决赛，每个环节都经过精心设计和周密安排。参赛选手需符合一定的年龄、学历和工作单位等条件，通常要求年龄在 40 岁以下，具有本科（含）以上学历，且是在各领域、各行业积极奋斗的青年科技工作者或科技创业者。比赛的报名方式多样，可以通过单位推荐、个人报名等方式进行，同时需要提交报名表、演讲稿等相关材料。初赛阶段通常采用线上或线下的形式进行，选手需要提交演讲视频或进行现场演讲，由专家评委团进行评审，选出一定数量的优秀选手进入复赛。复赛阶段进一步筛选优秀选手，通过更加严格的评审标准和更加激烈的竞争，最终确定进入决赛的选手名单。决赛阶段是比赛的最高潮，选手们需要在现场进行精彩的演讲，以展示自己的学术成果和表达能力。决赛现场还会邀请知名科学家、学者和媒体人士作为评委，进行科学、严格、客观、公正的评审，并在赛后为选手们提供宝贵的指导和建议。

主题与内容　每届比赛都设定一个鲜明的主题，主题紧密围绕国家科技发展战略和青年科技工作者的实际需求，旨在引导选手们关注科技前沿、思考科技创新和社会责任。例如，第 23 届比赛的主题为"弘扬科学家精神，彰显科技界担当"，第 24 届比赛的主题为"启航新征程·奋进新时代·科技向未来"，第 25 届比赛的主题为"薪火相传 科技强国筑梦未来"。

在演讲内容方面，选手们可以围绕自己的专业领域、科研成果、科技创新实践等方面进行阐述，展示自己的学术素养和创新能力。比赛鼓励选手们关注社会热点、思考科技与社会的关系，提出自己的独到见解和建议。

　　成果与影响　经过多年的发展，北京青年学术演讲比赛已经取得了显著的成果并产生了广泛的影响。一方面，比赛为青年科技工作者提供了一个展示自己才华和实力的舞台，许多优秀选手通过比赛脱颖而出，成为科技领域的佼佼者。另一方面，比赛也促进了青年科技工作者之间的交流和合作，推动了学术成果的科普化和产业化。

　　比赛得到了社会各界的广泛关注和认可。许多知名科学家、学者和媒体人士都积极参与其中，为选手们提供指导和支持。比赛吸引了大量观众和网友的关注，通过线上线下的传播渠道，扩大了比赛的影响力和知名度。

　　挑战与展望　在新时代，北京青年学术演讲比赛将不断创新和完善赛事机制，提升比赛的质量和水平；继续加强与高校、科研机构和企业等单位的合作，拓宽选手来源和选拔渠道；更加注重选手的综合素质和创新能力培养，推动学术成果的转化和应用。

　　比赛还将积极探索线上线下相结合的比赛形式，利用互联网和新媒体等先进技术手段，扩大比赛的传播范围和影响力，力争成为更具影响力和吸引力的青年科技人才交流平台，为推动科技创新和社会发展贡献更多的智慧和力量。

6. 北科沙龙

　　在北京市这片科技创新的热土上，北京市科学技术研究院（以下简称"北科院"）作为北京市政府直属的综合性科研机构，始终肩负着推动科技创新、服务首都高质量发展的重大使命。为了促进学术交流、激发创新思维，北科院精心打造了"北科沙龙"这一品牌活动，旨在搭建一个观点共享、思想碰撞的高端交流平台，为科研人员提供一个展示研究成果、交流学术思想的舞台。

内容特点　北科沙龙每期都会围绕一个特定的主题展开，主题往往聚焦于科技创新的前沿领域，如环境功能材料、数字经济、新能源技术、科技智库助推高质量发展等。这些主题不仅紧跟时代脉搏，还紧密贴合首都经济社会发展的实际需求，为科研人员、管理干部提供了丰富的学术资源和交流机会。

北科沙龙的活动形式灵活多样，既有主题报告、专题研讨，也有学术交流、成果展示等。活动内容丰富，既有深入浅出的理论讲解，也有实践案例的分享与分析。这种多样化的活动形式和内容，不仅满足了不同科研人员的需求，还提高了活动的吸引力和影响力。

北科沙龙汇聚了来自北科院各研究所、高校、企事业单位的专家学者和科研人员，在这里分享最新的研究成果、交流学术思想、探讨科技发展趋势。这种高端人才的汇聚，既活跃了科研氛围，又为科技创新提供了强有力的人才支撑。

北科沙龙不仅注重理论研讨，还非常关注科技成果的转化应用。科研人员可以分享自己的研究成果，并探讨如何将其转化为实际应用，推动科技创新与产业发展的深度融合。这种注重实践的理念，不仅增强了科研人员的成果转化意识，还促进了科技成果的产业化进程。

主要作用　北科沙龙为科研人员提供了一个高效的交流平台，让他们能够在这里分享研究成果、交流学术思想。这种交流不仅有助于科研人员拓宽视野、了解前沿动态，还促进了学术合作与资源共享。

北科沙龙通过汇聚高端人才、聚焦前沿领域，激发了科研人员的创新思维和创造力。科研人员可以相互启发、相互借鉴，共同推动科技创新的发展。

北科沙龙注重科技成果的转化应用，为科研人员提供了展示成果、探讨转化的机会。这种转化不仅有助于科研人员实现个人价值和社会价值，还推动了科技创新与产业发展的深度融合，为首都经济社会的发展注入了新的活力。

北科沙龙通过邀请国内外知名专家学者进行学术交流和合作，提升了北科院的整体科研水平和国际竞争力。这种交流与合作不仅有助于科研人员了解国际前沿动态、拓宽国际视野，还为北科院在国际舞台上树立了良好的形象和声誉。

显著成效　通过北科沙龙的交流与合作，北科院在多个领域取得了显著的科技创新成果。例如，在环境功能材料领域，北科院科研人员成功研发了多种新型材料，为全面推进绿色低碳循环发展提供了科技支撑；在数字经济领域，北科院通过大数据、人工智能等技术的融合创新，推动了新质生产力的发展；在新能源技术领域，北科院通过探索高效协同、需求导向的新能源技术研发新路径，为全市能源绿色低碳转型提供了有力支撑。

北科沙龙注重科技成果的转化和应用，推动了多项科技成果的产业化进程。例如，在绿色节能环保产业领域，北科院科研人员通过技术创新和成果转化，为产业发展提供了宝贵的思路和方案；在智能制造领域，北科院通过产学研合作和成果转化，推动了智能制造技术的快速发展和应用推广。

北科沙龙作为北科院的重要品牌活动之一，提升了北科院的知名度和影响力。这种知名度和影响力的提升不仅有助于吸引更多的优秀人才和资源加入北科院，还为北科院在国际舞台上树立了良好的形象和声誉。

7. 学术酒吧

学术酒吧指的是在酒吧里组织的非正式学术讨论，其特色是将学术讲座和酒吧文化相结合，吸引人们共同参与、学习和研讨，近年来在上海、北京等大城市开始流行起来。

身处互联网时代，人们获取信息和知识的渠道越来越丰富、多元。这也意味着，如果单论学习的效率，或许线上的讲座远比线下的活动来得高。然而，虚拟空间里的活动再怎么精彩，也无法为参与者带来真正的在场感与陪伴感，来到现场的人们可以通过各种方式呈现自己的存在感。在线下办讲座可以选的地点那么多，为什么偏偏要选在酒吧？虽然学术研究是严肃的，但与轻松、惬意的环境并不矛盾。酒吧特有的"松弛感"恰恰匹配了当下年轻人的心态——在工作和学习中要努力、奋进，但也要讲究一张一弛、劳逸结合。既能学到知识，又能收获一份难得的轻松，这或许就是"学术酒吧"受到一些年轻人喜爱的重要原因。

（四）专题特色类活动

做好科普活动，关键要创新形式、推陈出新，这样才能激发公众的好奇心、体验的欲望和兴趣。下面列举几个有创意、新颖的科普活动。

1. 科学演出

2019 年 5 月 26 日，一场科技与艺术完美交融的盛宴在上海广播电视台东视演播厅隆重举行——这就是备受瞩目的 2019 年全国科技活动周闭幕式暨上海科技节闭幕。活动由科技部和上海市政府联合主办，通过一场精彩纷呈的科学演出，向公众传递科技创新与科学普及的理念。

艺术形式 闭幕式在时任科技部副部长李萌宣布正式开始的那一刻

拉开了帷幕。整个演播厅被布置得科技感十足，舞美设计呈现出典型的科技线条，营造出一个仿佛穿越时空的"平行宇宙"观看空间，为这场科学演出奠定了梦幻而神秘的基调。

科学内涵　演出以时间为主线，通过一系列精心编排的节目，将观众带入了一场视觉与心灵的双重震撼之旅。首先，一段回顾视频带领大家重温了自全国科技活动周开幕以来，各地分会场围绕"科技强国　科普惠民"主题所推出的各具特色的科技活动。紧接着，一场融合了高科技手段的演出开始了，激光与舞蹈的结合，让观众仿佛置身于一个光怪陆离的科技世界，感受到了科技的无限可能。

人机互动　人工智能（AI）元素是演出的亮点之一。一台有趣的人工智能钢琴与人较量琴艺，展现了AI在音乐领域的卓越表现；以"量子力学原理"为创编思路的现代舞《我们》，则将观众带入了微观世界，让他们在光影的意境中，感受了微观世界的艺术能量，更让所有人感受到了科学家那种不怕失败、勇往直前的精神；著名主持人杨澜与虚拟机器人小I的互动主持成为全场瞩目的焦点。一问一答间，小I以其机智幽默的表现赢得了观众的阵阵掌声。这场人机对话不仅展示了人工智能技术的最新成果，更让观众看到了未来科技发展的广阔前景。

视觉盛宴　这场演出是一次创新的尝试，不仅是一场视觉盛宴，更是一次科技与艺术的完美碰撞。它让观众在欣赏美的同时，也对科学有了更深的认识和理解。科技不仅仅是冷冰冰的机器和数据，更是人类智慧的结晶，是推动社会进步的重要力量。

2. 彩虹鱼"游"商场

该活动由上海海洋大学主办，在临港新天地举办，活动内容包括主题展览、海洋装备模型展示、"潜水器如何上浮下潜"趣味讲座、绘本讲读、海洋知识趣味问答、手工 DIY 等。

主题展览从一个系有钢缆的深海潜水球开始讲起，1934 年，威廉·毕比和奥蒂斯·巴顿正是搭载着这个潜水球，下潜到 934 米，这是人类第一次在 500 米水下看到了鱼类游来游去，这次下潜正式揭开了现代深海探索的序幕。展览展示了不带钢缆能自由上浮下潜的载人潜水器，比如 1960 年带有"汽油包"的第一代载人潜水器"的里雅斯特"号首次造访了水下 11 000 米，还有中国的"蛟龙"号、"深海勇士"号和"奋斗者"号。

展览还展出了"彩虹鱼"挑战深渊极限的系列科技与科考成果，并配以各种深海装备模型，比如"彩虹鱼"号载人潜水器、全海深着陆器、"沈括"号科考船、水下自主无人潜航器等。

3. 香港创新科技嘉年华

香港创新科技嘉年华由香港特别行政区创新科技署主办，每次都会以一个富有启发性的主题拉开帷幕，比如 2024 年的"科技引路 创新启航"，旨在激发大家对科技创新的兴趣和热情。

活动在香港科学园内举办，各个展位上摆满了令人目不暇接的创新发明和科研成果。例如，香港中文大学展示了一个智能腰背辅助外骨架，它能帮助人们在移动重物时减轻腰部承重，降低疼痛风险；香港纺织及成衣研发中心研发的废水处理系统，用吸附剂去除纺织废水中的靛蓝染料，既环保又能降低成本。

活动还设置了各种有趣的互动体验，比如骑行单车发电、为自己制作一份香脆的爆米花。这种动手实践的方式让大家在享受乐趣的同时，也能深刻感受到科技的力量。

活动举办了多场创新科技工作坊和网上讲座，邀请专家学者为大家深入浅出地讲解科学知识。香港创新科技嘉年华活动不仅是一个展示创新发明和科研成果的平台，更是一个推广科普文化、激发公众科学热情的活动。

案例 13："创科博览 2017"——中华文明与科技创新展

2017 年 9 月 24 日，在科技部、中国科学院、香港创新及科技局、香港教育局、香港民政事务局、中联办教科部的支持下，由团结香港基金主办的"创科博览 2017"——中华文明与科技创新展在香港隆重开幕。此次展览以中华民族 5000 年科技发展进程为主线，通过古代科技创造发明与现代科技创新成果的对比展示，系统呈现了中华文明的科技智慧与当代科技创新的辉煌成就。包括"天""信""海"三大主题展区以及"香港之光"和"互动展区"。展览规模 9000 平方米，展出近130 件展品，展品主要由科技部和中国科学院提供。时任全国政协副主席、科技部部长万钢，时任全国政协副主席、团结香港基金主席董建华，时任香港特区行政长官林郑月娥，诺贝尔物理学奖获得者杨振宁出席开幕式。

"天"展区主要展示了中国古代的天文观测仪器和现代航天科技成就，如古代浑仪、简仪与现代航天器模型的对比展示。"信"展区聚焦于中国古代的信息传递技术，如烽火台、驿站系统等，与现代通信技术如 5G、物联网等进行对比展示。"海"展区展示中国古代航海技术和现代海洋科技，包括古代航海图、指南针与现代深海探测器等。"香港之光"展区专门展示香港本地的科技创新成果，包括香港高校、科研机构及企业的创新产品和技术。"互动展区"设置多个互动体验区，让观众亲身体验科技创新带来的乐趣和便利，如 VR、AR 等互动体验设备。此外，展览还举办了 5 场专家论坛、25 场科普讲座、35 场创客示范、36 场科学示范表演等。展览激发了青少年对科技创新的兴趣和热情，受到了社会各界的广泛好评。

4. 博物馆之夜

"博物馆之夜"是国家自然博物馆一年一度的活动，是一场为期一个月的科普与艺术相结合的盛宴。以 2024 年为例，2024 年 8 月期间（除周二闭馆日外），国家自然博物馆在 18:00 至 21:00 开放夜场参观，为公众带来了形式多样的特色活动，让每一位到访者都能在这神秘的夜晚中找到属于自己的乐趣。

在自贡"非遗彩灯"展上，三组精美的彩灯——"远古海洋""远古陆地"和"时间沙漏"，将远古生物与现代技艺完美结合，为观众呈现了一幅幅生动的史前画卷。在"远古海洋"中，鱼龙与蛇颈龙仿佛正遨游于史前海洋，水母如同深海精灵，散发着神秘光芒；而在"远古陆地"上，猛犸象与披毛犀体型庞大，彰显着厚重的身形与威严的姿态，大角鹿与剑齿虎则一静一动，构成了一幅原始生态的和谐画面。

"远古剑客——自贡侏罗纪恐龙"特展。该展览由国家自然博物馆与自贡恐龙博物馆联合举办，全面介绍了剑龙的起源、演化历史、形态特征以及在我国发现的剑龙种类等内容。太白华阳龙、四川巨棘龙、多棘沱江龙等 60 余件化石标本为观众呈现了一个真实而震撼的恐龙世界。其中，太白华阳龙被认为是目前世界上发现的最原始的完整剑龙类，它的发现为剑龙起源于亚洲提供了化石佐证。展览还展出了世界上首例剑龙类皮肤化石标本和世界上第一例恐龙尾锤化石标本。

以非洲为主题的夜宿活动让孩子们化身为马赛人，感受非洲音乐的魅力，并"亲历"东非大草原上的野生动物大迁徙；而"标本零距离"活动则以特定主题组织展出动植物标本，引导家长和孩子共同近距离观察标本、探究自然科学问题；"自然讲坛""博物夜谈""锺健讲堂"等专题讲座也覆盖了天文、地理、生态和人类学等多个领域，为自然科学爱好者提供了深度交流平台。

国家自然博物馆的讲解员团队还精心策划了"寻迹四川"活动，其围绕动物、植物、古生物、古人类四个主题进行讲解，介绍了国宝大熊猫、四川食虫植物、自贡恐龙中的"大明星"以及蜀地发现的古人类等内容。国家自然博物馆特别为小朋友们准备了互动性强、趣味性足的科普活动。如"剑龙拓印"科普活动让孩子们亲手制作剑龙拓片，体验化石挖掘的乐趣；而"识鸟知鸟"主题活动则通过展示不同种类的鸟类标本和互动问答环节，让孩子们了解鸟类的特征和生态环境。

5. 社区"创新屋"

上海市社区"创新屋"由上海市科委会同市委宣传部、市精神文明办和市文广局共同推出，是一项旨在推进社区科普活动、优化社区公共文化服务功能的科普新举措。首批"创新屋"于 2011 年对外开放，随后还建设了多家社区"创新屋"，为市民提供了一个充满创意和实践乐趣的空间。

"创新屋"通常设立在社区的文化活动中心内，拥有不小于 100 平方米的活动场地，配置了包括金工、木工加工设备在内的多种"动手做"工具设备，可以满足不同年龄、不同层次人群的多种需求。每个"创新屋"都配备了专业的指导教师及科普志愿者服务团队，并制订了严格的安全管理制度和活动计划，确保市民在参与活动时的安全和乐趣。

在"创新屋"内，市民可以参与各种动手实践活动，比如 3D 打印、机器人组装、木工制作等。"创新屋"各具特色，有的以"创意生活"为主题，鼓励市民发挥创意，将科技与日常生活相结合；有的则以"国防教育"为特色，通过制作与军事科技相关的创新作品，让市民更加深入地了解国防知识。还有一些"创新屋"专注于机器人技术、节能环保等领域，为市民提供了更加多元化的选择。

自"创新屋"项目推出以来，越来越多的中小学生、市民走进"创新屋"，参与创新实践活动，不仅提高了自己的科学素养和动手技能，还从中获得了健康益智的休闲方式。"创新屋"也成了社区文化活动的重要组成部分，为社区居民提供了一个展示自己才华和创意的舞台。

案例 14：花车巡游

北京市中关村第一小学自建校以来，就一直秉承"科学启智教育立身"的办学理念，致力于打造中国的"硅谷"小学，科技节是学校的特色科技活动之一。2018 年科技节聚焦生物多样性，开展了科技花车巡游活动。学校践行"学科学、用科学、玩科学、爱科学"的科技教育理念，以激发学生借助科技保护生态环境的意识。

在巡游活动中，一、二年级的"人与动物"主题巡游活动，带来了一场动物游园会，学生们借助科学原理制作的动物模型精美有趣，体现了学生们仔细观察、动手制作以及团队协作的能力；三、四年级的"人与植物"主题巡游活动，像是开了一场珍稀植物的博览会，奇思妙想的主题设计与专业的植物科普巧妙融合；五、六年级的"人与自然"主题巡游活动，学生们的展品更是体现了生物多样性、人与自然和谐共处的奥义。花车造型独特，各具创意，均由学生合作完成。除在校内展示外，花车巡游还途经了周边社区，吸引了大批社区居民。学生们还利用身边的物品设计制作了投石机、承重纸船、缓降装置和机械校车等，并展开了激烈的比赛。

此外，科技节创设了"鲸"险大营救、森林灭火计划、垃圾投放装置三个趣味游戏情境。"鲸"险大营救项目让孩子们充分体验了为保护鲸鱼实施高效救援的速度与激情；在森林灭火计划项目中，学生利用杠杆原理投掷多枚水弹，实现了远距离灭火，趣味与挑战并存；在设计垃圾投放装置项目中，学生利用环保材料制作的戈德堡机械将垃圾正确分类并通过机械传动放入相应垃圾桶；99 个挑战小屋的个人项目中，学生在趣味横生的挑战中超越了自我。

第六章

科普活动实施

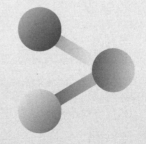

"

天下大事，必作于细。

——《道德经》

故不积跬步，无以至千里；不积小流，无以成江海。

—— 荀子

"

（一）精细精准精心

科普活动作为加强科普能力建设、提高全民科学文化素质的重要手段，其组织管理在中国已经形成了一套相对完善的体系。这一体系以政府为主导，社会团体和企事业单位广泛参与，旨在通过多种形式的活动普及科学技术知识、倡导科学方法、传播科学思想、弘扬科学精神。

1. 政府的主导支持作用

政府在科普活动的组织管理中发挥着至关重要的作用，通过制定科普政策、制定科普规划、投入科普经费、协调检查监督等方式，为科普活动的顺利开展提供了有力保障。

制定科普政策　中国政府高度重视科普工作，制定了一系列政策法规来指导和规范科普活动的开展。例如，《科普法》明确规定了科普工作的目标、任务、基本原则和保障措施，为科普活动的组织管理提供了法律保障。此外，政府还出台了一系列配套政策，如科普场馆建设、科普创作出版、科普奖励政策等，进一步激发了社会各界参与科普活动的积极性。

制定科普规划　政府根据国家科技发展规划和经济社会发展的需要，制定科普中长期规划和年度计划，明确科普工作的重点和方向。各级政府和相关部门按照规划要求，结合本地区、本部门实际，制定具体的实施方案和行动计划，确保科普活动的有效实施。

投入科普经费　政府将科普经费纳入财政预算，并逐步加大投入力度，为科普活动的开展提供经费保障。同时，政府制定科普税收优惠政策，鼓励社会力量加入科普事业，通过设立科普基金、接受捐赠等方式，拓宽科普活动经费来源渠道。

协调检查监督　政府建立了科普工作协调机制，加强了各部门之间的沟通与协作，形成了合力推进科普活动。同时，政府还加强了对科普活动的监督检查，确保各项政策措施落到实处、科普活动取得实效。

2. 社会团体的积极实施

科协、社会科学界联合会等社会团体在科普活动的组织管理中发挥着重要作用。它们凭借自身的专业特长和资源优势，广泛开展科普活动，推动科普工作的深入开展。

科普主要社会力量　科协是科普工作的主要社会力量。科协通过开展群众性、社会性、经常性的科普活动，普及科学技术知识，倡导科学方法，传播科学思想，弘扬科学精神。科协积极协助政府制定科普工作规划，牵头负责全国科学素质工作，为政府科普工作决策提供建议，推动科普事业的健康发展。

其他社会团体贡献　工会、共产主义青年团、妇女联合会等社会团体积极参与科普活动。他们结合各自工作对象的特点，组织开展形式多样的科普活动，如科普讲座、科普展览、科普竞赛等，提高了公众的科学素质。

3. 企事业单位鼎力支持

企事业单位在科普活动的组织管理中发挥着重要作用。他们通过技术创新和职工技能培训等方式，开展科普活动，提高职工的科学素质和技能。

企业开放科普活动　企业是科技创新的主体，也是科普活动的重要参与者。企业向公众展示科技创新成果，普及科学知识，开展各类科普活动。同时，企业还通过设立科普场馆和设施，向公众开放实验室、陈列室等，提供科学教育和科技体验服务。

事业单位特色活动　事业单位如学校、科研院所、医院等也积极开展科普活动。他们通过课堂教学、实践教学、科普讲座等方式，向学生和公众普及科学知识，传播科学思想。同时，事业单位还利用自身资源，开展科普展览、科普竞赛等活动，提高公众的科学素质。

联合组织科普活动　许多企业、事业单位会联合开展科普活动，多种形式的科普活动能够激发公众对科学的兴趣和热情，促进社会的整体科学素养提升。

4. 科普志愿者热情奉献

科普志愿者在科普活动组织中扮演着重要角色，他们既是科学知识的传播者、科学精神的践行者，更是科普事业发展的推动者。科普志愿者是连接科学与公众的重要桥梁。科普志愿者在科普活动组织中发挥着基础和重要的作用。

科学知识的传播者　科普志愿者通过发放宣传手册、设置科普展板、开展环保公益活动、组织科普小手工、进行互动问答和讲解等多种形式，向公众传递科学知识。例如，在气象科普志愿服务中，志愿者们通过发放气象知识宣传手册、设置气象科普展板等方式，使公众能够更准确地理解天气变化，提高公众应对自然灾害的能力。这种面对面的传播方式，使得科学知识更加生动、具体，易于被公众接受和理解。

科学精神的践行者 科普志愿者通过参与科普活动，展示了对科学的热爱和追求，激发了公众对科学的兴趣和热情。志愿者们以严谨的工作态度、科学的方法，向公众传递科学精神，鼓励公众探索科学奥秘，培养科学思维。

科普活动的重要力量 科普志愿者不仅是活动的参与者，更是活动的策划者、组织者和执行者。在科普活动的策划阶段，志愿者们会积极提出意见和建议，为活动的策划提供有益的参考。在活动的组织阶段，他们会协助组织者进行活动的筹备和安排，确保活动的顺利进行。在活动的执行阶段，他们始终在第一线，与公众进行互动交流，解答疑问，引导公众探索科学奥秘。这种全方位的参与，使得科普活动更加丰富多彩，更具吸引力。

提升科普活动参与度 科普志愿者可以提高科普活动的参与度，他们通过自己的努力和付出，吸引了更多的公众参与到科普活动中来。这种互动式的交流方式，提高了活动的参与度和影响力。科普志愿者的参与，可以提高科普活动的组织能力，使活动更加有序、高效地进行。

推动科普事业发展 科普志愿者是科普事业发展的重要推动者。他们通过自己的努力和付出，为科普活动广泛持续开展作出了积极的贡献，他们的付出和努力，使得我国科普事业得以不断发展壮大，为社会的进步和创新提供了有力支撑。

科普志愿者在科普活动组织中发挥着至关重要的作用。他们是科学知识的传播者、科学精神的践行者、科普活动组织的重要力量、提升科普活动参与度的关键以及科普事业发展的重要推动者。要想做好科普活动，务必要重视科普志愿者的作用，积极培养和吸引更多的志愿者参与科普事业，为构建更加美好的社会贡献力量。

（二）前期充分准备

1. 明确目标

开展科普活动的首要步骤是根据活动目的确定具体的科普主题。主题的选择应具有针对性，能够吸引目标受众的关注。例如，可以选择环境保护、健康生活、科技创新等热门话题，确保活动内容贴近公众需求，具有实际意义和社会价值。

2. 聚焦受众

了解目标受众的年龄、知识背景、兴趣点等，是设计针对性活动内容和形式的基础。通过受众分析，科普活动组织者可以确定活动的形式（如讲座、展览、互动体验等）、语言风格（通俗易懂或专业深入）以及传播渠道（线上或线下）。这有助于确保活动能够引起受众的共鸣，提高受众的参与度和满意度。

3. 资源整合

资源整合包括收集与主题相关的信息、图片、视频等资源，以及所需的实验器材、模型等物资。还需要考虑人力资源的调配，如邀请专家、讲师、志愿者等。确保资源的充足和有效整合，是活动成功的关键。

4. 细化方案

制订详细的活动计划，包括活动时间、地点、内容、流程、预期参与人数等。计划应具有可行性和可操作性，确保活动能够顺利进行。同时，还需要制订应急预案，以应对可能出现的突发情况。

（三）分级组织实施

在科普活动的组织实施过程中，科学管理发挥着至关重要的作用，不仅确保了科普活动的顺利进行，还提高了活动的效率和效果。特别是"分级管理，统筹协调，各司其职，各负其责"这一管理理念，更是为科普活动的成功实施提供了有力保障。

1. 首长负责统筹协调

统筹协调是科学管理在科普活动组织实施中的关键环节，强调在科普活动中，必须实行一把手负责制，其他人必须无条件服从，从而保证活动有序进行。各参与者之间应按照职责分工，履职尽责，同时相互协作、相互配合，以确保活动的整体效果。

加强沟通协作　在科普活动中，各参与者之间应加强沟通协作。应定期召开会议，讨论活动进展、问题和解决方案。建立有效的沟通渠道，确保信息的及时传递和共享。这种沟通协作的方式，可以增强参与者之间的信任和合作，从而提高整个组织的凝聚力。

制订详细计划　在科普活动开始之前，组织者应制订详细的活动计划，包括活动目标、内容、形式、时间、地点等。同时，他们还应制订详细的应急预案，以应对可能出现的突发情况。这种制订详细计划的方式，可以确保活动的有序进行和目标的实现。

加强监督检查　统筹协调还需要加强监督检查。在科普活动进行过程中，组织者应定期对活动进行监督和检查，检查活动的进展情况、质量效果以及参与者的工作表现。对发现的问题应及时采取措施进行改进。这种监督检查的方式，可以确保活动的顺利进行和目标的实现。

2. 分级管理上传下达

分级管理是科学管理在科普活动组织实施中的重要手段。它强调将科普活动按照不同的层次和级别进行管理，以确保活动的顺利进行和目标的实现。

明确管理层次　在科普活动中，组织者应根据活动的规模和性质，明确管理层次。例如，大型科普活动可能需要设立多个管理层级，包括总策划层、执行层、监督层等。每个层级都应有明确的管理职责和权限，以确保活动的有序进行。要坚持听从指挥、上传下达、令行禁止，切忌越级指挥。

优化资源配置　分级管理有助于优化科普活动的资源配置。通过明确的管理层次，组织者可以简化层级，更加合理地分配人力、物力和财力资源，确保每个层级都能得到足够的支持。这种优化资源配置的方式，可以提高资源的利用效率，降低活动成本。

提高管理效率　分级管理可以提高科普活动的管理效率。通过明确的管理层次和职责分工，组织者可以更加快速地作出决策、解决问题。这种管理方式可以加强层级之间的沟通和协作，提高整个组织的凝聚力和执行力。

3. 各司其职各负其责

"各司其职，各负其责"是科学管理在科普活动组织实施中的基础。这一理念强调每个参与者在科普活动中都应明确自己的职责，并按照职责分工去工作。每一层级的负责人只接受或服从上一级负责人的指挥与指令。这是活动有序、高效进行的基本原则与关键。

明确职责分工　在科普活动开始之前，组织者应根据活动的性质、规模和目标，对参与人员进行详细的职责分工。例如，科普活动策划人员负责活动的整体设计和规划；执行人员负责活动的具体实施；宣传人员负责活动的宣传推广；评估人员负责对活动的效果进行评估。每个参与者都应明确自己的职责，知道自己应该做什么，不应该做什么，从而确保活动的有序进行。

责任具体到人　在职责分工的基础上，组织者应将责任落实到人。每个参与者都应明确自己的责任，并承担起相应的责任。这种责任到人的管理方式，使得每个参与者都能更加认真地对待自己的工作，从而提高工作的质量和效率。每个人都做好自己负责的事，忠实履行职责，科普活动的成功就有了基本保障。

提高工作效率　通过明确的职责分工和责任到人，科普活动的参与者可以更加高效地工作。他们知道自己应该做什么、如何去做，从而减少了工作中的重复和浪费。这种管理方式还可以激发参与者的积极性和创造力，使他们更加主动地参与活动。

4. 科学管理提高效率

在科普活动的组织实施过程中，统筹协调、分级管理、各司其职、各负其责，这四个方面是相互联系、相互依存的。它们共同构成了科学管理在科普活动组织实施中的完整体系。

形成管理合力　科学管理在科普活动的组织实施过程中形成了强大的合力，使得科普活动的参与者能够明确自己的职责和分工，并按照既定的计划和目标工作。同时，它们还使得各参与者之间能够相互协作、相互配合，共同应对可能出现的挑战和问题。

提高活动效果　通过以上四个方面的综合应用，科普活动的组织者既可以更加高效地管理活动，提高活动的质量和效果，又可以更好地满足公众对科学知识的需求，激发公众对科学的兴趣和热情。

追求效益最优 通过四个方面的综合应用，科普活动可以实现"帕累托最优"[1]，有助于提升活动质量。它们可使科普活动能够更加有序、高效地进行，为公众提供更多的科学知识和服务。同时，它们还可使科普活动的参与者能够不断积累经验、提升能力，并为科普活动的高质量发展提供有力的人才保障。

科学管理在科普活动组织实施中发挥着至关重要的作用。通过统筹协调、分级管理、各司其职、各负其责这四个方面的综合应用，科普活动的组织者可以更加高效地管理活动，提高活动的质量和效果，为公众提供更多的科学知识和服务，推动科普事业的长期发展。

（四）注重每个细节

1.签到接待

活动当天，安排志愿者或工作人员负责签到和接待工作，确保参与者能够顺利入场，并引导他们了解活动流程和注意事项。特别要注意安排专人负责接待受邀请的重要领导、知名人士，引导其至贵宾室休息，送上活动议程安排及每位领导、知名人士的具体"任务"，并及时予以引导。通常不同来宾应佩戴不同的证件，其权限也是不同的，因为安保人员的职责通常是"认证不认人"的。

---

1 帕累托最优（Pareto Optimality），也称为帕累托效率（Pareto efficiency），是指资源分配的一种理想状态，假定固有的一群人和可分配的资源，从一种分配状态到另一种分配状态的变化中。在没有使任何人境况变坏的前提下，使得至少一个人变得更好，这就是帕累托改进或帕累托最优化。

2. 开场介绍

活动开始时，由主持人或主讲人进行开场介绍，明确活动目的、流程、时间进度安排和注意事项，从而使出席者从容不迫，有助于增强其参与感和归属感。

3. 主题讲座

邀请专家或专业人士进行科普讲座，内容应通俗易懂、互动性强。此类讲座时间不宜过长，15～20分钟即可。可以安排不同领域、类型的知名专家进行讲座，形成组合效应。总时长不宜超过60分钟。

4. 互动环节

活动一定要设计问答、实验演示、动手制作等互动环节，以增加公众的参与感和体验感。活动内容要具有科学性、趣味性和教育性。有条件的主办单位，对参与活动环节的来宾可以通过赠送小纪念品的方式，给他们以惊喜，这种方式会使活动充满欢快的气氛。

5. 分组活动

根据参与者的数量和活动场地条件，分区安排不同的活动内容，并对来宾合理分组。每项活动的时间都要精准把握，保证来宾能够充分参与主要活动和各类互动节目，同时要确保活动有序进行，给来宾以获得感、喜悦感、幸福感。

6. 安全保障

制订详细的安全预案，包括应急疏散、医疗救援等措施。确保参与者了解并遵守活动规则和安全要求。加强安全保障工作，对活动场地进行安全检查，确保设备器材处于良好工作状态。大型活动、儿童或老年人较多的活动，应安排相应的医疗和安全措施。

（五）实现核心目标

1. 促进科学知识普及

在科普活动中，科学家们可以通过讲座、展览、实验等形式，将他们的研究成果和科学知识分享给公众，让更多的人了解科学的最新进展和前沿领域。科普活动往往涉及多个学科的知识，它让公众在了解单一学科的同时，也能接触其他相关领域的内容。这种跨学科的交流和学习，有助于促进学科之间的交叉与融合，为科学研究和创新提供更多的可能性。这种知识的传播和普及，有助于打破科学知识的壁垒，让更多人有机会接触和学习科学，从而推动科学的进步和发展。

2. 激发公众科学兴趣

每一次科普活动，都是一次对好奇心的滋养。它可以让公众在探索中感受到知识的魅力，激发公众不断追求新知的渴望。科普活动能让人们在未知中发现惊喜，培养不畏艰难、勇往直前的探索精神。科普活动是培养科学兴趣和创新精神的重要平台，青少年可以通过亲身体验和互动学习，感受到科学的魅力和神奇，从而激发他们对科学的兴趣和好奇心。这种兴趣和好奇心的培养，有助于引导青少年积极探索未知领域，培养他们的创新思维和实践能力。

3. 实现公众科技创新

科普活动对于吸引公众参与科技创新具有特别意义。科学发现、技术发明不仅需要科学家、科技人员的潜心研究，也需要个体研究者的不懈探索、发明爱好者的不断尝试。科技创新不是少数人的事，而是大众的事。欧洲已经兴起了"公民科学"活动，中国也应启动类似"公民科学"的活动，将科技创新建立在广泛、坚实的社会基础之上，这对于培养未来的科学家和工程师具有重要意义。科普活动可以让青少年从小就对科学产生兴趣，培养他们科学观察、实验和创新的能力，这些能力不仅是未来从事科学研究的基础，也是他们成为优秀工程师和创新人才的关键。一些著名科学家晚年回忆自己是如何走上科学的道路时，常常会提到，这不过是圆了儿时参观科技馆时的一个梦而已。

4. 促进科普产业发展

科普产业是一个充满活力和潜力的新兴产业。科普活动可以激发人们对科普产品和服务的兴趣和需求，从而推动科普产业的不断发展和壮大。例如，科普图书、科普电影、科普游戏等各种产品，都能通过科普活动的推广和宣传，获得更多的关注和市场份额，从而为科普产业的发展注入更多的活力和动力。科技馆的门票收入、各种纪念品的售卖、各种有偿讲解服务，都可以因满足科普活动参与者的个性化需求而成为一种新型服务业。

5. 营造科学文化氛围

科普活动是科学文化传承和发展的重要载体。科学文化是人类文明的重要组成部分，通过科普活动，人们可以更加深入地了解科学文化的历史和发展脉络，从而更加珍视和传承这份宝贵的文化遗产。同时，科普活动还能激发人们对科学文化的创新和创造，通过各种形式的互动和体验，人们可以在科学文化的基础上进行新的探索和尝试。这种创新和创造，有助于推动科学文化的不断发展和繁荣。

6.增强社会凝聚认同

科普活动能增强社会凝聚力和认同感。在科普活动中，人们可以共同学习和探索科学知识，有助于拉近人与人之间的距离和关系。公众在学习的过程中，相互帮助、相互支持、相互鼓励，能增强社会的凝聚力和认同感，从而快乐地从事科研工作。通过普及科学知识，公众可以消除对科学的误解和恐惧，增强对科学的信任和支持。科普活动不仅能提升社会的整体科学素质，还能促进社会的和谐与进步。科普活动可以让科学的光芒照亮每一个角落，不仅可以让公众学到知识，还可以让公众在共同的学习和体验中增强社会凝聚力。通过参与科普活动，公众可以更加深入地了解彼此，分享对科学的热爱和追求，从而增强社会的认同感和归属感。

7.推动经济社会进步

科学是推动社会进步的重要力量。通过科普活动，人们可以更加深入地了解科学对社会的影响和作用，从而更加积极地支持和参与科学研究和科技创新。这种支持和参与，有助于推动科学技术在社会各个领域的应用和发展。例如，在医疗、环保、交通等领域，每次科学的进步和创新都能带来更加便捷和高效的服务和解决方案。科普活动是推动科学普及和民主化的重要手段，它让我们有机会接触到最新的科学成果和技术进展，了解科学对社会和个人的影响。同时，科普活动也鼓励我们积极参与科学讨论和决策、影响政府决策，为科学的发展和社会的进步贡献自己的力量。

（六）加强宣传推广

组织科普活动要加强科普活动的宣传和推广，通过各种渠道和媒体，可以让更多的人了解和参与科普活动。一方面要依靠主流媒体进行宣传，扩大影响力和覆盖面。另一方面要通过新兴媒体进行即时传播，特别是直播和视频号等形式拥有独特的传播影响力，不容小觑。也可借助名人效应，邀请院士、知名专家等出席活动开幕式，以增强活动的吸引力和关注度。

1. 明确科普活动目标

首先要明确科普活动目标，比如是关于食品安全、防震减灾还是环保绿化，这样才能有针对性地制订宣传策略。

2. 选择合适宣传渠道

可以利用社交媒体，比如微博、微信、抖音等，发布活动的信息和亮点。还可以请主流媒体报道，让更多人知道科普活动。

3. 准备必要宣传素材

需要准备必要的宣传素材，比如新闻通稿及相关背景材料、海报、宣传册、视频，开通直播，把活动的亮点和科学知识融入进去，实时共享，让大家既能学到知识，又能感受到乐趣。

4. 举办一些预热活动

提前开展预热活动，比如新闻发布、知识竞赛等，让大家感受到活动的氛围，增加大家的兴趣和期待值。邀请一些科普达人或专家来助力宣传，让他们分享一些科学知识，或者对活动进行点评推荐，增加活动的权威性和吸引力。

（七）及时总结评估

1.宣传报道与资料整理

活动结束后，活动组织者要通过媒体报道的方式，借助主流媒体进行广泛宣传，扩大科普活动的成效和影响力。利用网站、微博、微信、抖音等平台分享活动照片、视频等，扩大活动在社会各界的知名度。收集和整理活动中的经过媒体报道的新闻、图片、视频等资料，在单位内部进行滚动展示、播放，力争在单位内部，从领导到每一个员工人人皆知。最后汇集形成活动档案并予以保存。

2.收集反馈与效果评估

活动结束后，活动组织者可通过问卷调查、现场访谈等方式收集参与者的意见和建议。对活动效果进行评估，分析目标的实施情况与效果。这些做法有助于总结经验教训，改进提升未来的科普活动。

3.认真总结和及时上报

活动结束后，在加强宣传报道的同时，活动组织者也要进行认真总结，迅速形成活动总结报告，包括活动简要情况、主要成效、具体数据、特点特色、主要启示等，并及时上报上级部门。便于上级部门了解活动总体情况。

4. 查找不足并对症下药

在科普活动中，确保参与者的安全至关重要。活动组织者应对活动场地进行安全检查，确保场地符合安全要求，没有潜在的安全隐患。对活动所需的设备和器材进行检查和维护，确保其处于良好的工作状态。制订详细的安全预案和应急预案，包括应急疏散、医疗救援等措施。确保参与者了解并遵守活动规则和安全要求，避免因疏忽或违规操作而导致安全事故。对于未成年人或特殊人群，应安排专人照看和保护，避免发生意外。特别提示，至少要准备2个话筒，并充好电或换上新电池，若话筒出现问题，则会严重影响活动效果。对于表现出浓厚兴趣的参与者，可以提供进一步的科普资源和活动信息。建立长期的科普交流平台，鼓励公众持续关注科学发展，有助于培养公众的科学素养和创新能力。

科普活动的组织实施需要遵循科学性、规范性、趣味性、互动性和实效性的原则。通过明确目标、受众分析、资源整合、活动策划、宣传推广、活动实施、后期总结与反馈以及安全注意事项等方面的精心策划和实施，科普工作者可以有效地组织一场科普活动。

心动不如行动，您或您的单位也可以来一场说办就办的科普活动。通过举办一场科普活动，您会感受到科普活动的意义和价值，心中也会充满成就感、喜悦感、幸福感。

第七章

国际科普活动

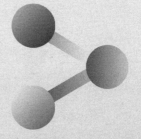

他山之石，可以攻玉。

——《诗经》

生活中没有什么可怕的东西，只有需要理解的东西。

——居里夫人

　　纵览发达国家政府的科技政策，科普已经成为其中一项重要的任务，在加强科学技术研究的同时，同步开展科普活动是发达国家通用的做法。世界科技强国往往也是科普强国，它们所拥有的一流科技馆、科技类博物馆就是最好的标志。内容丰富、形式多样、妙趣横生的科普活动，可以对激发青少年和公众的科学好奇心、探求欲发挥重要作用。了解、知道、学习、借鉴其做法和经验，对提高中国科普活动的水平和国际影响力十分必要。

（一）欧洲代表国家

1.英国科普活动

　　起源　英国科普活动的起源可以追溯到 19 世纪中叶，这一时期标志着科学从精英阶层的专属领域逐渐走向大众。1799 年，英国成立了皇家科学普及协会。1831 年，英国成立了科学促进会，这是世界上第一个专业科普组织，它的成立标志着科学传播的主体开始包含公众角色，其宗旨是推动科学知识在公众中的普及，促进公众理解科学。

　　在 19 世纪上半叶，科学主要由受过教育的圣公会教徒控制，他们为英国社会提供了以自然神学为基础的文化和社会秩序观。然而，随着 19 世纪下半叶科学自然主义的兴起，新中产阶级科学家开始与这些科学绅士争夺英国科学界的领导权。这些新中产阶级科学家被称为"科学自然主义者"或"进化自然主义者",他们提出了对自然、社会和人性的新理论和方法。

在这一背景下,"大众科学"和"普及"等概念逐渐明确地走入人们的视野。尽管这些术语在一定程度上曾被视为低端和不入流,但维多利亚时代的科学普及者,如托马斯·亨利·赫胥黎和约翰·丁达尔等人,通过讲座和写作等方式,成功地将科学知识传播给了更多的公众。

发展 19世纪中叶以后,随着工业革命的深入和科技的发展,英国科普活动逐渐发展壮大。这一时期,科学的专业化程度尚未完成,因此既存在朝向科学专业化努力的"准专业科学实践者",也有那些既对科学有兴趣,又以科学写作为主要工作的科学普及者。

英国的大众科学阅读兴起于19世纪20年代,其标志性事件是1827年"实用知识文库"的推出。该文库由实用知识传播协会发起,采用较易携带的小开本形式,主要聚焦于科学主题,每一卷都基于某个深奥的科学主题进行深入浅出的专门讲述,并邀请该领域最知名的科学家撰写。此前,阅读一直是贵族们的专利,而大多数普通人几乎没有机会接触到科学读物。随着文盲率的下降和出版商的推动,一大批价格相对便宜的图书和杂志开始涌现,如《便士杂志》和《力学杂志》等,这些出版物使科学知识得以更广泛地传播给公众。

此外,科学俱乐部和学会也在这一时期纷纷成立,这些组织聚集了一批精英科学家,他们定期集会商讨科学问题,推动科学研究的深入发展。同时,这些组织还通过讲座、展览等方式向公众普及科学知识,从而提高公众对科学的兴趣和认识。

每年圣诞节期间,英国皇家科学研究所会举办圣诞科学讲座,由著名的科学家用浅显易懂的语言向青少年讲述科学知识,辅以图解、实证和实验示范。这种形式的科普活动深受大众的喜爱。

到了 20 世纪，随着广播、电视等媒体的普及，英国科普活动进一步得到了发展。这些媒体平台为科学知识的传播提供了更广阔的空间和更便捷的方式。科学家和科普工作者可以通过广播节目、电视节目等向公众介绍科学知识，解答疑问，推动科学知识的普及和应用。

现状　进入 21 世纪，英国科普活动已经发展成为一项系统而全面的工作。政府、学校、科研机构、媒体和民间组织等多方力量共同参与，形成了多元化的科普体系。

英国政府重视科普活动，将其视为推动科技创新和经济社会发展的重要手段。1994 年，英国政府首次公布创新白皮书《实现我们的潜能——科学、工程和技术战略》，提出要增强公众对科学、工程和技术对社会贡献的认识。[1] 英国政府制定了一系列科普政策和计划，如"国家科学教育计划""公众理解科学计划"等，旨在加强科学知识的普及和传播。同时，政府还通过设立科普基金、支持科普项目等方式，为科普活动提供资金保障。为了让公众更多地理解科学，英国科促会于 1993 年夏季向英国政府提议在全国举办科技周活动，英国政府积极支持这一建议，同年 9 月科技大臣宣布第一届科技周在来年的 3 月举行。

英国学校将科学教育纳入课程体系，从小学到高中都开设了科学课程。这些课程不仅注重科学知识的传授，还注重培养学生的科学思维和实践能力。学校还通过组织科学竞赛、科学展览等活动，激发学生的学习兴趣和探究精神。

英国科研机构在科普活动中发挥着重要作用。他们不仅通过发表论文、出版著作等方式向专业人士传播新科学知识，还通过举办讲座、开放实验室等方式向公众普及科学知识。科研机构还积极承担政府和社会

1　张义芳 . 国外科普工作要览 [M]. 北京：科学技术文献出版社，1999：5.

组织的科普项目，为科普活动提供技术和智力支持。

随着互联网的普及和发展，英国科普活动在媒体传播方面取得了显著进展。电视台、广播电台、报纸、杂志等传统媒体纷纷开设科普栏目，介绍科学知识、报道科技动态。同时，互联网也成为科普活动的重要平台。科普网站、科普公众号、科普微博等新媒体形式不断涌现，为公众提供了更加便捷、丰富的科普资源。

民间组织在英国科普活动中也发挥着积极作用。他们通过组织科普讲座、科普展览、科普夏令营等活动，向公众普及科学知识。民间组织还积极参与政府和社会组织的科普项目，为科普活动提供人力和物力支持。

案例 15：爱丁堡国际科学节

爱丁堡国际科学节是世界上首个以科学和技术为主题的节日，始于 1989 年，由爱丁堡市议会和苏格兰行政院发起。它鼓励来自不同年龄和背景的人们一起探索发现身边的世界，通过一系列精彩纷呈的研讨会、展览和讲座，将科学带入生活。2024 年的爱丁堡国际科学节在 3 月 30 日至 4 月 14 日举办，主题为"塑造未来"，旨在告诉公众未来世界将怎样被科技改变和塑造。时至今日，它仍是欧洲最大的科技节之一。

这些科普活动不仅为公众提供了了解科学、接触科学的机会，还推动了科学文化的传播和普及，提高了公众的科学素质和创新能力。

英国科普活动从 19 世纪中叶的起源到 21 世纪的全面发展，经历了漫长而曲折的发展历程。这些科普活动不仅提高了公众的科学素质和创新能力，还推动了科学文化的传播和普及，为英国乃至全球的科技创新和社会发展作出了重要贡献。

2. 德国科普活动

德国作为近现代科学的发祥国之一，科学活动很早就已融入人们的社会生活。德国科普活动起源于深厚的历史积淀，其发展历程体现了政府的主导作用和社会的广泛参与。

起源　德国科普活动的起源可以追溯到 19 世纪的科学教育。那时的德国已经开始重视向公众传播科学知识，但形式较为单一，主要通过学校教育和一些简单的科普展览向公众传播科学知识。

德国的科学教育从 19 世纪中期开始逐渐系统化、职业化和批量化。在这一时期，德国迅速在各个科学领域迈向世界前沿，技术和产业的进步使其国力显著增强。第二次世界大战后，德国仍保留了其重视科技、重视教育的优良传统，科学工作者在大众心目中始终享有较高地位。

发展　德国科普活动在第二次世界大战后得到了进一步发展，尤其在政府的主导和支持下，逐渐形成了系统化、多样化的科普体系。

德国政府对科普非常重视，主导并支持了多项重要科学活动的开展。德国有近 7000 家各类型的博物馆。德国联邦教研部是主管教育和研究的政府部门，该部门通过策划科学年、公众对话和公众科学日等活动加强科学在德国的传播和普及。德国联邦教研部联合德国科学传播平台"对话科学"倡议组织于 2000 年首次举办了"科学年"活动，是德国范围最广、年龄覆盖面最大、参与人数最多的科普品牌。活动每年以不同学科为主题，旨在通过不同形式的展览、竞赛和讲座，提升社会公众对科学的兴趣。例如，2023 年的科学年以"我们的宇宙"为主题，关注宇宙中的重大问题，并将人类关于存在和意义的古老问题与当前的研究项目和未来前景相结合。活动由"未来论坛""未来日""未来夜"组成，公众以多种方式参与论坛，主持人通过抛出问题引导公众就此发表观点和看法。活动旨在加强政府与社会间的交流，并根据公众意见调整政府创新发展战略。

德国还鼓励民众作为知识发现者、现象观察者、信息收集者为科研活动提供最广泛的科学数据，深入参与具体科研项目。为此，德国联邦教研部专门出资开通网络平台，设立多个公众研究项目，涵盖环境、自然、医学、技术和工程学以及社会科学等领域。

德国拥有多个科普平台和机构，共同推动科普活动开展。例如，在德国科学基金会联盟的倡议下，"与科学对话平台"于2000年成立，致力于在德国讨论和分享科学研究，组织对话、展览和竞赛，并开发新的科学传播形式。此外，"科学对话"组织和德国国家科学传播研究所合作，共同推出了德国科普网站，主要反映当前的科学发展趋势和主题，并为日常科学传播工作提供支持。

德国各地区，特别是高校和科研机构聚集的城市，应注重发挥其科研优势，结合各自区位特点，打造不同科普活动品牌。

柏林科学周活动始于2016年，定位为国际科学平台，每年11月举办，聚焦前沿科研。柏林市政府主要出资，各科研机构、高校和企业会邀请来自国内外各领域专家参加各类跨学科专业活动，同时邀请公众免费参与。

案例 16："科学长夜"活动

"科学长夜"最初起源于柏林的"博物馆长夜"，1997年开始举办，每年举办2次，从早上6点到次日凌晨2点左右，参与的博物馆超过70家，买一张15欧元的门票即可随意参观，包括乘坐连接博物馆的公交车。后来，活动逐渐扩展到德国其

他城市。在这一天，社会公众可参观当地科研机构和高校，了
解其科研重点和不同领域的发展情况。

德国的企业和民间组织也积极参与科普活动。企业通过赞助、组织
展览等方式支持科普事业；民间组织则通过举办讲座、竞赛等活动，向
公众传播科学知识。

现状 德国科普活动呈现出多元化、多层次的特点，政府、高校、
科研机构、企业和社会组织共同构成了科普网络。

德国政府继续加大对科普活动的投入和支持力度。联邦教研部不仅
主导科学年等大型科普活动，还通过资助科研机构、企业和高校等开展
科普活动，推动科学知识的普及和传播。

德国科普活动的形式越来越多样化，包括展览、讲座、竞赛、论坛
等。这些活动不仅面向青少年和学生，还面向广大社会公众。

德国的科学教育逐渐与学校教育相结合。学校通过开设科学课程、
组织科学竞赛等方式，培养学生的科学兴趣和创新精神。同时，学校还
鼓励学生参加科普活动，拓宽视野，增长知识。

德国的科普活动逐渐走向国际化。德国积极参与国际科普合作与交
流，与其他国家共同举办科普活动，推动科学知识的跨国传播与共享。

德国公众对科学的热情日益高涨。越来越多的公众积极参与科普活
动，关注科学动态，了解科学成果。这种热情不仅推动了科普事业的发
展，也促进了科学技术的进步和创新。

案例 17：与科学对话

"与科学对话平台"由德国科学基金联合会倡议成立，旨
在促进科学界和民众的沟通，他们还和德国研究联合会一起设
立了"沟通者"奖，奖金为 5 万欧元，颁发给那些为促进科学
界和民众沟通作出贡献的专业人士。

3. 法国科普活动

起源　法国科普活动的起源可以追溯到近代科学的兴起和工业化进
程的加速。随着科学技术的发展，人们逐渐认识到开展科普活动在推动
科技创新、经济发展和社会进步中的重要性。在法国，这一进程伴随着
造纸术、印刷术的广泛应用，它们使科学知识得以更广泛地传播。

19 世纪电气时代的到来，为科普活动提供了新的传播手段。广播和
电视的出现，使科学知识的传播效率和传播能力进一步提升，也为科普
发展提供了更好的载体。在这一时期，法国的科学传播逐渐从口口相传
的人际传播，发展为由专业人士通过专业介质进行的专业化大众传播。

法国最早的科普杂志，如《学者杂志》的诞生，标志着科学传播专
业化的开端。这些杂志成为传播科学知识的重要平台，吸引了大量对科
学感兴趣的读者。随着这些杂志的发行，越来越多的法国人开始接触并
了解科学知识，为后来的科普活动奠定了坚实的基础。

发展　进入 20 世纪，法国科普活动得到了进一步发展。一方面，随
着科学技术的不断进步，新的科学发现和技术成果不断涌现，为科普活
动提供了丰富的素材；另一方面，法国政府和社会各界对科普活动的重
视程度不断提高，推动了科普活动的普及和深入。法国自 1992 年起在每
年 10 月的一个周末举办科技节，为期 3 天。该活动由高教研究部及其在
全国 28 个大区及海外省所设立的代表处组织协调。

在这一时期，法国涌现了一批著名的科普机构和科普人士。法国博物馆数量超过 4811 个，[1] 有各类科技博物馆 250 个左右，其中国家级科技博物馆 5 个：维莱特科学工业城、法国国家自然博物馆、发现宫、法国技术博物馆和法国国家公益博物馆。法国还在各地区建立了许多科技教育中心，这些中心和众多的科技博物馆构成了法国科普工作的主要网络。[2] 例如，法国国家自然博物馆是法国科学教育和普及的重要基地，该博物馆收藏了超过 6800 万件的动植物、矿物、古生物化石标本，是全球自然和人类科学领域馆藏规模最大的博物馆之一。博物馆内设的展览馆、动物园、植物园以及临时展览区，不仅展品丰富，还配以细致的科普展板，让公众在了解相关知识的同时，感受到自然科学的巨大魅力。

此外，法国的一些博物馆、科研机构等也会定期举办研讨会、开放日等活动，从而提高公众科学文化素养，激发年轻人对科学的兴趣。这些活动不仅丰富了公众的生活，还促进了科学知识的传播和普及。

法国在科学教育方面非常注重与中小学的合作。许多博物馆和科研机构都设计了针对不同年龄的青少年的参观、科普讲座等活动，并由专业的研究人员对中小学科学教师进行相关培训。这种合作模式不仅提高了青少年的科学素质，还推动了科学教育的深入发展。

除了传统的科普活动外，法国还积极利用现代科技手段进行科普宣传。例如，随着互联网的普及和发展，法国的一些科普机构和科研机构开始利用网络平台进行科学教育。这些平台不仅提供了丰富的科普资源和信息，还通过互动问答、在线讲座等形式与公众进行交流和互动，进一步推动了科普活动的普及和深入。

1　联合国教科文组织报告。
2　张义芳.国外科普工作要览 [M].北京：科学技术文献出版社，1999：39.

现状 进入 21 世纪后，法国科普活动已经取得了显著成效。随着科学技术的不断进步和全球化的加速发展，法国科普活动面临着新的挑战和机遇。

除了传统的博物馆、科研机构外，法国还涌现出一批新的科普机构和组织。这些机构和组织不仅致力于科学知识的传播和普及，还通过开展各种形式的科普活动，为科技创新奠定社会基础。

法国科普活动的形式和内容越来越丰富多样。除了传统的展览、讲座等形式外，还出现了科普竞赛、科普游戏、科普电影等多种形式的科普活动。这些活动不仅吸引了大量公众的参与和关注，还提高了公众对科学的兴趣和热爱。

科学教育已经深入法国中小学的课堂中。许多学校都开设了科学课程，并定期组织学生进行科学实验和实践活动。此外，法国的一些高校也开设了科普专业或相关课程，培养了一批专业的科普人才。

随着互联网技术的不断发展，法国科学传播已经逐渐实现了网络化。许多科普机构和科研机构都建立了自己的网站或社交媒体账号，通过发布科普文章、视频等形式与公众进行交流和互动。这种网络化的传播方式不仅提高了科普活动的覆盖面和影响力，还让科普知识更加便捷地传播到千家万户。

法国在科普国际合作方面也取得了显著的成效。法国不仅与欧洲其他国家的科普机构和科研机构开展了广泛的合作和交流，还与一些发展中国家进行了科普合作项目的实施。这些合作项目不仅促进了科学知识的共享，还推动了国际科技合作和交流。

法国科普活动注重与国际社会的合作与交流。例如，广东科学中心与法国驻广州总领事馆合作举办的中法环境月暨科普交流报告会等活动，不仅促进了中法两国在科普领域的交流与合作，还推动了国际科普事业的共同发展。

法国科普活动经历了从起源到发展再到现状的不断演变和进步。在这一过程中，法国政府和社会各界发挥了重要作用。当前，法国科普活动已经取得了显著的成效，为法国的科学研究和技术创新提供了有力的人才保障和智力支持。

案例 18：法国科技节

法国科技节是法国高等教育、研究和创新部在 1991 年创立的节日，每年 10 月举行。

科技节期间，法国各地将举行数千场活动，从科技类图书沙龙到实验操作，再到研讨会、实验室访问，不限年龄和领域，人人皆可参与。法国国家科学研究中心等科研机构以及一些高校实验室也会向公众开放，开展科普宣传、科学体验等活动，并邀请知名科学家与参观者分享对科技的热爱之情。

4. 意大利科普活动

意大利作为欧洲文化的重要发源地之一，其科普活动的兴起与发展不仅深受文艺复兴时期科学革命的影响，也与近现代科学技术的发展紧密相关。

兴起 意大利科普活动的兴起可以追溯到文艺复兴时期。这一时期的意大利，在科学、文学、艺术等领域都取得了举世瞩目的成就，为科普活动的兴起奠定了坚实的基础。

文艺复兴时期，意大利涌现出了一批杰出的科学家和思想家，如哥白尼、伽利略、布鲁诺等。他们不仅推动了天文学、物理学等领域的革命性进展，还通过演讲、著作等方式向公众普及科学知识。

随着科学的发展，1799 年，英国成立了皇家科学普及协会，这大概是世界上第一个正式的科普机构。受英国的影响，意大利也逐渐开始重视科普活动，并成立了如意大利科学促进会等一些科普组织和机构，助力科普事业的发展。

政府重视予以支持　意大利政府重视科普工作，通过制定法令、投入资金等方式，为科普活动提供了保障。例如，意大利在大学与科研部设立了专门的科普项目，以支持科普活动的开展；同时，政府还通过举办科技节、科普展览等活动，向公众普及科学知识。

科普机构组织涌现　在政府的引导下，意大利的科普机构与组织不断涌现。这些机构和组织不仅承担着科普活动的组织和实施工作，还通过研发科普产品、开展科学教育等方式，推动科普事业的深入发展。例如，意大利的一些大学和研究机构都设有科普部门或科普中心，专门负责科普活动的开展。

社会各界广泛参与　除了政府和科普机构外，意大利的社会各界也广泛参与科普活动。企业、学校、媒体等都积极组织科普活动，通过举办讲座、展览、竞赛等活动，向公众普及科学知识。

特点　意大利的科普活动在发展过程中形成了一些独特的特点，这些特点不仅体现了意大利科普活动的独特性，也为其他国家的科普活动提供了有益借鉴。

意大利的科普活动非常注重科学教育。一方面，政府和社会各界通过举办各种形式的科普活动，向公众普及科学知识；另一方面，政府还通过制定法令、投入资金等方式，支持科学教育的发展。

意大利的科普活动非常注重趣味性和互动性。在科普活动的策划和实施过程中，政府和科普机构通常会采用一些生动有趣的方式，如科普游戏、科普竞赛等，以吸引公众的注意力；同时，他们还通过举办讲座、展览等活动，与公众进行互动交流，让公众在参与科普活动的过程中感受到科学的魅力。

意大利是一个文化底蕴深厚的国家，其科普活动也非常注重与文化的结合。政府和科普机构通常会结合意大利的文化特色和历史文化背景，举办一些具有文化特色的科普活动。例如，在热那亚科技节上，政府就将科普活动与城市的名胜古迹相结合，让公众在游览名胜古迹的同时，也能感受到科学的魅力。

政府和社会各界通过参加国际科普会议、举办国际科普展览等方式，与其他国家的科普机构和组织进行交流和合作，共同推动科普发展。这种国际交流与合作不仅有助于意大利科普活动的深入开展，也为其他国家的科普活动提供了有益的借鉴和启示。

进入 21 世纪，意大利的科普活动在政府的引导和社会各界的参与下取得了显著发展。其科普活动注重科学教育的普及与提高、强调趣味性和互动性、注重科普与文化的结合以及加强国际交流与合作等特点，不仅体现了意大利科普工作的独特性，也为其他国家的科普活动提供了有益的借鉴和启示。

（二）北美洲代表国家

1. 美国科普活动

作为世界科技强国，美国在科普活动方面有着悠久的历史、丰富的内容和多样的形式，其科普事业的发展不仅提升了公众的科学素质，也为全球科普工作提供了宝贵经验。

起源　美国科普活动的起源可以追溯到 19 世纪中叶。1846 年，史密森尼学会（Smithsonian Institution）的成立标志着美国科普事业的开端。该学会的宗旨是在人民中增进和传递知识，特别是科学、艺术和历史方面的知识。史密森尼学会不仅收藏了大量的科学文物和标本，还通过展览、讲座和出版物等形式向公众普及科学知识，成为美国最早的科普机构之一。

随着工业化进程的加速和科学技术的迅猛发展，美国社会对科学知识的需求日益增长。19世纪末20世纪初，一批科学家和教育家开始意识到科学普及的重要性，他们通过撰写科普文章、出版科普书籍、创办科普期刊、举办科普讲座等方式，将科学知识传播给更广泛的公众。这些活动不仅提高了公众的科学素质，也为后来的科普事业发展奠定了基础。

发展 20世纪以来，美国科普活动得到了迅速发展。这一时期，美国政府、科研机构、高校、企业和社会组织等纷纷加入科普事业，形成了多元化的科普体系。

美国政府在科普活动中发挥了重要作用。为了提升公众的科学素质，美国政府制定了一系列科普政策和计划，如《国家科学教育标准》《21世纪技能框架》等，旨在通过教育改革和科学教育普及来提升公众的科学素质。此外，美国政府还设立了多个科普项目和基金，如国家科学基金会（National Science Foundation，NSF）、国家航空航天局（National Aeronautics and Space Administration，NASA）的科普项目等，为科普活动提供资金支持和政策保障。

科研机构和高校是美国科普活动的重要力量。这些机构不仅拥有丰富的科学资源和人才优势，还承担着科学研究和科学教育的双重任务。举办科普讲座、开放实验室、开展科学夏令营等活动，可以让科研机构和高校将科学知识传播给公众，特别是青少年群体。此外，一些高校还设立了专门的科普中心或科普学院，致力于科学普及和科学教育的研究与实践。

美国企业在科普活动中也发挥着重要作用。许多企业不仅关注自身的技术创新和产品研发，还积极参与科普事业，通过赞助科普项目、举办科普活动、开发科普产品等方式，将科学知识传播给公众。一些高科技企业还利用自身的技术优势，开发了一系列科普软件，使科普活动更加生动有趣和易于接受。

美国的社会组织在科普活动中也扮演着重要角色。这些组织包括科学协会、科普基金会、非营利组织等，它们通过举办科普展览、科普讲座、科普竞赛等活动，将科学知识传播给公众。此外，一些社会组织还积极参与科普政策的制定和实施，为科普事业的发展提供建议和支持。

现状　1994 年，美国政府发布了《科学与国家利益》等政策文件。该文件确立了美国政府科学工作的 5 个目标，其中一个目标就是要通过科普活动提高全体美国人的科学素养。[1] 进入 21 世纪，美国科普活动呈现出多元化、专业化和国际化的特点。

美国科普活动的形式和内容日益多元化。除了传统的展览、讲座和出版物等形式外，还涌现出了一系列新兴的科普方式，如虚拟博物馆、网络直播、科普游戏等。这些新兴的科普方式不仅使科普活动更加生动有趣和易于接受，还拓宽了科普活动的受众范围。

随着科学技术的不断发展和科普活动的深入开展，美国科普活动逐渐呈现出专业化的趋势。一方面，科普活动的组织者越来越注重科学知识的准确性和科学性，通过邀请专业科学家和科普专家参与科普活动的策划和实施，确保科普活动的质量和效果；另一方面，科普活动的内容

1　张义芳.国外科普工作要览 [M].北京：科学技术文献出版社，1999：5.

也越来越专业化，针对不同受众群体的需求和兴趣，活动组织者开发了一系列具有针对性的科普产品和活动。

美国有 3.5 万余个博物馆，是世界上拥有博物馆最多的国家之一。各地建有许多探索馆和儿童博物馆、科技馆，这些博物馆、科技馆经常举办各种科普活动，如科学实验、互动展览、科普讲座等，旨在激发孩子们对科学的兴趣。

美国科普活动的国际化趋势日益明显。一方面，美国积极参与国际科普合作项目和交流活动，与其他国家共同推动全球科普事业的发展；另一方面，美国的科普机构和组织也积极引进国际先进的科普理念和技术手段，不断提升自身的科普能力和水平。

特点　美国科普活动的一大特点就是"互联网＋科普"。利用现代数字信息技术，以互联网作为传播平台，由专门的组织机构或个人在网络上以网民为对象开展科普活动。比如，NASA 设有公众入口，整合了 NASA 可以面向公众开展公共服务的所有资源，为公众提供可以理解的新闻、图片、视频、教程以及线下活动的科普活动时间表。同时，为不同年龄的公众设计不同的网页，并配以卡通图画与悦耳音乐。高科技企业也是"互联网＋科普"的新生力量，比如 IBM 公司推行的"放眼看科学"青少年科普项目。

科学家还会走进酒吧等场所，以非正式的科学咖啡馆形式进行科普宣传。科普场馆中设置了大量交互式动手参与型展览，让参观者可以通过摆弄展品来理解科学原理。比如美国旧金山的探索馆，拥有 500 多个交互式动手参与型展览，每年接待 60 万人次以上的参观者。美国也会抓住重大科技事件的时机搞科普，如利用航天飞机升空等事件组织公众与宇航员对话。同时，美国还会利用名人效应吸引青少年参与科普活动，如邀请名人参与科普活动或担任科普形象大使。科技博物馆参与教师培训，帮助和培训中小学科学教师。公司赞助中学科学教育时，不区分课外科普活动与课堂科学教学。大学设立科普专业的学位，以培养高层次的科普专门人才。

案例 19：太空营项目

美国太空营创建于 1982 年，是 NASA 具有教育性质的公益性项目，配有专为美国宇航员培训使用的太空模拟器及训练设备。太空营倡导让学生在动手和体验中学习，至今已有包括中国在内的 70 多个国家（地区）的 50 多万名国际学生到美国参加培训学习。青少年可以参与航天员训练的实战模拟，依托世界上最大的太空和火箭博物馆，通过寓教于乐的方式激发青少年学习科学知识的兴趣，培养他们的领导力水平及团队精神。

2. 加拿大科普活动

加拿大在科普方面做得非常全面和深入，其中的科普活动既丰富了公众的生活内容，激发了人们对科技创新的兴趣，又为国家的科技创新、经济发展和社会进步奠定了坚实的基础。

科普机构设施　加拿大拥有众多专业的科普机构和设施，这些机构在科学教育中发挥着举足轻重的作用。例如，加拿大自然博物馆、加拿大科学技术博物馆、皇家安大略博物馆、安大略科学中心等，都是科学教育的佼佼者。这些机构不仅收藏了大量珍贵的科学展品，还通过举办各种展览和科普活动，向公众普及科学知识。

> ### 案例 20：21 世纪的博物馆
>
> 　　安大略科学中心被称为"21 世纪的博物馆"，是世界新型科技博物馆中的佼佼者。它摆脱了静态展示的传统方式，运用各种新技术，寓教于乐，使观众在玩乐中学习科学原理，体验技术的作用。这里的展览以实践为核心理念，拥有 600 多项具备互动功能的科普展项，可供参观者动手参与，是全世界最先推出互动方式的科技博物馆之一。它经常举办各种科普活动，如"生日聚会""抓紧你的睡袋""假日露营"等，这些活动都根据不同年龄层次的参与者设定不同的主题，让人们在轻松愉快的氛围中学习科学知识。

　　科学教育体系　加拿大政府非常重视科学教育体系的建设，将科学教育纳入学校教育的范畴，培养学生的科学素养。从小学到高中，加拿大的学校都设置了科学教育课程，这些课程旨在激发学生对科学的兴趣，培养他们的科学思维和创新能力。

　　加拿大高校重视培养具有科学传播能力的人才。这些专业的学生不仅要学习科学知识，还要学习如何将这些知识以易于理解的方式传播给公众。他们毕业后，可以成为科普作家、科普讲师、科普节目主持人等，为科普事业贡献自己的力量。

　　活动形式内容　加拿大的科普活动形式多样，内容丰富，旨在满足不同年龄段和不同背景人群的需求。这些活动包括科普展览、科普讲座、科普电影、科普游戏等，以生动有趣的方式向公众传播科学知识。

　　加拿大经常举办各种国际性的科普活动。如全球青少年人工智能嘉年华暨 ENJOY AI 2004 加拿大公开赛，该活动旨在为热衷人工智能的青少年提供一个国际化平台，激发他们对未来科技的探索、创新与竞争的热情。在为期两天的活动中，参与者将体验到丰富多彩的 AI 项目，包括技术展示、编程工作坊、机器人竞赛、FPV 无人机操作体验等，这些体验将为参与者提供关于现实世界 AI 应用和未来发展的宝贵见解。

发展科普产业　科普产业在加拿大发展迅速，不断进行实践创新，采用多种形式和平台进行科学知识的传播。例如，加拿大推出了科普游戏、科普电影、科普漫画等多种形式的科普产品，将复杂的科学概念以简洁有趣的方式呈现给公众。

加拿大的科普产业还与其他行业展开跨界合作，创造更多新颖的科普形式和内容。例如，科普产业与娱乐产业的合作，利用科普元素打造科幻电影、科普游戏，吸引更多人群参与科学知识的传播。这种跨界合作不仅丰富了科普产品的种类和形式，还提高了科普产品的吸引力和影响力。

国际合作交流　加拿大在科普国际合作与交流方面也取得了显著成效。加拿大科普机构积极参与国际科普组织和活动，与其他国家的科普机构开展了广泛的合作与交流。这种国际合作与交流不仅促进了科普知识和技术的共享，还提高了加拿大科普机构的国际影响力和竞争力。

例如，加拿大人工智能安全研究所（Canadian Artificial Intelligence Safety Institute，CAISI）就与其他司法管辖区的安全研究所合作，成为新成立的国际人工智能安全研究所网络的一员。该网络旨在共同应对人工智能带来的全球性挑战，推动制订应对这些风险的措施。这种国际合作与交流为加拿大在人工智能领域的科普活动提供了有力支持。

加拿大在科普活动方面取得了显著成效。科普机构和设施完善、科学教育体系健全、科普活动形式多样、科普产业发展迅速以及科普国际合作与交流广泛等特点使得加拿大的科普活动在全球范围内都具有较高的影响力和竞争力。

（三）大洋洲代表国家

1. 澳大利亚科普活动

早在欧洲殖民者到来之前，澳大利亚的本土居民就已经拥有了自己独特的科学知识和技术，这些知识和技术大多与自然环境、生存技能以及自然现象有关。然而，真正意义上的科普活动，是从欧洲殖民者到来之后开始的。

起源　1770 年，英国海军少校库克船长率"奋进号"抵达澳大利亚东海岸，并宣告这块土地归英王所有。随着欧洲殖民者的涌入，澳大利亚逐渐形成了自己的科学体系和科普传统。19 世纪中期，随着金矿的发现，澳大利亚的移民数量激增，社会和经济得到了快速发展。这一时期，科学和技术在澳大利亚社会中的地位逐渐提升，科普活动也逐渐兴起。

澳大利亚的科普活动最初主要集中在一些学术机构和大学中，这些机构通过举办讲座、研讨会和展览等方式，向公众普及科学知识。然而，这些活动往往规模较小，受众有限，难以产生广泛的社会影响。

发展　20 世纪 80 年代后，澳大利亚政府开始重视科普活动，并采取了一系列措施推动科普事业的发展。这些措施包括增加科普资金投入、建立科普机构和设施、开展科学教育活动等。

1993 年，澳大利亚首都堪培拉举办了首届"澳大利亚科学节"。这是澳大利亚举办最早的科学节之一，当时有约 7 万名访问者参与了其中的 65 项活动。此后，科学节在澳大利亚各地迅速发展，每年可吸引大量访问者参加。这些科学节活动丰富多样，包括讲座、展览、实验、互动游戏等，旨在提高公众对科学的兴趣和认识。

澳大利亚还举办了许多其他形式的科普活动。例如，澳大利亚广播公司等机构经常举办科普讲座和展览；澳大利亚科学教师协会则致力于推动科学教育的发展，提高教师的科学素质和教学能力；澳大利亚教育、科学与培训部和澳大利亚工业、科学与资源部等部门也积极支持科普活动的开展，通过政策引导和资金支持等方式促进科普事业的发展。

澳大利亚注重与国际社会的交流与合作。澳大利亚科学院等机构积极参与国际科普组织和活动，借鉴国际经验，推动本国科普事业的国际化发展。同时，澳大利亚还积极引进国际先进的科普理念和技术手段，提高科普活动的质量和效果。

现状　如今，澳大利亚的科普活动已经形成了较为完善的体系和机制。政府、学术机构、企业和民间组织等各方力量共同参与科普活动，形成了多元化的科普格局。

在活动形式上，澳大利亚注重创新和多样性。除了传统的讲座、展览和实验外，还涌现出许多新的科普形式。例如，VR技术被广泛应用于科学教育中，使公众能够身临其境地体验科学现象和过程；社交媒体和在线平台也成为科普传播的重要渠道之一，使科普信息能够迅速传播到更广泛的受众中。

在科普内容上，澳大利亚注重科学与社会、经济、环境等领域的紧密结合。科普活动不仅关注科学知识的普及和传播，还注重探讨科学对社会、经济和环境等方面的影响和作用。这种综合性的科普方式有助于公众更全面、更深入地理解科学及其在社会中的作用和价值。

在科学教育上，澳大利亚还注重科学教育的普及和提高。澳大利亚的科学教育从小学到高中都占据着重要地位，学校注重培养学生的科学素质和创新能力。同时，澳大利亚还积极推动科学教育的国际化发展，通过与国际组织和机构的合作与交流，提高科学教育的质量和水平。

但澳大利亚的科普活动仍存在一些问题和挑战。例如，公众对科学的理解和认识程度参差不齐，一些人对科学持怀疑或反对态度；科普资源的分配和利用不够均衡，一些地区和群体难以获得优质的科普服务；科普活动的创新性和吸引力有待提高，以吸引更多公众参与其中。

针对这些问题和挑战，澳大利亚政府和社会各界正在积极采取措施加以解决。例如，加强科学教育的普及和提高，提高公众的科学素质和创新能力；优化科普资源的分配和利用，推动科普服务的均衡化发展；创新科普活动的形式和内容，提高科普活动的吸引力和影响力等。

澳大利亚的科普活动呈现出了独特的魅力和特点。通过政府、学术机构、企业和民间组织等多方力量的共同参与和努力，澳大利亚为公众提供了丰富多彩的科普体验和学习机会。

2. 新西兰科普活动

新西兰在组织开展科普活动方面展现出了独特的魅力和显著的特点，这些科普活动不仅促进了科学知识的普及，还增强了公众对科学的兴趣和理解。

政府重视部门联合推动　新西兰政府重视科普工作，通过多个部门联合开展科学宣传，形成强大的科普合力。商业、创新和就业部、教育部、保护部、环境部、卫生部等部门都积极参与科普活动，定期在大中小学举办科普讲座、展览等活动，以提高公众的科学素养。这种自上而下的科普模式，确保了科普活动的广泛性和深入性。

公众科学理念深入人心　新西兰的公众科学理念深入人心，这得益于政府和社会各界的共同努力。早在 2002 年，新西兰政府就开展了公众关于科学态度的调查，之后每年都会进行类似的调查。这些调查结果显示，新西兰公众普遍认为科学对个人、职业、社会、环境和经济都非常重要。因此，他们积极参与与科技相关的活动，愿意了解新的科学观念和技术观念，并希望在政府主导的与伦理相关的科学事务中拥有发言权。这种积极的科学态度为科普活动的顺利开展提供了良好的社会氛围。

建设博物馆和科学中心　新西兰的博物馆和科学中心是科普活动的重要阵地。这些场馆以"互动性""参与性"为其主要标志和建设理念，注重观众和展品的互动融合。通过举办各种科普展览、讲座、互动体验等活动，让观众在轻松愉快的氛围中学习科学知识。例如，新西兰国家博物馆、奥塔哥博物馆的儿童科学中心等，都成为公众了解科学、体验科学的好去处。

形式多样接触参与体验　新西兰的科普活动形式多样，注重趣味性，以吸引更多公众参与。除了传统的讲座、展览等活动外，科普活动组织者还开展了科普竞赛、科普夏令营、科普电影放映等活动。这些活动不仅丰富了公众的科普知识，还提高了他们的科学素养。同时，新西兰还注重将科普活动与当地的文化、历史、环境等结合，形成具有地方特色的科普品牌。

广泛开展国际交流合作　新西兰通过参加国际科普研讨会、举办国际科普展览等活动，与世界各国分享科普活动的经验和成果。同时，新西兰还积极引进国外的科普理念和项目，推动本国科普事业的不断发展。

新西兰皇家学会等科研机构在科普活动中发挥了重要作用。新西兰皇家学会成立于1867年，研究领域涉及生物学、地球科学、工程学、数学、物理学、社会科学和技术科学等。学会下设多个分支机构，通过组织学术会议、研讨会、科普活动等，为科学家、工程师和公众提供交流平台，激发创新思维，促进科学知识的普及与传播。此外，新西兰皇家学会还与国内外科研机构、高等学府、企业等合作，开展联合研究项目，推动科研成果的共享与应用。

新西兰在组织开展科普活动方面展现出了政府高度重视、公众科学理念深入人心、科研机构发挥重要作用、博物馆和科学中心成为科普重要阵地、科普活动形式多样注重趣味性以及国际交流与合作不断加强等特点。这些特点共同构成了新西兰科普事业的独特性，为公众提供了丰富多彩的科学体验和学习机会。

（四）亚洲代表国家

1.日本科普活动

日本的科普活动，其根源可以追溯到明治维新之后。自 1868 年明治维新以来，日本开始积极吸收西方科学技术，科普活动也随之兴起。在这一时期，科普主要侧重于正确翻译和向公众普及西方的科学术语，以便更好地理解和应用西方科技。可以说，这是日本科普活动的初步萌发阶段。

日本在 20 世纪 50 年代初确立了"贸易立国"的经济发展战略，以迅速恢复国家经济，增强综合国力。在这一阶段，随着经济的快速增长，社会对科学技术的需求也日益增加，科普活动逐渐从学术领域走向社会大众，成为提高公众科学素质的重要途径。

进入 20 世纪 80 年代，随着日本经济已跻身世界前列，日本政府提出了"科技立国"战略，强调要重视知识分子和科技。这一战略调整标志着日本科普事业进入了一个新的发展阶段。在这一阶段，科普活动不再仅仅是普及科学知识，而是更加注重培养公众的科学精神和创新能力，推动科技与经济的深度融合。

普及科学教育 日本 1995 年出台的《科学技术基本法》，把强化措施以提高公众，特别是青少年对科技的理解并改变其对科技的态度作为一个奋斗目标。[1]在"科技立国"战略的指引下，日本开始大力发展科学教育。从孩子 3 岁开始，日本政府就通过各种方式培养他们的科学兴趣和探索精神。例如，家长会在孩子提出"我的影子为什么会变长？""切开的苹果为什么会变色？"等问题时，设计一些有趣的实验，让孩子独立思考，锻炼其科学思维。这种教育方式不仅满足了孩子的好奇心，还为他们未来的科学学习打下了坚实的基础。

日本非常注重科学教育的普及和均衡发展。政府通过制定相关法律和政策，确保科学教育在学校、社区和家庭中得到全面推广。例如，政府要求学校开设科学课程，组织科普活动，鼓励学生参与科学研究和创新实践。同时，政府还积极推动社区科普建设，为居民提供便捷的科普服务。

建立科普机构　为了推动科普事业的发展，日本还建立了一批专业的科普机构。这些机构包括科学博物馆、科技馆、天文台等，它们通过举办展览、讲座、实验等活动，向公众普及科学知识，提高公众的科学素质。这些机构还积极与政府部门、企业和社会组织合作，共同推动科普事业的发展。日本的科普机构已经呈现出多样化的特点。除了传统的科学博物馆、科技馆等场所外，还涌现了一批以互联网为依托的科普平台和社交媒体账号。这些平台通过发布科普文章、视频和直播等形式，向公众传播科学知识。同时，一些企业也积极参与科普活动，通过举办科普讲座、赞助科研项目等方式履行社会责任。

科学家积极参与　科学家和科研人员的广泛参与已经成为日本科普活动的一大亮点。他们不仅通过发表科研成果和撰写科普文章等方式传播科学知识，还积极参与科普活动的策划和组织。例如，一些科学家会

1　张义芳. 国外科普工作要览 [M]. 北京：科学技术文献出版社，1999：5-6.

担任科技馆的讲解员或科普节目的嘉宾,与公众进行面对面的交流和互动。这种参与方式不仅提高了科普活动的专业性和权威性,还增强了公众对科学的信任感和亲近感。

创新科普活动 随着社会的不断发展和科技的日新月异,日本科普活动也在不断创新和发展。例如,近年来,AR、VR 等新技术被广泛应用于科学教育中。这些技术通过模拟真实的科学场景和实验过程,使公众能够身临其境地体验科学的魅力。此外,一些科普活动还融入了游戏元素和互动环节,可使公众在轻松愉快的氛围中学习科学知识。

活动的国际化 随着全球化的不断深入和发展,日本的科普活动也开始向国际化方向发展。一方面,日本积极引进国际先进的科普理念和技术手段,提高科普活动的质量和效果;另一方面,日本也积极参与国际科普组织和活动,加强与国际社会的交流与合作。这种国际化的发展趋势不仅有助于推动日本科普事业的进一步发展,还有助于提高日本在国际科学界的影响力和地位。

科学素质提升 经过多年的努力,日本的科学教育已经取得了显著成效。根据相关数据,日本公众的科学素质水平在全球处于领先地位。2001 年 3 月,日本内阁制定了第二个《科学技术基本计划》。该计划明确提出在 2050 年前获得 30 个诺贝尔奖,目前,日本已经获得了 30 个诺贝尔奖。这得益于日本政府对科学教育的重视和投入以及社会各界的积极参与。此外,日本的学生在国际科学竞赛中也屡获佳绩,这也从一个侧面反映了日本科学教育的成果。

尽管日本的科普事业已经取得了显著成就,但仍面临着一些挑战和问题。例如,随着科技的快速发展和信息的爆炸式增长,公众对科学知识的需求也日益多样化和个性化。如何更好地满足公众的需求和期望,提高科普活动的针对性和实效性,是当前日本科普事业面临的重要课题之一。

2. 新加坡科普活动

新加坡作为一个高度发达的现代化城市国家，不仅在经济、科技、教育等领域取得了举世瞩目的成就，在科普方面也展现了独特的魅力和创新精神。新加坡的科普活动丰富多彩，形式多样，旨在激发公众对科学的兴趣和热情，提高全民科学素养。

科普活动概况　新加坡的科普活动主要由政府、科研机构、学校、社区和非政府组织等多方力量共同参与和推动。政府方面，新加坡科学、技术和研究机构等政府机构在科普活动中发挥着主导作用，负责制定科普政策、规划科普项目、提供资金支持等。科研机构如新加坡国立研究基金会等，则通过举办科学展览、开放实验室、开展科普讲座等形式，向公众普及科学知识，展示科研成果。

学校是新加坡科学教育的重要阵地，新加坡的中小学和高等教育机构都设有专门的科学课程和实践活动。例如，新加坡科学中心就与学校合作，推出了"少年科学家徽章项目"，鼓励学生在海洋生物学、食物学、地理学等领域开展自主的科学学习，并通过完成任务获得徽章。此外，新加坡还通过举办全国性的科学竞赛、科技节等活动，激发学生的科学兴趣和创新能力。

社区和非政府组织在新加坡科普工作中也发挥着重要作用。社区中心、图书馆、公园等公共场所经常举办各种科普活动，如科学展览、科普讲座、亲子科学工作坊等，吸引公众积极参与。非政府组织则通过发起科普项目、组织志愿者活动等方式，推动科普活动的深入开展。

多元化与包容性　新加坡的科普活动注重多元化和包容性，旨在满足不同年龄、不同背景公众的需求。从儿童到老年人，从学生到职场人士，都能在新加坡找到适合自己的科普活动。例如，新加坡科学中心就针对不同年龄段的公众，设置了儿童科学馆、青少年科普工作坊、成人科普讲座等多个区域，提供丰富多彩的科普内容。

互动性与体验性　新加坡的科普活动强调互动性和体验性，鼓励公众通过亲身体验和动手操作来感受科学的魅力。例如，在新加坡科学中心的"能源故事"展览会上，观众可以通过多媒体展示、互动游戏等方式，了解人类发现利用能源的历史、学习能源转换的原理以及如何在日常生活中节能等。这种互动式的科普方式，不仅提高了公众的参与度和兴趣，还增强了科普效果。

前沿性与实用性　新加坡的科普活动紧密关注科技前沿动态，将最新的科研成果和技术应用于科普工作中。同时，这些活动还注重实用性和生活化，将科学知识与日常生活紧密结合，让公众在了解科学的同时，也能感受到科学对生活的改善和提升。例如，新加坡政府推出的"智慧国计划"就旨在通过科技手段提高城市管理效率和服务水平，因此也在科普工作中展示了科技在改善生活方面的巨大潜力。

本土性与国际性　新加坡的科普活动既具有本土性特点，又具有国际性的特点，积极与国际组织和其他国家开展合作交流。例如，新加坡科技创新周就汇聚了来自亚洲乃至全球的创新者、企业、投资者、科研机构和政府机构等，共同探讨科技创新的未来发展。这种国际化的科普活动，不仅提升了新加坡的国际影响力，也促进了全球科技创新的交流与合作。

政府主导支持　新加坡的科普活动呈现出政府主导、多方参与的特点。表现为多元化与包容性、互动性与体验性、科技前沿与实用性结合以及国际化与合作交流等。这些科普活动不仅提高了公众科学素养，激发了公众对科学的兴趣和热情，还为新加坡的科技创新和社会发展注入了强大的动力。

3. 韩国科普活动

起源与发展 韩国的科普活动起源于 20 世纪三四十年代的 "科学化运动"。这一时期的科普运动主要致力于推动社会的科学化进程，通过普及科学知识、培育科学精神，提升国民的科学素养。当时的科普活动规模有限，但已经展现出韩国社会重视科学技术的态势。

韩国的科普活动经历了几个重要的阶段。首先是黎明期，从光复后到 20 世纪 60 年代，科学技术文化活动较少，但开始逐步发展。例如，1946 年韩国文教部首次举办了 "我们（学生）科学展览会"，展示了中小学生制作的科学技术相关作品，这标志着科普活动开始面向中小学生和普通群众。

进入 20 世纪 70 年代，韩国的科学技术文化活动逐步走向系统化，建立了科学技术文化活动的基本体制，政府开始主导启蒙和普及科学技术的活动。这一时期，韩国开始实行经济开发政策，需要大量的科技人才，科普活动也为此提供了支持。因此，20 世纪七八十年代被视为韩国科学技术文化的 "形成期"。

20 世纪 90 年代以后，随着科学技术文化活动领域的扩大，民间团体的参与度增加，韩国的科普活动进入 "扩大期"。这一时期强调对科学技术的理解和包容，科普活动更加多元化。政府不仅关注科技人员的培养，还注重提高全体国民的科学素养。

主要做法 韩国在科普活动中的做法包括以下几个方面：

韩国的科普事业由政府主导，但民间团体的参与度也很高。政府通过制定科普政策、提供经费支持等方式推动科普事业的发展。民间团体则通过组织科普活动、制作科普资料等方式积极参与，与政府形成互补。

韩国的科普活动不仅注重科学知识的传播，还强调实用科技知识的普及。通过科普活动，公众可以了解最新的科技成果和科技应用，从而更好地适应科技发展。首尔科学节是韩国最具影响力的科普活动之一，该活动由首尔市政府主办，旨在通过展览、讲座、实验等方式，向公众普及科学知识、传播科学精神。首尔科学节每年吸引了大量市民和游客参与，成为韩国科普事业的一大亮点。

韩国的科普活动采取多种途径进行，包括大众媒体、科普场馆、大型科普活动、奖励制度、互联网等。这些途径相互补充，形成了全方位的科普网络，使科普内容更加易于理解和接受。韩国科学创意财团是韩国知名的科普组织之一。该财团通过组织各种形式的科普活动，如科普讲座、科普展览、科普竞赛等，推动科普事业的发展。同时，该财团还积极支持科普研究，为科普事业提供理论支持和实践指导。

青少年是韩国的重点科普对象之一。政府和社会各界通过组织各种形式的科普活动，如科学竞赛、科技夏令营等，激发青少年对科学的兴趣和热情。同时，韩国还注重在中小学中开展科学教育，通过课堂教学、课外活动等方式，培养学生的科学素养和创新能力。

现状与特点　韩国的科普工作已经取得了显著的成果，形成了自己的特色。主要体现在以下几个方面：

韩国的科普活动已经成为公众日常生活的一部分。无论是政府还是民间团体，都积极参与科普活动，推动科普事业的发展。

韩国的科普内容涵盖科学知识的各个方面，从基础科学到高新技术都有所涉及。科普内容还注重与公众生活的紧密结合，使得科普活动更加贴近实际、易于理解。

韩国拥有完善的科普设施，如科技馆、科学中心、科普画廊等。这些设施为公众提供了亲身体验科技的机会，使得科普活动更加生动有趣。

随着全球化的加速和科技的发展，韩国的科普事业也开始向国际化方向发展。韩国积极参与国际科普合作项目，与其他国家共同推动科普事业的发展。韩国的科普活动在提升国民科学文化素养、推动科技创新等方面发挥了重要作用。

4. 印度科普活动

作为一个发展中国家和具有世界影响力的大国，印度在科普活动方面展现出了独特的策略和成效。

兴起 印度历来有重视科学技术和教育的传统。印度科普活动的兴起并非一帆风顺。与经济上存在贫富两极分化的状况相类似，在科学技术知识水平和受教育程度上，印度也存在两极分化的问题。印度卫星技术、计算机软件等高新技术达到了国际先进水平，但文盲率却占总人口的 37%，这种知识水平的巨大差异严重束缚了印度的经济建设和社会发展。印度政府已经意识到这一问题，并认识到提高公众科学素养的重要性。因此，印度政府采取了一系列措施来推动科普活动的发展，旨在提高公众的科学文化素质，为国家的可持续发展奠定基础。

发展 印度科普活动的发展历程可以追溯到20世纪80年代。1982年，印度成立了科技部下属的国家科学技术传播委员会（National Council of Science and Technology Communication，NCSTC），作为主管全国科普工作的最高机构。该委员会由科技、教育、广播、电讯、宣传等政府部门的高级代表组成，负责组织和推动科学技术知识的普及，激发公众的科学技术意识。在 NCSTC 的推动下，印度的科普活动逐渐发展壮大。从最初的简单科普宣传，到后来的多样化科普活动，印度的科普工作逐渐形成了较为完善的运作体系。

进入 21 世纪后，印度的科普活动进一步加速发展。印度政府制定了一系列国家级战略规划，如"数字印度"战略和"技能印度"计划，致力于培养 STEM 人才。这些战略规划为科普活动提供了强有力的支持，推动了科普活动的普及和深化。

现状　目前，印度的科普活动已经取得了显著成效。科普活动不仅覆盖了城市和乡村，还涉及了各个年龄段的人群。

NCSTC 联系和依托了三部分力量，包括充分利用社会宣传媒介、建立各种外围组织和与有关政府部门联合开展科普活动。印度的科普工作得到了大量志愿者的支持，他们积极参与各种科普活动，为科普事业的发展作出了重要贡献。

印度的科普活动形式多样，包括科普讲座、科普展览、科普电影、科普书籍等。这些活动不仅丰富了人们的业余生活，还提高了他们的科学素养。科普内容涵盖了自然科学、社会科学、工程技术等多个领域，旨在满足不同人群的需求。

通过科普活动，印度的公众对科学技术的认识和理解得到了显著提高。越来越多的人开始关注科学技术的发展，积极参与科技创新和实践活动。科普活动还促进了印度的科技教育和人才培养。科普活动激发了许多青少年对科学技术的兴趣和热情，为未来的科技事业奠定了坚实基础。

特点　印度的科普活动由政府主导，但全民参与是其成功的关键。政府通过制定政策和规划，为科普活动提供了有力的支持和保障。同时，全民的积极参与也推动了科普活动的普及和深化。

印度的科普活动注重本土化，即结合印度的国情和文化特点，开展具有地方特色的科普活动。同时，科普活动还注重实用性，旨在提高公众的生活质量和应对日常生活挑战的能力。

印度的科普活动形式多样、内容丰富，不断创新和发展。从传统的科普讲座和展览，到现代的科普电影和 VR 等技术，印度的科普活动不断与时俱进，满足公众日益增长的需求。

印度的科普活动不仅注重知识的传播，还强调教育和培训。通过科普活动，公众可以学习科学知识、科学方法和科学思维，提高他们的科学素养和创新能力。通过与国际组织和其他国家的合作，印度引进了先进的科普理念和技术，推动了科普事业的国际化发展。

印度的科普活动也面临一些挑战。例如，印度的科技研发支出在GDP中的占比远低于主流科技强国的平均水平，这限制了科普活动的规模和深度。此外，印度的人才流失问题也对科普事业的发展产生了一定的影响。为了克服这些困难，印度政府需要继续加大资金投入力度，完善科普体系，提高科普活动的质量和效果。

（五）南美洲代表国家

1. 巴西科普活动

巴西是拥有丰富自然资源和悠久历史的国家，在科普活动方面也有着独特的起源和发展历程。从古代的印第安文明到现代的科技革命，巴西的科普活动经历了从萌芽到逐渐成熟的演变过程。

起源　巴西科普活动的起源可以追溯到古代印第安文明时期。当时，印第安人在没有外来影响的情况下，通过长期的生产实践和天文观测，积累了一定的科学技术知识。这些知识主要涉及农业生产、手工劳动、天文观测和金属冶炼等领域。尽管这些技术相对原始，但它们为巴西后来的科技发展奠定了一定基础。

进入殖民时期，巴西作为葡萄牙的殖民地，其科技发展受到了宗主国的限制和影响。葡萄牙对巴西的殖民统治主要集中在财富掠夺和资源开发上，对科学技术的发展并未给予足够重视。因此，在第一次科技革命浪潮中，巴西未能作出有效回应，其科技发展相对滞后。

独立后的巴西开始逐渐融入资本主义体系，其科学技术在第二次科技革命浪潮的推动下得到了快速发展。19 世纪中叶以后，随着资本主义实证主义的兴起和应用科学的发展，巴西的科学技术水平有了显著提高。这一时期，巴西政府开始重视科学教育，建立了一系列科研机构，为后来的科普活动奠定了基础。

发展 进入 20 世纪后，巴西的科普活动进入了快速发展阶段。

巴西政府重视科普工作，将其视为推动社会进步和经济发展的重要手段。为此，政府制定了一系列政策法规，为科普活动的开展提供了有力保障。例如，巴西国家科学技术发展委员会自成立以来，便致力于推动科学教育，通过设立奖学金、举办科学展览和科学奥林匹克竞赛等方式，激发青少年对科学的兴趣和热情。

巴西的科普网络由政府机构、科技文化场馆、高校和民间组织等共同构成。这些机构和组织通过举办各种形式的科普活动，如科普讲座、科学展览、科普竞赛等，将科学知识普及到社会的各个角落。此外，巴西还建立了许多科技馆、博物馆和天文馆等科普场所，为公众提供了丰富的科普资源。

青少年是科学教育的重点对象。巴西政府通过各种方式，如设立科学启蒙奖学金、举办科学夏令营和科学竞赛等，激发青少年对科学的兴趣和好奇心。同时，巴西的科技馆和博物馆也经常举办针对青少年的科普活动，如科普讲座、科学实验和科普展览等，帮助青少年了解科学原理，培养他们的科学素养。

随着互联网和社交媒体的普及，巴西的科普活动也开始向线上拓展。许多科普机构和科学家通过社交媒体平台发布科普内容，与公众进行互动和交流。此外，巴西还邀请名人参与科普活动，利用他们的知名度和影响力，吸引更多公众关注科学。

巴西拥有丰富的自然资源和独特的生态环境，因此绿色科普成为其科普活动的一大亮点。巴西的科普活动不仅关注科学技术的发展，还强调环境保护和可持续发展。例如，巴西的科研团队通过智能监控系统实时监测雨林生态，预警非法伐木，保护生物多样性。同时，巴西还通过科普活动向公众普及环保知识，增强公众的环保意识。

2. 智利科普活动

智利位于南美洲西南部，不仅以其狭长的国土、丰富的自然资源和独特的文化吸引着世界的目光，更在科普活动领域展现出了独特的魅力和活力。科普活动在智利的历史进程中扮演着至关重要的角色，它不仅是科学传播的重要途径，更是推动社会进步、提高公民科学素养的关键因素。

起源　智利科普活动的起源可以追溯到近代科学革命之后，随着科学技术的快速发展，智利政府逐渐意识到科学普及的重要性。19 世纪中叶以后，随着欧洲科学思想的传播和智利国内教育体系的建立，科普活动开始在智利萌芽。智利早期的科普活动主要依赖于学校的科学教育、科学讲座以及科学展览等形式，旨在向公众传播科学知识。

在 20 世纪初期，智利政府开始加大对科普活动的投入，建立了一系列科学中心和博物馆，如圣地亚哥自然历史博物馆，这些机构成为智利科普活动的重要阵地。同时，政府还鼓励科学家和科研机构开展科普，通过举办科学讲座、科普展览和科学实验等活动，将科学知识普及给更广泛的公众。

发展　智利科普活动的发展特点之一是政府主导，多方参与。智利政府一直将科普活动视为推动国家发展的重要手段，通过制定相关政策和法规，为科普活动提供法律保障和资金支持。同时，政府还积极鼓励科研机构、高校、企业和非政府组织等社会各界参与科普工作，形成了政府主导、社会广泛参与的科普活动格局。

智利科普活动注重实践性和互动性。在科普活动中，智利科学家和科普工作者不仅向公众传授科学知识，更注重引导公众参与科学实验和科学实践，通过动手实践来加深对科学知识的理解和认识。智利积极推广科学教育和科学传播的新技术、新方法，如 VR、AR、MR 等，为公众提供更加生动、直观的科学体验。

智利科普活动特别关注弱势群体，如偏远地区居民、低收入家庭儿童等，致力于推动科学普及的公平性和包容性。智利政府和社会各界通过开展科普进校园、科普进社区等活动，将科学知识送到偏远地区和弱势群体的家门口，帮助他们提高科学素养，缩小科学普及的城乡差距和社会差距。

智利科普活动还紧密结合国情，突出自身特色。智利拥有丰富的自然资源和独特的地理环境，如安第斯山脉、阿塔卡马沙漠等，这些独特的自然条件为智利科普活动提供了丰富的素材和灵感。智利科学家和科普工作者充分利用这些资源，开展了一系列具有地方特色的科普活动，如地质考察、天文观测、生态保护等，吸引了大量公众的关注和参与。

智利科普活动具有国际化视野，积极加强国际交流与合作。智利科学家和科普工作者积极参与国际科普组织和活动，与世界各国分享科普经验和成果。同时，智利积极引进国际先进的科普理念和技术，推动本国科普活动的创新和发展。通过国际交流与合作，智利科普活动不断拓宽视野，提高水平，为智利科学传播事业注入了新的活力。

（六）非洲代表国家

1. 南非科普活动

南非作为非洲科学界的中坚力量，一直以来都将科技创新置于国家发展的核心驱动力。这一定位不仅推动了南非在科技领域的长足进步，还催生了丰富多彩的科普活动，旨在激发青少年对科学的热爱与探索精神。

起源　南非科普活动的起源可以追溯到 1994 年，这一年南非迎来了第一个民主政府。新政府上台后，迅速意识到科学在国家发展中的重要地位，在 1996 年通过了《科技白皮书：为 21 世纪做准备》。这份白皮书强调了科学、技术和创新政策与民主目标的一致性，为南非科普活动的兴起奠定了政策基础。

案例 21：非洲科学节（1996）

南非创办了非洲大陆的第一个科学节——非洲科学节（SciFest Africa）。最初由南非能源巨头萨索尔公司赞助，因此初名为萨索尔科学节（Sasol SciFest），2008 年才更名为非洲科学节。非洲科学节包括一系列拓展项目，如国家科学周、ESKOM 青年科学家博览会、开放日等。这些项目在年度其他时间段、不同区域开展，旨在将科学传播到南非的每一个角落，甚至扩展到其他非洲国家。非洲科学节主要开发互动类活动和教育资源，为学校、师生提供轻松的校外科学学习机会，以此促进对科学、技术、工程、数学（STEM）的理解和热爱。非洲科学节已经连续举办了 20 多年，每年吸引数万名参与者。

现状　经过多年的发展，南非的科普活动已经形成了多元化、多层次、广覆盖的体系。国家科学节是非洲科学节的核心部分，每年 3 月在东开普省的马坎达（Makhanda）举办，规模宏大，参与机构不局限于南非，还包括来自国际的多个组织。

国家科学周是南非科技部创立的一项全国性活动，自 2000 年起在全国九省多个地点同步开展为期一周的活动，为师生提供接触基于 STEM 的职业和机会。

特点 南非的科普活动注重与参与者的互动，通过开发互动类活动和教育资源，让参与者能够亲身体验科学的魅力。例如，非洲科学节中的"快速约会科学家"活动，让青少年有机会与杰出科学家面对面交流，激发他们的科学兴趣和职业志向。

南非的科普活动追求普惠的科学传播，通过国家科学节、国家科学周等一系列拓展项目，将科学传播到南非的各地区，甚至扩展到其他非洲国家，使更多的公众能够接触到科学。

南非的科普活动主题紧扣国际性科学话题，如可持续发展、气候变化、环境保护等，不仅具有时代性，还能够引导公众关注全球性的科学问题，培养他们的全球视野和责任感。

南非的科普活动不仅注重理论知识的传授，还注重实践与创新能力的培养。例如，ESKOM 青年科学家博览会等项目，旨在激励和培养能够发现问题、分析问题、解决问题，并能对研究成果进行有效传播的年轻科学家。这些活动不仅为青少年提供了展示自己才华的舞台，也促进了南非科技创新的发展。

南非的科普活动还注重结合历史文化与社会现实，通过参观博物馆、历史遗址等活动，让参与者了解南非的历史文化和社会变迁。例如，参观南非种族隔离博物馆等活动，可以让参与者深入了解南非的种族隔离历史，以及南非人民为争取自由和权利所进行的艰苦卓绝的斗争。这些活动不仅增强了参与者的历史意识，也促进了他们对社会现实的理解和思考。

2. 埃及科普活动

埃及拥有悠久的历史和深厚的文化底蕴，不仅在艺术和建筑方面成就斐然，在科普活动方面也有着独特的做法和价值。

起源　埃及科普活动的起源可以追溯到古埃及文明时期。在那个时代，古埃及人通过观测天象、制定历法、总结医学知识等方式，积累了丰富的科学知识和实践经验。例如，他们准确地掌握了天鹅、牧夫、仙后、猎户、天蝎、白羊和昴星等星座的方位以及运行规律，并据此制定了太阳历。古埃及人在几何学、数学和建筑学等方面也取得了显著成就，如金字塔的建造就体现了他们卓越的天文学和几何学知识。

然而，直到近代，埃及才兴起真正意义上的科普活动。随着欧洲科学革命的兴起，科学知识开始在全球范围内传播，埃及也受到了这一浪潮的影响。19 世纪，随着考古学和埃及学的兴起，埃及的科普活动开始逐渐走向系统化。商博良[1]等学者对罗塞塔石碑的解读，为埃及学的诞生奠定了基础，同时也为埃及的科普活动提供了新的素材和视角。

现状　进入 21 世纪，埃及的科普活动已经取得了显著发展。

埃及政府重视科普活动，将其视为提高国民科学素质、推动科技进步和创新的重要手段。政府通过制定相关法律法规、设立科普基金、建设科普场馆等方式，为科普活动的开展提供了有力的支持和保障。

埃及的科研机构如埃及科学技术研究院、埃及国家研究中心等，在

1　让-弗朗索瓦·商博良（1790—1832），法国著名历史学家、语言学家、埃及学家，是第一位破解古埃及象形文字并破译罗塞塔石碑的学者。

科普活动中发挥着重要作用。他们不仅开展科学研究，还积极组织科普讲座、展览和实践活动，向公众传播科学知识。

埃及的教育体系也融入了科普元素。学校不仅教授科学知识，还通过组织学生参加科普竞赛、参观科普场馆等方式，激发学生的学习兴趣和好奇心，培养他们的科学思维和创新能力。

除了政府和科研机构，埃及的社会力量也积极参与科普活动。一些媒体和社交平台通过发布科普文章、视频和互动问答等方式，为公众提供了便捷的科普渠道。

特点 埃及的科普活动有着悠久的历史，可以追溯到古埃及文明时期。这一历史背景使得埃及的科普活动具有独特的文化底蕴和深厚的科学基础。

埃及的科普活动形式多样、内容丰富，既有传统的讲座、展览和实践活动，也有新兴的 VR、AR、MR 等数字化科普方式。这种多元化的科普方式满足了不同人群的需求，提高了科普活动的吸引力和影响力。

埃及的科普活动注重实践性和互动性，通过组织实践活动、实验操作和互动问答等方式，让公众亲身体验科学的魅力，提高他们的科学素养和实践能力。

埃及的科普活动还注重文化传承和创新，通过挖掘和传承古埃及文明中的科学元素，结合现代科技手段进行创新和演绎，为公众提供了独特的科普体验和文化享受。

随着全球化进程的推进和国际交流的加强，埃及的科普活动也开始走向国际化。埃及积极参与国际科普组织和活动，与世界各国开展科普合作和交流，共同推动全球科普事业的发展。

（七）主要内容特点

科普活动作为推动科技创新、经济发展和社会进步的重要手段，在发达国家和许多发展中国家得到了广泛重视和深入发展。这些国家通过政府引导、社会参与、市场化运作等多种方式，形成了多元化、多层次、多渠道的科普活动格局。

1. 政府主导多方参与

在发达国家，政府通常扮演着科普活动的主导角色，负责制定科普政策、规划科普项目、提供资金支持等。同时，政府鼓励社会各方面力量积极组织或参与科普活动，包括科研机构、学校、企业、非政府组织等。这种政府主导、多方参与的模式，为科普活动提供了坚实的保障和广泛的资源支持。

例如，美国政府通过 NSF、NASA 等机构，大力支持科普项目和活动。同时，还鼓励企业、高校、科研机构等通过捐赠、合作等方式参与科普活动。此外，美国还设立了许多非营利性科普组织，如美国科学促进会（American Association for the Advancement of Science，AAAS）、美国博物馆与图书馆服务协会（Institute of Museum and Library Services，IMLS）等，这些组织在科普活动中发挥着重要作用。

2. 注重校外科学教育

发达国家普遍将青少年作为科学教育的重点对象，通过学校教育、课外活动、社会实践等多种方式，培养他们的科学素养和创新精神。一方面，政府和教育部门将科学教育纳入学校课程体系，通过开设科学课程、组织科学竞赛等方式，提高学生的科学素养；另一方面，政府、科研机构和社会组织还通过建设科普场馆、举办科普活动等方式，为学生提供丰富的科普资源和实践机会。

例如，英国的"科学周"活动就专门针对青少年设计了一系列有趣的科学实验和互动体验，旨在激发他们的科学兴趣和创造力。同时，英国的许多博物馆和科学中心也设有专门针对青少年的科普展览和互动体验区，为他们提供丰富的科普资源和学习机会。

3. 利用互联网新技术

随着新媒体和互联网技术的快速发展，发达国家在科普活动中充分利用这些先进技术，提高科普活动的传播效果和影响力。一方面，科普活动组织者通过社交媒体、在线视频、VR等方式，将科普内容以更加生动、直观的形式呈现给公众；另一方面，他们还通过建立科普网站、在线科普平台等方式，为公众提供便捷的科普资源和信息服务。

例如，美国的NASA网站就提供了丰富的科普资源和信息，包括太空探索、地球科学、生命科学等多个领域的科普内容和互动体验。同时，NASA还通过社交媒体平台与公众进行互动和交流，及时回应公众的疑问和需求。

4. 公众参与互动体验

发达国家在科普活动中注重公众的参与和互动体验，通过举办科普展览、科学讲座、科普竞赛等方式，让公众近距离接触科学、感受科学的魅力。同时，还通过建设科普场馆、科普园区等方式，为公众提供丰富的科普实践机会和互动体验。

例如，澳大利亚的科技节就吸引了大量的公众参与和互动体验。在科技节期间，公众可以参观各种科技展览和互动体验区，了解最新的科技成果和应用；同时，公众还可以参加各种科普讲座和研讨会，与科学家和专家进行面对面的交流和互动。

5. 市场运作注重实效

发达国家在科普工作中注重市场化运作，通过市场机制来推动科普资源的优化配置和高效利用。一方面，政府通过购买服务、税收优惠等方式，鼓励企业和社会组织积极参与科普活动；另一方面，科普机构和组织也通过市场化运作，实现自我发展和良性循环。

市场化运作不仅提高了科普活动的效率和效果，还促进了科普产业的繁荣发展。例如，美国的科普场馆和博物馆通常采用自负盈亏的运营模式，通过门票收入、展览销售、赞助等方式来维持运营和发展。同时，这些场馆和博物馆还积极开发科普产品和文化创意产品，以满足公众多样化的科普需求。

第八章

做好表彰奖励

> 一个人的价值，应当看他贡献什么，而不应看他取得什么。

—— 爱因斯坦

科普活动作为推动科学技术知识普及、提升公众科学素养的重要途径，其重要性不言而喻。从事这类活动往往以公益性质为主，参与者和机构大多抱着无私奉献的精神投入其中，对他们进行适当的表彰和奖励，不仅是对他们辛勤付出和无私奉献的高度认可，更是激励更多人投身科普活动、改善科普活动供给、促进社会科学文明进步的有力举措。组织开展科普活动的党政部门、科研机构、学校、企业、军队及各类机构、协会、社会团体等，应根据党和政府的相关规定，依法对开展科普活动的部门、个人进行表彰奖励，在各自的职能权限范围内，设立相应的科普奖项，对在组织开展科普活动中作出贡献的机构和个人予以表彰奖励，激励更多机构和个人参与科普活动，促进中国科普活动持续健康高质量发展。

（一）重视奖励激励作用

1. 制定表彰奖励政策

政府部门应制定完善的科普活动表彰奖励政策，明确奖励的对象、条件、标准和程序。这些政策应涵盖科普活动的各个方面，包括科普创作、科学教育、科学传播、科普服务等，确保各类科普工作者和单位都能得到应有的认可和奖励。同时，政策应明确奖励的层次和类别，如设立国家级、省级、市级等不同级别的科普奖项，以及科普工作先进个人、团队、机构等不同类别的奖励，明确名额及时间，以体现奖励的规范性、多样性和层次性。

在制定政策时，政府部门应充分调研和听取各方面的意见和建议，确保政策的科学性和合理性。政策出台后，应及时进行宣传和推广，提高社会各界对科普奖励的认知度和参与度。

2. 建立科学评审机制

为了确保科普奖励的公正性和权威性，政府部门应建立科学的评审机制，包括以下几个方面：

制定评审标准　根据科普活动的特点和要求，制定明确的评审标准。这些标准应涵盖科普内容的科学性、创新性、实用性、传播效果等方面，以确保评审工作的科学性和规范性。标准要高，确保只有表现突出的少数能够达到。

聘请专家评审　由来自不同领域、具有丰富经验和专业知识的专家组成评审组，对申报的科普活动项目和成果、单位和个人资格进行评审。专家评审组应秉持公正、公平、公开的原则，确保评审结果的客观性和准确性。

"定性＋定量"评定　在评审过程中，既要考虑科普活动申报单位和个人的定性方面，如项目的创新性、影响力等，也要考虑科普活动的定量方面，如受众数量、传播范围等。对于具有重大影响和示范意义的项目申报单位和个人，应当设立特别贡献奖。通过综合评定，确保评选结果的全面性和准确性。

3. 丰富奖励形式内涵

政府部门应设立多种内容形式的奖励形式，以满足不同科普工作者和单位的需求，可以包括以下几种：

荣誉表彰　中国已经设立了"全国科普工作先进工作者""全国科普工作先进集体"等荣誉奖项，对在科普工作中作出突出贡献的个人和团队进行表彰。这些荣誉奖项不仅是对获奖者的肯定，也是对他们工作的激励和鞭策。政府部门、地方事业单位、企业、社会团体、军队均可设立。

政策支持　对于在科普活动中取得显著成效的单位和个人，政府部门可以给予一定的政策支持，如优先申报科研项目、享受税收优惠等。这些政策支持可以为科普工作者提供更好的工作环境和发展机会。

职称晋升　对于在组织和开展科普活动中表现突出的个人，可以将其科普工作业绩作为职称晋升的重要依据。这有助于提升科普工作者的社会地位和职业荣誉感，吸引更多人才投身科普事业。

奖金激励　设立科普活动创新奖、科普活动优秀成果奖等奖金类奖项，对获奖者给予一定的物质奖励。奖金激励可以激发科普工作者的积极性和创造力，推动科普事业的持续发展。

4. 优化资源配置服务

为了提升科普奖励的效果和影响力，政府部门应优化科普资源配置和服务，为科普工作者提供更好的工作环境和条件。

推动科普资源共享　加大科普资源的共享和整合力度，推动各类科普资源的互联互通和优势互补。尤其要开发科技资源潜在的科普功能，充实科普资源，从而有效提升科普资源的利用效率和质量水平，为科普工作者提供更多的资源支持和保障。

加强科普人才培养　加大对科普人才的培养力度，培养一批具有高学历、国际视野和创新能力的专业科普人才。这不仅可以为科普事业提供源源不断的人才支持，还可以推动科普活动的不断创新和发展。

提供政策资金支持　政府部门应为科普活动的开展提供必要的政策支持和资金保障，通过制定优惠政策、提供资金支持等方式，为科普工作者提供更好的工作环境和发展机会。同时，加大对科普活动的督促检查力度，确保各项政策措施落到实处、取得实效。

政府部门在推动科普活动的开展中应充分发挥表彰奖励的激励作用。通过制定完善的表彰奖励政策、建立科学的评审机制、设立丰富的奖励形式、加强奖励的监管和评估、推动科普奖励的社会化以及优化科普资源配置和服务等措施，可以有效激发社会各界参与科普活动的积极性和创造力，推动科普事业的持续健康发展。

5. 加强奖励监管评估

为了确保对开展科普活动作出突出贡献的机构和个人奖励的公正性和有效性，政府部门应加强对奖励的监管和评估。

完善奖励管理规定　制定详细的科普活动奖励管理规定，明确奖励的申报程序和标准，确保奖励的公正、公平、公开。同时，加大对奖励的监管力度，防止出现滥用职权、徇私舞弊等行为。鼓励支持部门、地方、事业单位、企业设立各类科普奖项。奖励应该向基层和一线人员倾斜，主要奖励具体从事科普活动的人员及基层机构，严格控制副局级以上领导干部获奖，减少院士、知名专家获奖比例，真正发挥科普活动奖励应有的作用。

建立数据管理系统　对获奖人员和获奖项目的情况建立奖励数据管理系统，这有助于政府部门及时了解科普奖励的发放情况和效果，为后续的奖励政策调整、修改提供科学依据和数据支撑。

定期评估奖励效果 定期对科普活动奖励进行评估和监测，分析奖励产生的效果和影响。评估结果可以作为调整奖励政策和优化奖励机制的重要依据。

（二）鼓励社会力量设奖

表彰和奖励是对科普工作者、各类机构辛勤付出的最直接肯定。科普工作往往涉及广泛的知识领域，需要工作者具备深厚的专业知识背景、良好的沟通能力和无限的热情。他们通过讲座、展览、网络直播、科普创作等多种形式，将复杂的科学原理转化为易于理解的语言，让公众在轻松愉快的氛围中学习新知识。这种努力不仅耗费时间和精力，还常常需要面对受众理解能力的差异和兴趣点的不同，是一项极具挑战性的任务。因此，来自社会的表彰，如科普奖项、荣誉证书、奖金、奖品等，都能够极大地激发科普工作者的热情和成就感，让他们感受到自己的工作被看见、被尊重，从而更加积极地投身于科普事业。

表彰和奖励还能产生示范效应，吸引更多个人和机构关注并参与科普活动。当看到身边的同事、朋友或组织因科普工作而获得荣誉时，人们往往会受到鼓舞，产生"我也可以试试"的想法，进而促进更多的人从事科普活动，发挥示范引领作用。这种正能量的传播，有助于形成全社会共同关注科学、热爱科学的良好氛围。

1. 提升科普质量

科普活动的质量直接关系到公众科学素养的提升效果。高质量的科普内容能够深入浅出地解释科学现象，激发公众的好奇心和探索欲，而低质量的科普则可能误导公众，甚至造成对科学的误解和反感。因此，对科普活动、从事科普活动的机构和人员进行表彰和奖励，实际上是对科普质量的一种间接把控。设立的奖项标准，如内容的准确性、创新性、趣味性、受众覆盖面等，可以引导科普工作者更加注重内容的打磨和形式的创新，不断提升科普活动的质量。

奖励机制能激发科普工作者的创新精神。在追求表彰的过程中，他们可能会尝试新的科普方法、探索新的科普领域，或开发新的科普工具和技术，从而推动科普活动的多样化和现代化。例如，利用 VR 技术开展科普体验、开发科普 App、制作科普动画等，都是近年来科普创新的重要成果。

2. 优化资源配置

科普活动的顺利开展离不开资源的支持，包括资金、场地、设备、人力资源等。对科普工作者和机构进行表彰和奖励，可以看作是一种资源分配的优化策略。表彰可以吸引更多的社会资源（如政府资助、企业赞助、社会捐赠和个人捐赠等）流向科普领域，为科普活动提供更加充足的物质保障。获奖的科普项目和团队往往能够获得更多的关注和支持，从而有更多机会进行深入的科普研究和专业实践，形成良性循环。

表彰和奖励还能促进科普资源的合理配置和高效利用。在资源有限的情况下，设立奖项可以引导资源向那些能够产生更大社会效益的科普项目倾斜，确保每一份投入都能带来最大的科普效果。这有助于避免资源的浪费和重复建设，提高科普工作的整体效率。

3. 增强社会责任

科普工作者的工作不仅关乎公众科学素养的提升，更关乎社会的和谐稳定和长远发展。因此，对科普工作者进行表彰和奖励，可以增强他们的社会责任感和职业荣誉感，使他们更加深刻地认识到自己工作的重要性和价值所在。

通过表彰，科普工作者能够感受到自己不仅是科学知识的传递者，更是社会进步的推动者。这种身份认同感和职业自豪感能激励他们更加努力地工作，不断提升自己的专业素养和科普能力，为社会的科学普及和进步贡献更大的力量。

4. 科研科普融合

科普活动与科研、教育之间存在着密切的联系。科研是科普的源头活水，为科普提供了丰富的素材和灵感；而教育则是科普的重要阵地，通过开展科普活动，教育体系可以将科学知识系统地传授给年轻一代。对科普工作者进行表彰和奖励，有助于促进科普与科研、教育之间的深度融合和协同发展。

一方面，表彰可以激励科研人员更多地参与到科普工作中来，将科研成果转化为易于公众理解的科普内容；另一方面，表彰可以鼓励教育工作者将科普元素融入日常教学中，丰富教学内容和形式，培养学生的动手能力、科学素养和创新能力。这种融合不仅有助于提升科普活动的质量和影响力，还能促进科研成果的转化和应用，推动教育改革和科学教育的深入发展。

对从事科普活动的个人和单位或机构进行表彰和奖励，是激发科普热情、提升科普质量、促进资源优化配置、增强社会责任感和职业荣誉感以及促进科普与科研、教育深度融合的有效途径。这些举措不仅是对科普工作者辛勤付出的认可和肯定，更是推动科普事业持续健康发展、提升公众科学素养、促进社会科学进步的重要动力。因此，政府和社会各界应高度重视科普表彰和奖励工作，不断完善相关机制和制度、扩大奖励范围、提高奖励级别、加大奖励力度、给予更大荣誉，为科普活动的广泛开展和科普事业的繁荣发展创造更加有利的条件和环境。政府部门在推动科普活动的发展中扮演着至关重要的角色，而社会各界设立的表彰奖励则是激励更多机构、个人积极参与科普活动的重要手段。

（三）科普奖励设立状况

1. 中国各级各类科普奖

国家级科普奖项　经党中央、国务院批准，自 2005 年起，科普作品纳入国家科学技术进步奖。之后每年的国家科学技术进步奖中都有若干种（1～7 种）科普作品获得二等奖，这是中国政府和科技界对科普创作的最高认可。该奖项设奖层次高、公信力强、奖励丰厚，极大地鼓舞和调动了科学家以及广大科普创作者的创作热情。截至 2023 年，已有60 部科普作品获奖。

为了表彰在科普工作中作出突出贡献的集体和个人，科技部、中央宣传部、中国科协联合开展了全国科普工作先进集体和先进工作者的评选表彰活动。经党中央、国务院批准，自 1996 年起，科技部会同中央宣传部、中国科协，每 3 年开展一次全国科普工作先进集体和先进工作者的评选表彰工作。表彰在科普工作中作出突出贡献的集体和个人，对于弘扬科学精神、普及科学知识、加强国家科普能力建设、加快建设世界科技强国具有重要意义。全国科普工作先进集体和先进工作者的评选范围广泛，涵盖了全国各地方、各部门和军队、武警官兵，以及各类社会团体、企业、民营机构等在科学技术普及工作中作出突出贡献的单位和个人。该奖项评选条件严格，要求被评选对象在科普管理、科普宣传、科普创作、科普活动、科普研究、科普统计等方面作出突出贡献，并产生明显的社会效益和经济效益。

全国科普工作先进集体和先进工作者的评选表彰活动迄今为止已组织过 6 次，每次评选表彰的数量都严格确定。近年来，广大科普工作者深入学习贯彻习近平新时代中国特色社会主义思想，落实习近平总书记关于科技创新的重要论述，贯彻落实《科普法》，宣传贯彻中共中央办公厅、国务院办公厅《关于新时代进一步加强科学技术普及工作的意见》，在弘扬科学精神，普及科学知识，加强国家科普能力建设，加快建设科技强国，推动实现高水平科技自立自强工作中作出了积极贡献，涌现出一大批先进集体和个人。为表彰先进，弘扬正气，振奋精神，激励广大科普工作者进一步做好新时代科学技术普及工作，科技部、中央宣传部、中国科协 2024 年决定对 2020 年以来在科普工作中作出突出贡献的北京青少年网络文化发展中心等 195 个单位授予"全国科普工作先进集体"称号，授予中国医学科学院北京协和医院谭先杰等 302 名个人"全国科普工作先进工作者"称号。

表彰先进集体和先进个人激发了全社会对科普工作的关注和热情，越来越多的人开始关注科普事业，积极参与科普活动，为推动全民科学素质的提升和创新型国家的建设作出了积极贡献。

2. 政府部门和机构设立的其他科普奖项

科技部 2011 年启动全国优秀科普作品推荐活动，该活动旨在推荐原创、中文图书作品，包括译著和再版图书，以推动科普创作的繁荣和发展。每年推荐的作品数量有限（不超过 100 部），但社会关注度较高。目前，已经推荐了 845 部全国优秀科普作品。国家广播电视总局向全国青少年推荐百种优秀图书书目中的科普图书类别、国家图书馆文津图书奖中的科普图书奖等，一些国务院部门也在科技奖中增加了科普奖。这些奖项由政府部门和机构设立，旨在推动科普图书的创作和出版，提高公众的科学素质。

近年来，多个省级科技奖中新增了科普类的奖励类别，以表彰和奖励在科普工作中作出突出贡献的个人和单位。这些奖项的设立进一步推动了地方科普事业的发展。例如，上海市科学技术奖设立科学技术普及奖。在 2022 年度上海市科学技术奖中，18 项成果获上海市科学技术普及奖，复旦大学附属华山医院感染科主任张文宏带领的团队获科学技术普及奖类别中唯一的特等奖。在 2023 年度上海市科学技术奖中，9 项成果获上海市科学技术普及奖。

一些市级和县级单位也设立了科普奖项，以鼓励和表彰在本地科普工作中作出贡献的个人和团队。这些奖项的设立有助于提高基层科普工作的积极性和创造性。

3. 社会力量设立的科普奖项

中国科普作家协会优秀科普作品奖经国家科技奖励工作办公室批准设立，由中国科普作家协会主办，每两年评选一次。该奖项旨在表彰国内以中文或少数民族语言创作的优秀科普作品的作者和出版机构，推动科普创作的繁荣和发展。它设有"科普图书奖"和"科普影视动画作品奖"，鼓励原创，特别奖和金奖作品可直接获得被推荐进入国家科学技术进步奖评审资格。

此外，还有吴大猷科学普及著作奖、世界华人科普奖、环保科普创新奖、梁希科普奖、中国核科普奖等。这些奖项由不同的社会组织、学会或基金会设立，旨在表彰和奖励在各自领域作出突出贡献的科普作品、创作者或团队。它们以专业性、灵活性、多元化等特点很好地补充了我国科普创作社会奖励体系。

上海科普教育创新奖于2012年由上海科普教育发展基金会设立，是全国首个由社会力量出资的综合性科普奖项，也是上海市首个市级科普类奖项。该奖项一直是一流科普作品的风向标，被视为国家科学技术奖励科普类奖项的上海"蓄水池"。它旨在表彰和奖励在科普教育创新方面作出突出贡献的个人、团队和项目，推动科学的普及和发展。

4.国际科普奖设立状况

联合国教科文组织设立了"卡林加奖"，旨在表彰在科普领域作出杰出贡献的个人或组织。这个奖项被誉为"科普诺贝尔奖"，中国科技馆原馆长、著名科普专家李象益教授于2013年获得"卡林加奖"

英国皇家学会设立了科普奖项"迈克尔·法拉第奖"，旨在奖励在促进公众对科学的理解和欣赏方面作出杰出贡献的科学家或科普工作者。

美国科学促进会设立了"卡弗里科学新闻奖"，以鼓励新闻记者关注科学技术发展中的重要事件。美国化学学会的"詹姆斯奖"，专门奖励在化学领域做出杰出科普工作的科学家或科普作家。美国天文学会的"卡尔·萨根奖"，专门表彰在天文科普方面作出突出贡献的个人或组织。

（四）改进提升科普奖励

在新时代背景下，科学技术普及工作被赋予了新的使命与任务。中共中央办公厅、国务院办公厅印发的《关于新时代进一步加强科学技术普及工作的意见》以及新修订的《科普法》为科普工作的深化与发展提供了坚实的政策与法律保障。与此同时，科普奖励作为激励科技工作者投身科普事业、提升全民科学素质的重要手段，其提升与改进显得尤为关键。科普活动作为科普工作最主要、最重要的内容，加强对科普活动的奖励显得尤为必要和迫切。

1. 科普奖励的重要性

科普奖励是对科技工作者在科普领域所作出的贡献的认可与表彰，它不仅能够激发科技工作者的科普热情，还能够引导更多的人才和资源投入科普事业。在新时代背景下，科普工作已不再是简单的知识传播，而是成为提升国家创新能力和全民科学素质的重要途径。因此，科普奖励的设立与完善，对于推动科普工作的深入发展、构建良好的科普生态具有不可估量的价值。

2. 科普奖励现状分析

近年来，我国在科普奖励方面取得了一定进展，但仍存在一些问题和不足。一方面，科普奖励的数量和种类相对较少，难以全面覆盖科普工作的各个领域和层次；另一方面，科普奖励的知名度和影响力有限，难以充分发挥其激励和引导作用。此外，科普奖励的评选标准和程序也存在一定的主观性和不确定性，影响了其公正性和权威性。

3. 改进提升科普奖励

针对当前科普奖励存在的问题和不足，结合《关于新时代进一步加强科学技术普及工作的意见》和《科普法》的要求，可以从以下几个方面进行改进和提升：

《关于新时代进一步加强科学技术普及工作的意见》明确提出，要将科学普及放在与科技创新同等重要的位置。因此，在提升和改进科普奖励时，应进一步强化其在国家创新体系中的地位，将其纳入国家科技奖励体系的重要组成部分。具体而言，可以通过制定和完善科普奖励的相关政策、法规，明确科普奖励的评选标准、程序和要求，确保其与其他科技奖励具有同等的地位和影响力。

针对当前科普奖励数量和种类相对较少的问题，可以通过增加科普奖励的数量和种类来扩大其覆盖面和影响力。一方面，可以设立更多的国家级、省级、市级等不同层次的科普奖励，以满足不同领域和层次科普工作者的需求；另一方面，可以鼓励和支持社会力量设立科普奖励，形成多元化的科普奖励体系。

提高科普奖励的知名度和影响力是提升和改进科普奖励的关键之一。为此，可以通过加大宣传力度、拓宽宣传渠道、强化宣传效果等方式来增强科普奖励的知名度和影响力。例如，可以利用电视、广播、报纸、网络等媒体进行广泛宣传，邀请知名科学家、科普工作者和媒体人士参与科普奖励的评选和颁奖活动，提高科普奖励的社会关注度和认可度。

完善科普奖励的评选标准和程序是确保科普奖励公正性和权威性的重要保障。为此，可以制订科学、合理、透明的评选标准和程序，明确评选范围、条件、流程和要求，确保评选过程的公正性和公平性。同时，可以建立科普奖励的监督和评估机制，对评选过程和结果进行监督和评估，及时发现和纠正存在的问题和不足。

推动科普奖励与科普工作的深度融合是提升和改进科普奖励的有效途径之一。为此，可以将科普奖励与科普项目的申报、实施和评估等环节相结合，将科普奖励作为科普项目的重要评价指标之一。同时，可以鼓励和支持科技工作者将科普工作与自己的科研活动相结合，将科研成果转化为科普资源，提高科普工作的质量和效果。

加强科普奖励的国际交流与合作是提升和改进科普奖励水平的重要

方向之一。为此，可以积极参与国际科普组织的活动和项目，了解国际科普奖励的最新动态和发展趋势；同时，可以加强与国际科普组织的合作与交流，共同推动科普奖励的国际化发展。此外，还可以鼓励和支持国内科技工作者参与国际科普奖励的评选和颁奖活动，提高我国科普奖励的国际影响力和认可度。

科普奖励作为激励科技工作者投身科普事业的重要手段，在新时代背景下具有更加重要的地位和作用。因此，应该从强化科普奖励在国家创新体系中的地位、增加科普奖励的数量和种类、提高科普奖励的级别与层次，扩大科普奖励的知名度和影响力、完善科普奖励的评选标准和程序、推动科普奖励与科普活动的深度融合，加强科普奖励的国际交流与合作等方面入手，不断提升和改进科普奖励的质量和效果。更好地激发科技工作者的科普热情和创新活力，推动科普活动和科普事业的深入发展，为构建良好的科普生态和实现高水平科技自立自强作出更大的贡献。

第九章

完善科普供给

> 预测未来是不可能的，但我们可以为未来做好准备。
>
> —— 亚里士多德

随着科技的日新月异，公众科学素质水平的不断提升以及需求的多样化，特别是受到生成式人工智能（如 ChatGPT 等 AI 大模型）的深远影响，科普活动正面临着前所未有的变化与挑战。这些变化要求完善科普活动供给，使科普活动内容更加丰富、形式更加多样，还要求科普工作者与时俱进、顺势而为，具备更高的专业素养和创新能力，不断提升服务意识、服务能力、服务水平、服务质量，不断适应变化，最大限度满足公众多方面的需求。

（一）面临严峻挑战

1. 内容专业化多样化需求

随着科技的快速发展，科学知识的更新速度日益加快，公众对科普内容的专业性和多样化需求也在不断提升。传统的科普内容往往侧重于基础科学知识的普及，而现代科普则需要涵盖更广泛的领域，包括新兴科技、生态保护、智慧生活等。同时，公众对科普内容的深度也提出了更高的要求，希望了解科学原理背后的故事、科学家的研究过程以及科学技术的应用前景等。为此，需要采取有效的应对策略。

加强科普内容研发创新　科普工作者应密切关注科技发展的最新动态，应及时将最新的科技成果转化为公众易于接触、理解、可接受的科普内容。同时也应注重科普内容的多样性和趣味性，通过故事化、情节化的叙述方式，深入浅出、通俗易懂地讲解科普，从而吸引公众。

建立科普内容评价体系 建立科学的科普内容评价体系，动态充实评价内容，改善评价方法，对科普内容的科学性、准确性、趣味性和实用性进行科学、公正的评估，确保科普内容的质量。

2. 形式创新与互动性需求

传统的科普形式往往以讲座、展览、书籍等方式为主，这些形式在一定程度上限制了公众的参与度和互动性。随着互联网的普及和生成式人工智能技术的发展，公众对科普形式的创新性和互动性提出了更高的要求。他们希望通过 AR、VR、MR 等新技术，身临其境地体验科学实验和探索科学奥秘。为此，需要采取应对措施。

利用新技术创新形式 积极利用 VR、AR、MR 等新技术，打造沉浸式科普体验。例如，可以开发科普游戏、虚拟实验室等，让公众轻松学习和掌握科学知识。

增强科普活动互动性 通过在线论坛、科学实验直播等方式，增加科普活动的互动性。鼓励公众提出疑问，与科学家和科普工作者进行实时交流，提高科普活动的参与度和效果。

3. 人员专业化高素质需求

科普工作者是科普活动的核心力量，他们的专业素养和创新能力直接关系到科普活动的质量和效果。随着科技的快速发展和公众需求的多样化，科普工作者需要具有更加广泛的知识储备、更加优秀的科学素养以及更加敏锐的创新意识，为此，应该采取必要的对策。

加强科普工作者培训教育 定期对科普工作者进行专业培训和在职教育，提高他们的科学素养和创新能力。同时，鼓励科普工作者积极参与科研活动，了解最新的科技成果和研究动态。

建立科普工作者激励机制 通过建立激励机制，鼓励科普工作者积极参与社会教育，提高他们的积极性和创造力。例如，可以设立在职教育或专项技能奖项、提供技能培训经费支持等。

4. 可持续性与创新性需求

科普活动的可持续性发展是科普事业长期发展的重要保障。然而，目前许多科普活动面临着资金不足、人才短缺、资源匮乏等问题，导致科普活动的规模和影响力有限。此外，随着公众对科普需求的不断提升，科普活动的质量和效果也需要不断提高，这对科普活动的可持续性发展提出了更高的要求。需要从长远考虑，采取相应的对策。

加大科普活动投入力度 政府和社会各界应加大对科普活动的投入力度，提供充足的资金和资源支持。同时，鼓励企业和社会组织积极参与科普活动，形成多元化的投入机制。免费开放的科技馆需要增加互动体验活动的收费、科普产品的售卖、有偿讲解收费等。

推动科普活动形成产业 推动科普活动产业化发展，以实现科普活动的自我造血和可持续发展。例如，可以开发科普旅游产品、科学教育产品等，将科普活动与旅游、教育等产业相结合，形成良性循环。

5. 国际交流与协调化需求

随着全球化的不断深入，特别是中国公民出入境免签国家的增多，科普活动的国际化交流与合作已成为必然趋势。然而，目前许多科普活动仍局限于国内范围，缺乏与国际同行的交流与合作。这既限制了科普活动的视野和影响力，也影响了科普活动的质量和效果，应采取相应对策。

加强国际交流与合作　积极与国际科普组织和机构建立合作关系，共同开展科普活动。通过参加国际科普会议、展览等活动，了解国际科普的最新动态和发展趋势。

推动科普内容国际化　在科普内容中融入国际元素，介绍国际上的前沿科技成果和研究动态。同时，注重科普内容的跨文化交流，提高科普活动的国际影响力和吸引力。

6. 决策科学化与公众需求

科普活动不仅承担着普及科学知识的任务，还肩负着提高公众科学素养、引导公众科学决策和行为改变的社会责任。然而，目前许多科普活动仍停留在知识传授的层面，缺乏与公众的深入互动和沟通。这导致公众对科普活动的参与度和认同感不高，影响了科普活动的社会效果。

强化科普活动的社会责任　在科普活动中融入社会责任元素，关注社会热点问题，如气候变化、食品安全、可持续发展等。科普活动可以引导公众关注社会问题，从而增强公众的科学素养和环保意识。

提高社会公众广泛参与度　通过举办科普竞赛、科普讲座等活动，吸引公众积极参与科普活动。同时，利用微博、微信、小红书等新媒体平台，加强与公众的互动和沟通，提高公众对科普活动的认同感和参与度。

（二）人工智能影响

生成式人工智能技术的快速发展给科普活动带来了新的机遇和挑战。一方面，生成式人工智能技术可以自动生成科普内容、提供个性化科普服务等，智能机器人走进了人们的生活，开始代替一些人类的工作，为科普活动提供了更加便捷和高效的工具；另一方面，生成式人工智能技术也可能导致科普内容的准确性和可靠性问题，以及公众对科普活动的信任度下降等风险。

1. 对科普内容的生成与个性服务

生成式人工智能技术可以自动生成科普内容，如科普文章、科普视频等。这些内容可以根据公众的兴趣和需求进行个性化定制，提高科普活动的针对性和实效性。同时，生成式人工智能技术还可以提供个性化的科普服务，如智能问答、科普推荐等，可以帮助公众更好地理解和掌握科学知识。

加强对生成式人工智能技术应用监管　建立科学的监管机制，对生成式人工智能技术的应用进行规范和监督。确保生成的科普内容符合科学原理和准确性要求，避免误导公众。

提高公众对生成式人工智能技术认知　通过科普活动向公众介绍生成式人工智能技术的原理和应用场景等方式，提高公众对技术的认知和理解。鼓励公众积极参与生成式人工智能技术的使用和评价，为技术的改进和优化提供反馈和建议。

2. 提升科普活动的互动性趣味性

生成式人工智能技术可以通过 AR、VR、MR 等新技术，为科普活动提供更加丰富和有趣的互动体验。这些互动体验不仅可以提高公众的参与度，还可以激发公众对科学的兴趣和热情。

积极利用生成式人工智能技术　鼓励科普工作者积极利用生成式人工智能技术，创新科普活动的形式和内容。通过开发科普游戏、虚拟实验室等互动体验活动，提高科普活动的趣味性和吸引力。

加强人工智能技术与活动融合　推动生成式人工智能技术与科普活

动的深度融合，实现科普活动的智能化和个性化。例如，可以利用生成式人工智能技术为公众提供定制化的科普服务，如智能问答、科普推荐等。

3. 对科普活动的挑战与潜在风险

虽然生成式人工智能技术为科普活动带来了许多机遇，但也存在一些挑战和风险。例如，生成的科普内容可能存在准确性和可靠性问题，导致公众对科普活动的信任度下降；生成式人工智能技术的使用也可能引发数据安全和隐私保护等问题。

科普内容的审核评估　建立科学的科普内容审核与评估机制，对生成的科普内容进行严格把关。确保科普内容的科学性和准确性，避免其误导公众。

数据安全和隐私保护　在利用生成式人工智能技术开展科普活动时，应注重数据安全和隐私保护。通过采取加密技术、访问控制等措施，确保公众的个人信息和数据安全不受侵害。

科普活动作为普及科学技术知识、提高公众科学素养的重要途径，正面临着前所未有的变化与挑战。随着科技的快速发展和公众需求的多样化，科普工作者需要不断创新科普活动的形式和内容，提高科普活动的互动性和趣味性。同时，还需要加强科普工作者的专业素养和创新能力培养，推动科普活动的可持续性发展。在生成式人工智能技术快速发展的背景下，科普工作者应积极利用新技术为科普活动注入新的活力，同时注意应对新技术带来的挑战和风险。通过不断的努力和创新，科普活动一定能够在未来发挥更加重要的作用，为人类的可持续发展贡献智慧和力量。

（三）借鉴国外启示

1. 政府主导多方参与

政府应制定更加完善的科普政策和规划，加大对科普活动的投入和支持力度；通过税收优惠、购买服务等方式，鼓励企业和社会组织积极参与科普活动；应加强科普机构和组织的建设和管理，提高科普活动的专业化和规范化水平；应加大对科普事业的投入力度，改善科普经费投入结构，促进科普经费在不同部门、领域合理配置，制定完善的科普法规和政策体系，为科普事业的发展提供有力的保障和支持；应加强科普项目的评估和监督工作，确保科普活动的质量和效果。

2. 推进社会科学教育

高度重视青少年科学教育工作，将科学教育纳入中小学课程体系和课外活动计划。一方面，通过开设科学课程、组织科学竞赛等方式提高学生的科学素养；另一方面，通过建设科普场馆、举办科普活动等方式为学生提供丰富的科普资源和实践机会。同时，还应加强对青少年科学教育的评估和监测工作，确保科学教育的质量和效果。

3. 发挥科研机构作用

科研机构和高校应充分利用自身的科研资源和人才优势，积极开展科普活动，向公众展示科研成果和科技进展，满足公众对科普知识的迫切需求。同时，科研机构和大学等还应加强与政府、企业和社会组织的合作与交流，建设新的科普设施，共同推动科普事业的发展。

4. 企业社会组织参与

鼓励企业和社会组织积极参与科普事业，通过赞助科普项目、设立科普基金等方式支持科普活动的开展。同时，政府还应加强对企业组织的引导、支持和管理，确保它们能够按照法律法规和政策要求开展科普活动。高新技术企业要开放一般生产设施、实验室等，供公众参观。政府应提供经费支持和税收优惠政策等激励企业和社会组织参与科普活动。

5. 利用互联网新技术

中国应充分利用互联网技术来提高科普活动的传播效果和影响力。一方面，可以通过社交媒体将科普内容以更加生动、直观的形式呈现给公众；另一方面，也可以通过建立科普网站、在线科普平台等方式为公众提供便捷的科普资源和信息服务。政府、科研机构、高校和企业等应充分利用新媒体平台开展科普活动，扩大科普活动的受众范围并提高科普活动的效率和效果。这些机构应该加强对互联网和新媒体平台的监管，确保科普内容的准确性和真实性。

6. 注重公众参与体验

中国应借鉴发达国家的经验，注重公众的参与和互动体验在科普活动中的重要作用。一方面，可以通过举办科普展览、科学讲座等方式让公众近距离接触科学；另一方面，也可以通过建设科普基地、科普园区等方式为公众提供丰富的科普实践机会和互动体验场所。同时，要加强公众参与科普活动的引导和激励工作，提高公众的参与度和满意度。

7. 推动科普市场运作

中国应积极探索科普市场化运作的新模式和新机制，通过市场机制来推动科普资源的优化配置和高效利用。一方面，可以鼓励企业和社会组织通过捐赠、合作等方式参与科普活动；另一方面，也可以推动科普机构和组织通过市场化运作来实现自我发展和良性循环。同时，还应加强对科普产业的培育和发展，促进科普产业与文化产业、旅游业等相关产业的融合发展。

8. 推动科普国际交流

政府应该积极推动科普文化的国际化交流与合作活动，加强与其他国家的科普合作与交流工作。同时，政府还应该加强对国际科普组织和活动的参与和支持力度，为全球科普文化的传播和交流作出积极贡献。

发达国家在科普活动中形成了多元化、多层次、多渠道的科普格局，具有政府主导、多方参与、市场化运作、注重青少年科学教育、利用互联网新技术以及注重公众参与和互动体验等特点。这些特点为中国科普工作，特别是科普活动的开展提供了有益借鉴和启示。未来，中国应继续加强政府在科普工作中的主导作用，推动科普市场化运作和产业化发展；同时，还应加强青少年科学教育、充分利用互联网技术以及注重公众参与和互动体验等方面的工作，不断推动科技创新和社会进步。

未来，随着 VR、人工智能、大数据等技术的不断进步，科普活动将迎来更多的机遇和挑战。科普机构需要不断创新和完善科普产品和服务的形式和内容，改善科普供给，提高科普产品的吸引力和影响力；同时，还需要加强与其他行业和国家的合作与交流，优势互补、合作共赢，共同推动科普事业的发展。

（四）研究应对策略

针对未来科普活动面临的变化与挑战，研究应对策略，如加强政策引导、拓宽融资渠道、培养专业人才、创新活动内容与形式等。

1. 运用先进技术

创建虚拟的科学探索场景，比如太空漫步、深海探险等，让观众身临其境地体验科学的魅力；利用 AR 技术，让参与者通过手机或平板电脑扫描特定的图片或标志，观察生动的生物进化过程、化学反应等。

创建科普社交媒体账号，定期发布有趣的科普短视频、动画、图片等内容；开展线上科普话题讨论，邀请专家和公众一起交流；利用直播平台进行科普讲座和实验演示。

2. 建立科普场所

建设一批特色科普场馆，增建一批儿童科技场所；在社区、农村建设一批简易的科普实验室；将实验室搬到社区、学校、公园等人们熟悉的环境中，配备一些简单有趣的实验器材，如显微镜、小型仪器、加工设备、化学试剂、电路套件等，并由专业的科普人员现场指导操作和讲解原理，让公众在互动体验中学习科学知识。

3. 科普竞赛活动

可以进行科普知识问答活动，设置不同难度等级的题目，涵盖物理、化学、生物、天文等多个领域，激发参与者的学习热情和竞争意识；也可以举办科普实验设计活动，鼓励参与者自己设计有趣的科学实验，并展示实验的原理和结果，培养他们的创新思维和实践能力。

4. 亲子科普活动

家庭是科普的重要场所，可以组织亲子科普手工制作活动，如制作太阳系模型、简易机器人等；或者举办亲子科普游戏，如科学知识接龙、科普拼图比赛等，同时增强家庭成员之间的互动和学习。

5. 融合科学艺术

可以举办科普摄影展，鼓励人们用镜头捕捉科学之美，展现科学现象的独特魅力。例如，可以尝试拍摄显微镜下的内容，欣赏微观世界中的动植物；也可以举行科普绘画与音乐会，通过绘画和音乐的形式，描绘科学幻想和科学知识，让科学与艺术相互交融，创造出独特的科普体验。

6. 角色扮演体验

让参与者扮演科学家、发明家等角色，模拟科学研究和发明创造的过程。例如，设置"穿越时空的科学之旅"主题，参与者可以扮演不同时代的科学家，解决当时的科学难题，体验科学发展的历程。

7. 企业社会责任

与科技企业合作，组织参观工厂、研发中心等活动，了解最新的科技成果和产品生产过程；或者与食品企业合作，开展食品安全科普活动，了解食品加工和营养知识。

8. 融合传统文化

挖掘和利用中华优秀传统文化的精髓，如古代哲学思想、中医中药学、天文学等方面的知识和技术，通过深入研究和探索这些文化遗产的价值和应用领域，更好地将其转化为现代科技知识体系和科学思想及方法的一部分。

（五）创新引领未来

创新科普活动需要从多个方面入手，借助人工智能的应用，有望让科普变得更加有趣、生动和富有吸引力。

1. 更新活动理念

精准个性策略 针对不同受众的特点和需求，制订差异化的科普策略和活动内容，提高科普活动的针对性和实效性。

拓宽资源渠道 充分利用政府、企业、高校、科研机构等多方面的资源，形成科普合力，共同推动科普事业的发展。

创新传播方式 利用新媒体平台，拓宽科普传播渠道，提高科普活动的覆盖面和影响力。

2. 创新活动方式

尽管科普活动在加强科普能力建设、提升全民科学素质方面取得了显著成效，但仍面临一些挑战。

重视差异 不同受众在科学素质、兴趣爱好、理解能力等方面存在差异，导致科普活动难以满足所有人的需求。为此，科普活动组织者需要调整策略，改变传统的简单化方式，增加个性化科普活动供给，满足不同人群的特殊需求。

充实资源 科普活动需要投入大量的人力、物力和财力，但科普资源有限，难以覆盖所有地区和人群。为此，要加强科普活动资源建设，众筹各类资源。同时开发利用其他资源潜在的科普活动功能，如协调利用淘汰设备、办公用品及退役的军事物资等。

提升水平　从事科普活动的人员，应将活动重点面向未成年人，但目前的活动内容多局限于普及科学技术基础知识。随着中国高等教育的普及，科普活动需要适应时代发展需求，提升活动深度和质量，吸引更多硕士、博士等高学历人才加入科普团队，从而增加高端、新颖、创新的科普活动供给。

多样特色　传统的科普传播渠道如讲座、电视、广播、报纸等已难以满足公众多样化的信息需求。必须开发新的科普活动资源，特别是建设特色、专业、小型的科普场馆，如在中小学校建设校园科技馆、植物园、天文馆等。加强科普展品研发和科普产品供给，满足不同人群，特别是青少年的热切需求。

3. 科学艺术融合

音乐与科普结合　可以创作一些有趣的科普歌曲，让听众在听音乐的同时学到知识；也可以举办一场科普音乐会，把科学知识融入音乐表演中，让听众在享受音乐的同时，也能感受到科学的魅力。

互动游戏与竞赛　设计一些有趣的科普游戏，比如科普问答、科普寻宝、科学小实验比赛等，让公众在玩游戏的过程中学习科学知识，同时也能增强团队合作和竞争意识。

虚拟现实与体验　利用 VR 技术，让公众身临其境地体验科学世界。比如，可以创建一个虚拟的宇宙探险场景，让公众在虚拟场景中探索宇宙的奥秘；或者创建一个虚拟的化学实验室，让公众在安全的环境中进行化学实验。

戏剧和角色扮演　把科学知识编成有趣的剧本，让公众通过角色扮演来学习和了解科学知识。这不仅能增加趣味性，还能让公众更深入地理解科学原理。

自然与美学结合　比如举办科普绘画比赛、科普摄影展等，让公众用艺术的方式来表达和理解科学知识。这样既能激发公众的创造力，又能让科普活动更加丰富多彩。

知名科学家参与　邀请知名的科学家和专家来分享他们的科研经历和科学知识，让公众近距离接触和了解科学界的"大明星"。

科普装置与互动　可以设置一些有趣的科普互动装置，让公众通过动手实践来学习和了解科学知识。这些装置可以设计成游戏的形式，让公众在玩乐中学习。

社交媒体和传播　利用社交媒体和线上平台来传播科普知识，比如开设科普直播、科普短视频等，让更多人能够随时随地接触到科学知识。

4. 实现创新发展

在习近平总书记的高度重视和亲切关怀下，党和政府高度重视新时代的科普工作，中国的科普活动正以前所未有的速度和规模蓬勃发展。特别是在 AI 技术的推动下，科普活动实现了创新化、多样化和国际化的显著提升，引领着国际科普发展的方向。

AI 技术引领科普革新　AI 技术的快速发展为科普内容的创新提供了无限可能。通过机器学习算法，AI 能够分析用户的学习行为和偏好，实现科普内容的个性化推送。这种个性化推送不仅提高了用户的学习兴趣和积极性，还让科普教育更加精准和高效。例如，针对不同年龄段、学习能力和兴趣爱好的用户，AI 可以推送不同难度和形式的科普知识，让用户更容易接受和理解。

在教学方法上，AI 技术也带来了革命性的变化。传统的科学教育往往采用"点到面"的模式，教师难以针对每个学生的特点进行个性化教学。而在 AI 课堂中，师生之间的互动建立起"点到点"的关系，教师可以直接解决某一位学生提出的问题，不受时间和地点的限制。这种教学模式的转变，使科学教育更加灵活和高效。

AI 技术还推动了科普形式的创新。利用 AR、VR 技术，结合自然语言处理和机器学习算法，可以打造生动、沉浸式的科学学习环境。用户可以通过虚拟实验、模拟场景和互动游戏等形式，直观地感受科学原理和现象，增强对科学知识的理解和记忆。这种交互式学习体验激发了用户的学习兴趣和探索欲望，提高了科学教育的吸引力和趣味性。

科普活动形式丰富多彩　新时代的科普活动在形式上呈现多样化的特点。除了传统的讲座、展览和科普读物外，还涌现了许多新颖的科普形式，如科普短视频、科普直播、科普游戏等。这些形式不仅丰富了科普的内容，还拓宽了科普的传播渠道。

AI 技术在科普活动形式多样化方面发挥了重要作用。例如，利用 AI 绘画工具，用户不仅可以生成独特的艺术作品，还能在此过程中学习到相关的科学知识和创作技巧。这种高效的互动方式将科学教育与创造性表达完美结合，给用户带来了全新的科普体验。

AI 技术还推动了科普与旅游、娱乐等产业的深度融合。通过"科普＋旅游"和"科普＋游戏"等模式，科普活动的参与度得到了显著提升。公众在享受旅游和娱乐的同时，也能接受到科学知识的熏陶，从而提高自身的科学素养。

科普活动走向世界舞台　新时代的科普活动不仅在国内蓬勃发展，还积极走向世界舞台。中国积极同世界各国开展科普交流，分享增强人民科学素质的经验做法，以推动共享发展成果、共建繁荣世界。

AI 技术在科普国际化方面发挥了重要作用。通过大数据和人工智能技术，科普产业可以更精确地定位目标受众，从而提高传播效率和公众参与感。同时，AI 技术还推动了科普内容的跨语言传播，让更多人受益于科学知识。

在国际科普交流中，中国不仅展示了自身的科普成果和经验，还积极借鉴国际先进经验，推动科普事业的共同发展。通过搭建开放合作平台、丰富交流合作内容等方式，中国与世界各国的科普交流日益紧密，共同推动了全球科普事业的发展。

引领国际科普创新发展　新时代的中国科普活动在创新化、多样化和国际化的推动下，已经取得了显著成效。这些成效不仅体现在国内科普事业的蓬勃发展上，还体现在对国际科普发展方向的引领作用上。

中国科普活动的创新化探索为国际科普界提供了宝贵经验，通过利用 AI 技术推动科普内容的个性化推送、智能化辅助教学和交互式学习体验等方式，中国科普活动在提高科普教育效果和用户体验方面取得了显著成效，这些经验对于国际科普界来说具有重要的借鉴意义。

中国科普活动的多样化形式为国际科普界带来了新的启示，通过探索"科普＋旅游""科普＋游戏"等新模式，中国科普活动在拓宽传播渠道、提高公众参与度方面取得了显著成效。这些新模式为国际科普界提供了新的思路和方法，推动了全球科普活动的多样化发展。

中国科普活动的国际化实践对国际科普界的发展起到了引领示范作用，通过积极与世界各国开展科普交流、分享经验做法等方式，中国科普活动在推动全球科普事业发展方面发挥了示范作用。这些实践不仅展示了中国的科普成果和实力，还为国际科普界树立了典范和标杆。

展望未来，科普活动将在 AI 技术的推动下实现创新化、多样化和国际化的深入发展。一方面，AI 技术将不断推动科普内容的创新和教学方法的变革，为公众提供更加精准、高效和有趣的科学教育服务。另一方面，AI 技术还将推动科普活动的多样化发展，拓宽传播渠道和提高公众参与度。

科普活动的组织者需要不断加强顶层设计、制订长远发展战略，并明确科普产业在国家经济中的定位。同时，需要加大对科普产业的创新投入，设立专项基金，并完善科普税收优惠政策，优化科普供给，以推动科普事业的健康发展。此外，培养新一代复合型人才、建立全新的科普产业评估体系等是推动科普事业高质量发展的重要基础性举措。

未来，科普活动将继续助力中国科普发展，为中国实现高水平科技自立自强、全面建成社会主义现代化强国、人类的文明进步和发展贡献更多的智慧和力量。

参考文献

专著：

[1] CASTELLS M. Conclusion: Social Change in the Network Society[M]. Hoboken: Wiley-Blackwell, 2010.

[2] 景佳，韦强，马曙，等．科普活动的策划与组织实施 [M]. 武汉：华中科技大学出版社，2011.

[3] 邱成利．科普管理 [M]. 重庆：重庆大学出版社，2024.

[4] 美国科学促进协会．科学素养的设计 [M]. 中国科学技术协会，译．北京：科学普及出版社，2005.

[5] 美国科学促进协会．面向全体美国人的科学 [M]. 中国科学技术协会，译．北京：科学普及出版社，2001.

[6] 汪品先．科坛趣话 [M]. 上海：上海科技教育出版社，2022.

[7] 张义芳．国外科普工作要览 [M]. 北京：科学技术文献出版社，1999.

[8] 中华人民共和国科学技术部．中国科普统计：2023 年版 [M]. 北京：科学技术文献出版社，2024.

[9] 武夷山．国外科普面面观 [M]. 北京：科学技术文献出版社，1999.

[10] 邱成利．科普讲解 [M]. 重庆：重庆大学出版社，2022.

[11] 赵致真．中国科学与新世纪 [M]. 北京：中国科学技术出版社，2001.

[12] 孙小淳．文明的积淀 [M]. 北京：中国科学技术出版社，2024.

[13] 中国科学院科学传播研究中心．中国科学传播报告 (2021) [M]. 北京：科学出版社，2021.

[14] 中国科学院科学传播研究中心 . 中国科学传播报告 (2022) [M]. 北京 : 科学出版社 , 2022.

[15] 中国科学传播报告编写组 . 中国科学传播报告 (2023) [M]. 北京 : 科学出版社 , 2024.

期刊 :

[1] BROSSARD D. New media landscapes and the science information consumer[J]. Proceedings of the National Academy of Sciences of the United States of America, 2013, 110 (3): 14096-14101.

[2] DAVIES S R, HARA N. Public science in a wired world: How online media are shaping science communication[J]. Science Communication, 2017, 39(5): 563-568.

[3] LEWENSTEIN B V. From fax to facts: Communication in the cold fusion Saga[J]. Social Studies of Science, 1995, 25 (3): 403-436.

[4] MILLER J D. Scientific Literacy: A Conceptual and Empirical Review[J]. Daedalus, 1983, 112 (2): 29-48.

[5] SCHEUFELE D A. Communicating science in social settings[J]. Proceedings of the National Academy of Sciences of the United States of America, 2013, 110 (3): 14040-14047.

[6] 姚昆仑 . 英国科学促进会和英国科技节 [J]. 科协论坛 , 1996（3）: 50.

[7] 金美意 . 新媒体时代电视科普类节目的创新路径研究——以《我是未来》为例 [J]. 新闻研究导刊 , 2020, 11（17）: 19-21.

[8] 邱成利 . 加强我国科普能力建设的若干思考与建议 [J]. 中国科技资源导刊 , 2016, 48（5）: 81-86, 110.

[9] 邱成利 , 秦秋莉 , 赵爽 , 等 . 新时代中国科学普及主要需求与供给分析

[J]. 创新科技, 2024, 24（6）: 41-50.

[10] 李蔚然, 丁振国. 关于社会热点焦点问题及其科普需求的调研报告 [J]. 科普研究, 2013, 8（1）: 18-24.

[11] 强婷婷, 郝琛. 新媒体环境下科技新闻传播模型构建研究 [J]. 科技传播, 2021, 13（22）: 1-6.

[12] 李竹, 林长春. 中外青少年科普教育活动的比较与思考 [J]. 教育评论, 2017（8）: 147-150.

[13] 邱成利, 邢天华. 树立科学理念普及救助方法是防震减灾的关键 [J]. 城市与减灾, 2019（2）: 45-50.

[14] 李红林. 领导干部和公务员科学素质提升的挑战与对策 [J]. 科普研究, 2021, 16（4）: 74-79, 110.

[15] 吴国盛. 当代中国的科学传播 [J]. 自然辩证法通讯, 2016, 38（2）: 1-6.

[16] 王大鹏, 李颖. 从科普到公众理解科学及科学传播的转向—以受众特征的变迁为视角 [J]. 新闻记者, 2015（9）: 79-83.

[17] 张娜. 科学中心展览的科技文化传播 [J]. 科技传播, 2021, 13（17）: 5-9, 19.

[18] 赵洋, 马宇罡, 苑楠, 等. 中国特色现代科技馆体系建设: 回顾与展望 [J]. 科普研究, 2021, 16（4）: 80-86, 111.

[19] 马宇罡, 莫小丹, 苑楠, 等. 中国特色现代科技馆体系建设: 历史、现状、未来 [J]. 科技导报, 2021, 39（10）: 34-47.

[20] 徐竞然, 张增一. 科学游戏研究评述 [J]. 科普研究, 2021, 16（1）: 56-64, 98.

[21] 朱莹, 顾洁燕. 国内科普游戏产业现状及发展策略研究 [J]. 科普研究, 2021, 16（2）: 100-106, 112.

[22] 张雅欣, 林世健, 王雪儿. 从"建构"到"认同": 以科学传播构建

人类共识促进国家媒体形象传播 [J]. 中国新闻传播研究, 2021（6）: 131-147.

[23] 牛桂芹, 李焱. 国外高校科学传播人才培养的典型经验及对我国的启示 [J]. 科普研究, 2021, 16（6）: 32-41, 96, 113.

[24] 齐昆鹏, 张志旻, 贾雷坡, 等. 国外主要科学资助机构推动科研人员参与科学传播的做法与启示 [J]. 中国科学院院刊, 2021, 36（12）: 1471-1481.

[25] 李黎, 孙文彬, 汤书昆. 当代中国科学传播发展阶段的历史演进 [J]. 科普研究, 2021, 16（3）: 37-46, 108-109.

[26] 陈曦. 失位与归正: 健康科普类短视频创意误区探析 [J]. 当代电视, 2021（3）: 86-89.

[27] 刘杨, 吴玉莹. 基于微信公众号的科普信息移动化传播策略研究——以"我是科学家 iScientist"为例 [J]. 新闻爱好者, 2021（4）: 45-48.

[28] 刘晓岚. 我国应急科普全媒体传播研究 [J]. 青年记者, 2021（10）: 48-49.

[29] 尹兆鹏. 科学传播理论的概念辨析 [J]. 自然辩证法研究, 2004（6）: 69-72, 77.

[30] T. W. 伯恩斯, D. J. 奥康纳, S. M. 斯托克麦耶, 等. 科学传播的一种当代定义 [J]. 科普研究, 2007（6）: 19-33.

[31] 刘华杰. 整合两大传统: 兼谈我们所理解的科学传播 [J]. 南京社会科学, 2002（10）: 15-20.

[32] 刘华杰. 科学传播的三种模型与三个阶段 [J]. 科普研究, 2009, 4（2）: 10-18.

[33] 张煜. 怎样做好广播科普节目 [J]. 新闻与写作, 2013（5）: 57-59.

[34] 余梦珑, 余红. 科学传播行动者的角色呈现与关系互动研究 [J]. 情报

杂志 , 2022, 41（5）: 169-175, 91.

[35] 吴文汐 , 周婷 . 科学家在线科学传播意愿及其影响因素实证研究 [J]. 东北师大学报 (哲学社会科学版), 2021（2）: 111-116.

[36] 汪凯 , 徐素田 . 科学传播中的科学家形象研究——基于对《中国现代科学家传记》文本的语义网络分析 [J]. 自然辩证法通讯 , 2021, 43（5）: 94-101.

[37] 杨正 , 肖遥 . 为何要引入公众参与科学——公众参与科学的三种逻辑 : 规范性、工具性与实质性 [J]. 科学与社会 , 2021, 11（1）: 115-136.

[38] 王明 , 郑念 . 公众参与科普的众包模式研究 [J]. 中国科技论坛 , 2021（2）: 161-168.

[39] 张一鸣 . 聚焦知识、情境与意义 : 重识科学传播模式 [J]. 自然辩证法研究 , 2021, 37（10）: 49-54.

[40] 黎娟娟 , 高宏斌 . 构建多元协同科普投入体系的现状和思考 [J]. 科普研究 , 2021, 16（3）: 81-90, 111.

[41] 陈婉姬 , 李莹 , 宿湘林 , 等 . 公众参与社区科普活动意愿的影响因素研究——以深圳市为例 [J]. 科普研究 , 2021, 16（2）: 59-67, 110.

[42] 张娜 . 美美与共——走向科学美学的科学中心展示设计 [J]. 科学教育与博物馆 , 2021, 7（4）: 340-347.

[43] 王恒 . 科学与艺术对于科普工作的意义 [J]. 自然科学博物馆研究 , 2021, 6（5）: 12-17, 92.

[44] 邱志杰 . 科普即美育 [J]. 自然科学博物馆研究 , 2021, 6（5）: 5-11, 92.

[45] 汤书昆 . 全民科学素质是社会文明进步的基础 [J]. 科普研究 , 2021, 16（4）: 14-17, 30, 105.

[46] 胡俊平. 产业工人科学素质提升的挑战与对策 [J]. 科普研究, 2021, 16（4）: 63-68, 109.

[47] 张志敏. 公众科学素质建设全球合作机制构建的探讨 [J]. 科普研究, 2021, 16（4）: 92-98, 112.

[48] 李正风, 朱洪启, 王京春. 新时期推进高层次科普人才培养的思考 [J]. 科普研究, 2021, 16（4）: 87-91, 111.

[49] 李正风, 武晨箫, 胡赛全. 关于新时代公民科学素质的再思考 [J]. 科普研究, 2021, 16（2）: 18-23, 107-108.

[50] 邴杰, 李诺, 刘恩山. 美国社会性科学议题教学研究及启示——以"议题探究"项目为例 [J]. 比较教育学报, 2021（6）: 131-141.

[51] 李瑞雪, 王健. 美国科学课程中的跨学科概念: 演进、实践及启示 [J]. 外国教育研究, 2021, 48（4）: 102-117.

[52] 葛焱. 加强重大科技创新平台科普工作能力的分析及思考——以重大科技基础设施为例 [J]. 实验技术与管理, 2021, 38（6）: 36-40.

[53] 王小明. 数字时代的科普产业 [J]. 科学教育与博物馆, 2021, 7（1）: 1-5.

[54] 田鹏, 陈实. 基于 IPA 和 fsQCA 的科普场馆满意度提升路径研究——以中国科技馆为例 [J]. 科普研究, 2021, 16（6）: 80-88, 116.

[55] 周荣庭, 魏啸天. 虚实融合的科技馆创新发展路径研究 [J]. 科学教育与博物馆, 2021, 7（6）: 540-545.

[56] 刘梦霏, 牛雪莹. 科普游戏新模式——以共创开发促生态认识 [J]. 科学教育与博物馆, 2021, 7（3）: 160-171.

[57] 龚皓. 基于福格行为模型的科普游戏设计与实践——以《探索鲸奇世界》为例 [J]. 科学教育与博物馆, 2021, 7（2）: 136-140.

其他：

[1] 中共中央,国务院.中共中央、国务院关于加强科学技术普及工作的若干意见 [Z]. 1994.

[2] 中共中央办公厅,国务院办公厅.关于新时代进一步加强科学技术普及工作的意见 [Z]. 2022.

[3] 科技部.科技部发布 2023 年度全国科普统计数据 [EB/OL]. (2024-12-30)[2025-02-14].科技部官网.

[4] 科技部,中央宣传部.中国公民科学素质基准 [Z]. 2016.

[5] 民政部. 2022 年度国家老龄事业发展公报 [R]. 2023.

[6] 国务院.全民科学素质行动规划纲要 (2021—2035 年) [Z]. 2021.

附　录

附录一　《中共中央、国务院关于加强科学技术普及工作的若干意见》

1994 年 12 月 5 日

　　科学技术普及工作是普及科学知识、提高全民素质的关键措施，是社会主义物质文明和精神文明建设的重要内容，也是培养一代新人的必要措施。

　　为适应国际、国内形势对科普工作的新要求，进一步加强和改善我国的科学技术普及工作，特提出以下意见。

　　1. 科学技术是第一生产力，是推动经济、社会发展的第一位变革力量。世界范围内新技术革命的日新月异，促使全球经济、社会的发展乃至人们生活方式不断发生重大变革。科技竞争、特别是人才竞争，已经成为世界各国竞争的焦点。许多国家都把提高国民的科学文化素质看成是 21 世纪竞争成功的关键。为适应世界潮流，迎接下一世纪的挑战，普及科学文化教育，将人们导入科学的生产、生活方式，是把经济建设转移到依靠科技进步和提高劳动者素质轨道、实现我国经济发展战略目标的关键环节。依靠科技进步和知识传播，促进社会主义物质文明和精神文明建设，维护社会稳定，是当前我国的重要任务，也是今后我国经济发展、科技进步和社会稳定的重要保证。

2.建国45年来，在广大科技、教育、文化工作者，特别是科普工作者的辛勤努力下，我国的科普工作取得了令人瞩目的成就，科普事业有了长足的发展，科普组织网络日益健全。全国许多省（市）每年都举办一些大型科普宣传活动，国家和有关部门组织实施的科技、教育计划及有关活动也在增强全民科技意识、普及科技知识方面起到了重要的推动作用。特别是结合技术推广和技术培训，农村技术普及工作取得了显著的成效。由于各部门通力合作和全社会共同参与，一个群众性、社会性的科普工作局面已经初步形成。

虽然科普事业已经有了相当的基础，但与我国经济、社会发展的需求相比仍有较大的差距。特别是近些年来，由于有些地方对科普工作的重视程度有所下降，致使科普工作面临重重困难，科普阵地日渐萎缩。与此同时，一些迷信、愚昧活动却日渐泛滥，反科学、伪科学活动频频发生，令人触目惊心。这些与现代文明相悖的现象，日益侵蚀人们的思想，愚弄广大群众，腐蚀青少年一代，严重阻碍着社会主义物质文明和精神文明建设。因此，采取有力措施，大力加强科普工作，已成为一项迫在眉睫的工作。

3.科学技术的普及程度，是国民科学文化素质的重要标志，事关经济振兴、科技进步和社会发展的全局。因此，必须从社会主义现代化事业的兴旺和民族强盛的战略高度来重视和开展科普工作。贫穷不是社会主义，愚昧更不是社会主义。加强科普工作，提高全民族的科学、文化素质，就是从根本上动摇和拆除封建迷信赖以存在的社会基础。在提高全国人民物质生活水平的同时，要努力提高精神生活的水准，使科普工作真正成为"两个文明"建设的重要内容，成为实现经济建设转移到依靠科技进步和提高劳动者素质轨道的重要途径，成为实现决策科学化的有力保障，成为培养一代新人的重要措施。提高全民科学文化素质，引导广大干部和人民群众掌握科学知识、应用科学方法、学会科学思维、战胜迷信、愚昧和贫穷，为我国社会主义现代化事业奠定坚实基础，是当前和今后一个时期科普工作的重要任务。

4. 要把提高全民科技素质，保障国民经济持续、快速、健康发展，促进"两个文明"建设作为科普工作的中心任务。在提高和统一全党、全社会对科普工作认识的基础上，改善和加强各级党委、政府对科普工作的领导，把它作为一项长期的战略任务常抓不懈，使之成为社会主义精神文明建设和科技工作的重要组成部分。要适应社会主义市场经济发展的要求，充分利用现有的科普队伍和设施，根据经济和社会发展的需要有成效地组织开展科普工作；要通过深化改革，逐步建立、健全科普工作的政策法律体系和支撑服务体系；要动员全社会力量，多形式、多层次、多渠道地开展科普工作，传播科技知识、科学方法和科学思想，使科普工作群众化、社会化、经常化。

5. 要进一步加强和改善党和政府对科普工作的领导。科普工作是国家基础建设和基础教育的重要组成部分，是一项意义深远的宏大社会工程。各级党委和政府要把科普工作提到议事日程，通过政策引导、加强管理和增加投入等多种措施，切实加强和改善对科普工作的领导。全国的科普工作，由国家科委牵头负责，制定计划，部署工作，督促检查，实行政策引导。为适应新形势下科普工作面临的新任务，将建立由国家科委牵头、各有关部门参加的联席会议制度，统筹协调和组织全国的科普工作。中国科协以及其他各群众团体、学术组织都要继续发挥主动性，大力开展日常性、群众性的科普活动。

国家将进一步组织制订科普工作的总体规划，将其纳入国家"九五"计划，并逐级纳入各部门和地方的经济、科技和社会发展的规划。有关部门和地方政府要按照总体目标和要求确定科普工作的规划和计划，以利监督执行。要特别注意科普工作同其他经济、科技、教育和社会发展计划的衔接，更好地发挥这些计划在提高国民素质和综合国力方面的重要作用。

6.科普活动涉及全社会，有必要对政府、团体、公众对普及科学技术知识的行为、权利和义务进行法律规范。国家将根据《中华人民共和国宪法》和《中华人民共和国科学技术进步法》关于"普及科学技术"的总要求，制定专项法规或实施细则，加快科普工作立法的步伐，使科普工作尽快走上法制化、制度化的轨道。

各地可以通过开展"科技（科普）周"等形式，规范本地区的科普活动，促进科普工作的群众化和社会化。

7.根据我国经济、社会发展的具体情况，当前科普工作的重点应放在以下几个方面。

从科普工作的内容上讲，要从科学知识、科学方法和科学思想的教育普及三个方面推进科普工作。在继续做好科学知识和适用技术普及宣传的同时，要特别重视科学思想的教育和科学方法的传播，培养公众用科学的思想观察问题，用科学的方法处理问题的能力。

从科普工作的对象上讲，要把重点继续放在青少年、农村干部群众和各级领导干部身上。要努力发挥教育在科普工作中的主渠道作用，结合中小学教育改革，多形式、多渠道地为青少年提供科普活动阵地，培养他们的思维能力、动手能力和创造能力，帮助他们树立正确的科学观、人生观和世界观。要继续面向亿万农民，特别是贫困地区、少数民族地区的农民，传播和普及先进适用技术，因地制宜、扎实有效地开展农村科普工作。要增强领导干部的科技意识和对科学技术的理解能力，帮助他们不断扩大知识面，了解科技发展动态，认识科学技术对国家政治、经济和社会的广泛而深刻的影响，推进决策的科学化和民主化进程。

要始终高举科学旗帜，引导教育人民，净化社会环境，用科学战胜封建迷信和愚昧落后，提高全社会的科技意识，搞好社会主义物质文明和精神文明建设。

8. 以改革促发展，努力开创科普工作的新局面。作为整个科技工作的一个重要组成部分，科普工作也要深入贯彻"稳住一头，放开一片"的科技体制改革的方针，结合社会公益事业的特点，逐步形成开放、竞争、流动的新机制，适应科普工作社会化、现代化的要求。"稳住一头"指的是采取积极、有效的措施，稳定和建设一支精干的专业科普工作队伍。要进一步创造环境和气氛，使专业科普工作者和其他科技工作者从事科普工作的劳动成果得到应有的承认；同时要在工作、生活、进修、奖励、职称等方面给予适当的倾斜，以稳定队伍，繁荣创作。对在科普工作中做出突出贡献的科普工作者，国家将给予表彰和奖励。"放开一片"主要是放开放活一大批基层科普组织和机构，引导它们面向社会，面向市场，按市场经济规律运行，开展多种形式的有偿服务。特别是对于从事先进适用技术推广和信息服务的机构和人员，要鼓励他们按照"自愿组合，自筹资金，自负盈亏，自我发展"的原则，走自我发展的道路。要把科普组织体系的建设同社会化服务体系的建设结合起来，鼓励、支持各种形式的民营科技服务组织的发展。

9. 随着经济、社会的不断发展和财政收入的不断增加，国家将逐步增加对科普工作的投入，并给予长期、持续、稳定的支持。各级政府也要采取切实可行的措施，保证对科普工作的经费投入。

要进一步改革资金使用方式，统一思想，加强集成，集中有限资源办大事，提高资金使用效益。各级政府都要对科普设施建设予以优先重视，并根据经济、社会发展的需要和可能，将其纳入有关规划和计划。各地应把科普设施、特别是场馆建设纳入各地的市政、文化建设规划，作为建设现代文明城市的主要标志之一。当前，主要是把现有场馆设施改造和利用好，充分发挥其效益。各省、自治区、直辖市、特别是经济较发达地区，应该尽可能地创造条件，对现有的科普设施进行改造，使之逐步完善。

10.国家鼓励全社会兴办科普公益事业，并将制定有关公益事业的法规和政策。在严格界定的基础上，明确公益事业产权，使公益事业法人化，鼓励企业、社会团体和其他事业单位捐助科普事业，兴办为社会服务的科普公益设施。各有关部门要积极配合，广泛吸收海外资金支持和兴办这类公益性机构。

11.要充分利用大众传播媒介，开展多种形式的科普宣传。要从提高全民素质和培育下一代的高度认识科普宣传的重要性，重视传媒的科学教育功能，把科普宣传作为整个宣传工作的重要内容。要在报刊、图书、广播、电视和电影等大众传播媒介中加大科普宣传的力度和数量，通过政策发动、舆论引导，造成声势，逐步形成"学科学、爱科学、讲科学、用科学"的社会风尚。要鼓励和提倡新闻工作者学习科技知识，加强对科普宣传的鼓励和支持。对科普报刊图书，科普影视声像作品的创作与发行，应给予扶植，充分发挥这些现代化传播手段的作用。各类公益广告要增加科普宣传的含量，宣传科学、正确的生活方式和工作方式，创造有利于科普工作的全方位的舆论环境。

各级文化、宣传部门要进一步加强对新闻出版等大众传媒中科技内容的管理，创造科学、文明的社会氛围。要明令禁止有关涉及封建迷信或尚无科学定论、有违科学原则和精神的猎奇报道以及不良生活方式的宣传。对某些不易划清界限或暂时不能定论的内容或活动，应严格加以控制。对确实造成不良影响的机构和个人，应予以相应处罚；对个别触犯刑律的，要予以制裁。

12.要充分认识破除反科学、伪科学的长期性、复杂性和艰巨性，把这项工作始终不懈地坚持下去。对利用封建迷信搞违法犯罪活动的要坚决依法打击，对反动会道门组织要坚决依法取缔，对参与封建迷信活动的人要进行批评教育。各级领导干部要以身作则，自觉加强对现代科学文化知识、科学方法和科学思想的学习，自觉反对和抵制各种反科学思潮的冲击和影响，不准参与、鼓励各种封建迷信和伪科学活动。禁止党政干部参神拜庙、求卦占卜、大办丧事，为树立良好的社会风气起模范带头作用。

要通过行政和法律手段，清理和整顿现有的神怪洞府，取缔求神问卜等封建迷信活动。要在认真贯彻党的宗教、民族政策的基础上，加强对人文景观、旅游设施建设的管理，提高导游人员的素质，充分发挥其科普教育功能。

13.要充分利用现有资源，调动社会各方面的力量，广泛、深入地开展科普工作，使之逐步走上群众化、社会化、经常化的轨道。在继续发挥各级科普专业队伍主力军作用的同时，要鼓励和支持全社会共同参与，齐抓共管。教育、宣传、文化、旅游、共青团、工会、妇联等有关部门要积极发挥作用，充分利用现有的渠道和阵地，开展多种形式的科普教育和宣传活动。各科技机构、大专院校和科技工作者要积极投身于科普事业，通过举办公开讲座、开放实验室、参观等多种方式进行科普宣传，积极发挥宣传、教育职能。要鼓励从事科技工作的专家、学者，特别是院士、老科学家走向社会，到青少年中去，带头宣讲科技知识。

科学技术普及工作是关系到我国21世纪发展的根本性、战略性的工作，全党、全社会都要高度重视，认真抓好。各有关部门要研究制定加强和改善科普工作的实施方案，并认真督促执行。各级党委和政府要根据各地的实际情况和经济、社会发展条件，研究制定贯彻本文件的具体实施办法，并尽快落实。

附录二 《关于新时代进一步加强科学技术普及工作的意见》

2022 年 9 月 4 日

　　科学技术普及（以下简称科普）是国家和社会普及科学技术知识、弘扬科学精神、传播科学思想、倡导科学方法的活动，是实现创新发展的重要基础性工作。党的十八大以来，我国科普事业蓬勃发展，公民科学素质快速提高，同时还存在对科普工作重要性认识不到位、落实科学普及与科技创新同等重要的制度安排尚不完善、高质量科普产品和服务供给不足、网络伪科普流传等问题。面对新时代新要求，为进一步加强科普工作，现提出如下意见。

一、总体要求

　　（一）指导思想。以习近平新时代中国特色社会主义思想为指导，坚持把科学普及放在与科技创新同等重要的位置，强化全社会科普责任，提升科普能力和全民科学素质，推动科普全面融入经济、政治、文化、社会、生态文明建设，构建社会化协同、数字化传播、规范化建设、国际化合作的新时代科普生态，服务人的全面发展、服务创新发展、服务国家治理体系和治理能力现代化、服务推动构建人类命运共同体，为实现高水平科技自立自强、建设世界科技强国奠定坚实基础。

（二）工作要求。坚持党的领导，把党的领导贯彻到科普工作全过程，突出科普工作政治属性，强化价值引领，践行社会主义核心价值观，大力弘扬科学精神和科学家精神。坚持服务大局，聚焦"四个面向"和高水平科技自立自强，全面提高全民科学素质，厚植创新沃土，以科普高质量发展更好服务党和国家中心工作。坚持统筹协同，树立大科普理念，推动科普工作融入经济社会发展各领域各环节，加强协同联动和资源共享，构建政府、社会、市场等协同推进的社会化科普发展格局。坚持开放合作，推动更大范围、更高水平、更加紧密的科普国际交流，共筑对话平台，增进开放互信、合作共享、文明互鉴，推进全球可持续发展，推动构建人类命运共同体。

（三）发展目标。到 2025 年，科普服务创新发展的作用显著提升，科学普及与科技创新同等重要的制度安排基本形成，科普工作和科学素质建设体系优化完善，全社会共同参与的大科普格局加快形成，科普公共服务覆盖率和科研人员科普参与率显著提高，公民具备科学素质比例超过 15%，全社会热爱科学、崇尚创新的氛围更加浓厚。到 2035 年，公民具备科学素质比例达到 25%，科普服务高质量发展能效显著，科学文化软实力显著增强，为世界科技强国建设提供有力支撑。

二、强化全社会科普责任

（四）各级党委和政府要履行科普工作领导责任。落实科普相关法律法规，把科普工作纳入国民经济和社会发展规划、列入重要议事日程，与科技创新协同部署推进。统筹日常科普和应急科普，深入实施全民科学素质行动，为全社会开展科普工作创造良好环境和条件。

（五）各行业主管部门要履行科普行政管理责任。各级科学技术行政部门要强化统筹协调，切实发挥科普工作联席会议机制作用，加强科普工作规划，强化督促检查，加强科普能力建设，按有关规定开展科普表彰奖励。各级各有关部门要加强行业领域科普工作的组织协调、服务引导、公共应急、监督考评等。

（六）各级科学技术协会要发挥科普工作主要社会力量作用。各级科学技术协会要履行全民科学素质行动牵头职责，强化科普工作职能，加强国际科技人文交流，提供科普决策咨询服务。有关群团组织和社会组织要根据工作对象特点，在各自领域开展科普宣传教育。

（七）各类学校和科研机构要强化科普工作责任意识。发挥学校和科研机构科教资源丰富、科研设施完善的优势，加大科普资源供给。学校要加强科学教育，不断提升师生科学素质，积极组织并支持师生开展丰富多彩的科普活动。科研机构要加强科普与科研结合，为开展科普提供必要的支持和保障。

（八）企业要履行科普社会责任。企业要积极开展科普活动，加大科普投入，促进科普工作与科技研发、产品推广、创新创业、技能培训等有机结合，提高员工科学素质，把科普作为履行社会责任的重要内容。

（九）各类媒体要发挥传播渠道重要作用。广播、电视、报刊、网络等各类媒体要加大科技宣传力度，主流媒体要发挥示范引领作用，增加科普内容。各类新兴媒体要强化责任意识，加强对科普作品等传播内容的科学性审核。

（十）广大科技工作者要增强科普责任感和使命感。发挥自身优势和专长，积极参与和支持科普事业，自觉承担科普责任。注重提升科普能力，运用公众易于理解、接受和参与的方式开展科普。积极弘扬科学家精神，恪守科学道德准则，为提高全民科学素质作出表率。鼓励和支持老科技工作者积极参与科普工作。

（十一）公民要自觉提升科学素质。公民要积极参与科普活动，主动学习、掌握、运用科技知识，自觉抵制伪科学、反科学等不良现象。

三、加强科普能力建设

（十二）强化基层科普服务。围绕群众的教育、健康、安全等需求，深入开展科普工作，提升基层科普服务能力。依托城乡社区综合服务设施，积极动员学校、医院、科研院所、企业、社会组织等，广泛开展以科技志愿服务为重要手段的基层科普活动。建立完善跨区域科普合作和共享机制，鼓励有条件的地区开展全领域行动、全地域覆盖、全媒体传播、全民参与共享的全域科普行动。

（十三）完善科普基础设施布局。加强科普基础设施在城市规划和建设中的宏观布局，促进全国科普基础设施均衡发展。鼓励建设具有地域、产业、学科等特色的科普基地。全面提升科技馆服务能力，推动有条件的地方因地制宜建设科技馆，支持和鼓励多元主体参与科技馆等科普基础设施建设，加强科普基础设施、科普产品及服务规范管理。充分利用公共文化体育设施开展科普宣传和科普活动。发挥重大科技基础设施、综合观测站等在科普中的重要作用。充分利用信息技术，深入推进科普信息化发展，大力发展线上科普。

（十四）加强科普作品创作。以满足公众需求为导向，持续提升科普作品原创能力。依托现有科研、教育、文化等力量，实施科普精品工程，聚焦"四个面向"创作一批优秀科普作品，培育高水平科普创作中心。鼓励科技工作者与文学、艺术、教育、传媒工作者等加强交流，多形式开展科普创作。运用新技术手段，丰富科普作品形态。支持科普展品研发和科幻作品创作。加大对优秀科普作品的推广力度。

（十五）提升科普活动效益。发挥重大科技活动示范引领作用，展示国家科技创新成就，举办科普惠民活动，充分展现科技创新对推动经济社会高质量发展和满足人民群众美好生活需要的支撑作用。面向群众实际需求和经济社会发展典型问题,积极开展针对性强的高质量公益科普。

(十六)壮大科普人才队伍。培育一支专兼结合、素质优良、覆盖广泛的科普工作队伍。优化科普人才发展政策环境,畅通科普工作者职业发展通道,增强职业认同。合理制定专职科普工作者职称评聘标准。广泛开展科普能力培训,依托高等学校、科研院所、科普场馆等加强对科普专业人才的培养和使用,推进科普智库建设。加强科普志愿服务组织和队伍建设。

(十七)推动科普产业发展。培育壮大科普产业,促进科普与文化、旅游、体育等产业融合发展。推动科普公共服务市场化改革,引入竞争机制,鼓励兴办科普企业,加大优质科普产品和服务供给。鼓励科技领军企业加大科普投入,促进科技研发、市场推广与科普有机结合。加强科普成果知识产权保护。

(十八)加强科普交流合作。健全国际科普交流机制,拓宽科技人文交流渠道,实施国际科学传播行动。引进国外优秀科普成果。积极加入或牵头创建国际科普组织,开展青少年国际科普交流,策划组织国际科普活动,加强重点领域科普交流,增强国际合作共识。打造区域科普合作平台,推动优质资源共建共享。

四、促进科普与科技创新协同发展

(十九)发挥科技创新对科普工作的引领作用。大力推进科技资源科普化,加大具备条件的科技基础设施和科技创新基地向公众开放力度,因地制宜开展科普活动。组织实施各级各类科技计划(专项、基金)要合理设置科普工作任务,充分发挥社会效益。注重宣传国家科技发展重点方向和科技创新政策，引导社会形成理解和支持科技创新的正确导向，为科学研究和技术应用创造良好氛围。

（二十）发挥科普对科技成果转化的促进作用。聚焦战略导向基础研究和前沿技术等科技创新重点领域开展针对性科普，在安全保密许可的前提下，及时向公众普及科学新发现和技术创新成果。引导社会正确认识和使用科技成果，让科技成果惠及广大人民群众。鼓励在科普中率先应用新技术，营造新技术应用良好环境。推动建设科技成果转移转化示范区、高新技术产业开发区等，搭建科技成果科普宣介平台，促进科技成果转化。

五、强化科普在终身学习体系中的作用

（二十一）强化基础教育和高等教育中的科普。将激发青少年好奇心、想象力，增强科学兴趣和创新意识作为素质教育重要内容，把弘扬科学精神贯穿于教育全过程。建立科学家有效参与基础教育机制，充分利用校外科技资源加强科学教育。加强幼儿园和中小学科学教育师资配备和科学类教材编用，提升教师科学素质。高等学校应设立科技相关通识课程，满足不同专业、不同学习阶段学生需求，鼓励和支持学生开展创新实践活动和科普志愿服务。

（二十二）强化对领导干部和公务员的科普。在干部教育培训中增加科普内容比重，突出科学精神、科学思想培育，加强前沿科技知识和全球科技发展趋势学习，提高领导干部和公务员科学履职能力。

（二十三）强化职业学校教育和职业技能培训中的科普。弘扬工匠精神，提升技能素质，培育高技能人才队伍。发挥基层农村专业技术协会、科技志愿服务等农业科技社会化服务体系作用，深入推进科技特派员制度，引导优势科普资源向农村流动，助力乡村振兴。

（二十四）强化老龄工作中的科普。依托老年大学（学校、学习点）、社区学院（学校、学习点）、养老服务机构等，在老年人群中广泛普及卫生健康、网络通信、智能技术、安全应急等老年人关心、需要又相对缺乏的知识技能，提升老年人信息获取、识别、应用等能力。

六、营造热爱科学、崇尚创新的社会氛围

（二十五）加强科普领域舆论引导。坚持正确政治立场，强化科普舆论阵地建设和监管。增强科普领域风险防控意识和国家安全观念，强化行业自律规范。建立科技创新领域舆论引导机制，掌握科技解释权。坚决破除封建迷信思想，打击假借科普名义进行的抹黑诋毁和思想侵蚀活动，整治网络传播中以科普名义欺骗群众、扰乱社会、影响稳定的行为。

（二十六）大力弘扬科学家精神。继承和发扬老一代科学家优秀品质，加大对优秀科技工作者和创新团队的宣传力度，深入挖掘精神内涵，推出一批内蕴深厚、形式多样的优秀作品，引导广大科技工作者自觉践行科学家精神，引领更多青少年投身科技事业。

（二十七）加强民族地区、边疆地区、欠发达地区科普工作。推广一批实用科普产品和服务，组织实施科技下乡进村入户等科普活动，引导优质科普资源向民族地区、边疆地区、欠发达地区流动，推动形成崇尚科学的风尚，促进铸牢中华民族共同体意识和巩固拓展脱贫攻坚成果。

七、加强制度保障

（二十八）构建多元化投入机制。各级党委和政府要保障对科普工作的投入，将科普经费列入同级财政预算。鼓励通过购买服务、项目补贴、以奖代补等方式支持科普发展。鼓励和引导社会资金通过建设科普

场馆、设立科普基金、开展科普活动等形式投入科普事业。依法制定鼓励社会力量兴办科普事业的政策措施。

（二十九）完善科普奖励激励机制。对在科普工作中作出突出贡献的组织和个人按照国家有关规定给予表彰。完善科普工作者评价体系，在表彰奖励、人才计划实施中予以支持。鼓励相关单位把科普工作成效作为职工职称评聘、业绩考核的参考。合理核定科普场馆绩效工资总量，对工作成效明显的适当核增绩效工资总量。

（三十）强化工作保障和监督评估。完善科普法律法规体系，推动修订《中华人民共和国科学技术普及法》，健全相关配套政策，加强政策衔接。开展科普理论和实践研究，加强科普调查统计等基础工作。加强科普规范化建设，完善科普工作标准和评估评价体系，适时开展科普督促检查。合理设置科普工作在文明城市、卫生城镇、园林城市、环保模范城市、生态文明示范区等评选体系中的比重。

附录三 《中华人民共和国科学技术普及法》

（2002 年 6 月 29 日第九届全国人民代表大会常务委员会第二十八次会议通过 2024 年 12 月 25 日第十四届全国人民代表大会常务委员会第十三次会议修订）

目录

第一章 总则

第一条 为了实施科教兴国战略、人才强国战略和创新驱动发展战略，全面促进科学技术普及，加强国家科学技术普及能力建设，提高公民的科学文化素质，推进实现高水平科技自立自强，推动经济发展和社会进步，根据宪法，制定本法。

第二条　本法适用于国家和社会普及科学技术知识、倡导科学方法、传播科学思想、弘扬科学精神的活动。

开展科学技术普及（以下简称科普），应当采取公众易于接触、理解、接受、参与的方式。

第三条　坚持中国共产党对科普事业的全面领导。

开展科普，应当以人民为中心，坚持面向世界科技前沿、面向经济主战场、面向国家重大需求、面向人民生命健康，培育和弘扬创新文化，推动形成崇尚科学、追求创新的风尚，服务高质量发展，为建设科技强国奠定坚实基础。

第四条　科普是国家创新体系的重要组成部分，是实现创新发展的基础性工作。国家把科普放在与科技创新同等重要的位置，加强科普工作总体布局、统筹部署，推动科普与科技创新紧密协同，充分发挥科普在一体推进教育科技人才事业发展中的作用。

第五条　科普是公益事业，是社会主义物质文明和精神文明建设的重要内容。发展科普事业是国家的长期任务，国家推动科普全面融入经济、政治、文化、社会、生态文明建设，构建政府、社会、市场等协同推进的科普发展格局。

国家加强农村的科普工作，扶持革命老区、民族地区、边疆地区、经济欠发达地区的科普工作，建立完善跨区域科普合作和共享机制，促进铸牢中华民族共同体意识，推进乡村振兴。

第六条　科普工作应当践行社会主义核心价值观，弘扬科学精神和科学家精神，遵守科技伦理，反对和抵制伪科学。

任何组织和个人不得以科普为名从事损害国家利益、社会公共利益或者他人合法权益的活动。

第七条　国家机关、武装力量、社会团体、企业事业单位、基层群众性自治组织及其他组织应当开展科普工作，可以通过多种形式广泛开展科普活动。

每年9月为全国科普月。

公民有参与科普活动的权利。

第八条　国家保护科普组织和科普人员的合法权益，鼓励科普组织和科普人员自主开展科普活动，依法兴办科普事业。

第九条　国家支持社会力量兴办科普事业。社会力量兴办科普事业可以按照市场机制运行。

第十条　科普工作应当坚持群众性、社会性和经常性，结合实际，因地制宜，采取多种方式。

第十一条　国家实施全民科学素质行动，制定全民科学素质行动规划，引导公民培育科学和理性思维，树立科学的世界观和方法论，养成文明、健康、绿色、环保的科学生活方式，提高劳动、生产、创新创造的技能。

第十二条　国家支持和促进科普对外合作与交流。

第十三条　对在科普工作中做出突出贡献的组织和个人，按照国家有关规定给予表彰、奖励。

国家鼓励社会力量依法设立科普奖项。

第二章　组织管理

第十四条　各级人民政府领导科普工作，应当将科普工作纳入国民经济和社会发展相关规划，为开展科普工作创造良好的环境和条件。

县级以上人民政府应当建立科普工作协调制度。

第十五条　国务院科学技术行政部门负责制定全国科普工作规划，

实行政策引导，进行督促检查，加强统筹协调，推动科普工作发展。

国务院其他部门按照各自的职责分工，负责有关的科普工作。

县级以上地方人民政府科学技术行政部门及其他部门在同级人民政府领导下按照各自的职责分工，负责本地区有关的科普工作。

第十六条　行业主管部门应当结合本行业特点和实际情况，组织开展相关科普活动。

第十七条　科学技术协会是科普工作的主要社会力量，牵头实施全民科学素质行动，组织开展群众性、社会性和经常性的科普活动，加强国际科技人文交流，支持有关组织和企业事业单位开展科普活动，协助政府制定科普工作规划，为政府科普工作决策提供建议和咨询服务。

第十八条　工会、共产主义青年团、妇女联合会等群团组织应当结合各自工作对象的特点组织开展科普活动。

第三章　社会责任

第十九条　科普是全社会的共同责任。社会各界都应当组织、参加各类科普活动。

第二十条　各级各类学校及其他教育机构，应当把科普作为素质教育的重要内容，加强科学教育，提升师生科学文化素质，支持和组织师生开展多种形式的科普活动。

高等学校应当发挥科教资源优势，开设科技相关通识课程，开展科研诚信和科技伦理教育，把科普纳入社会服务职能，提供必要保障。

中小学校、特殊教育学校应当利用校内、校外资源，提高科学教育质量，完善科学教育课程和实践活动，激发学生对科学的兴趣，培养科学思维、创新意识和创新能力。

学前教育机构应当根据学前儿童年龄特点和身心发展规律，加强科学启蒙教育，培育、保护好奇心和探索意识。

第二十一条　开放大学、老年大学、老年科技大学、社区学院等应当普及卫生健康、网络通信、智能技术、应急安全等知识技能，提升老年人、残疾人等群体信息获取、识别和应用等能力。

第二十二条　科学研究和技术开发机构、高等学校应当支持和组织科学技术人员、教师开展科普活动，有条件的可以设置专职科普岗位和专门科普场所，使科普成为机构运行的重要内容，为开展科普活动提供必要的支持和保障，促进科技研发、科技成果转化与科普紧密结合。

第二十三条　科技企业应当把科普作为履行社会责任的重要内容，结合科技创新和职工技能培训面向公众开展科普活动。

鼓励企业将自身科技资源转化为科普资源，向公众开放实验室、生产线等科研、生产设施，有条件的可以设立向公众开放的科普场馆和设施。

第二十四条　自然科学和社会科学类社会团体等应当组织开展专业领域科普活动，促进科学技术的普及推广。

第二十五条　新闻出版、电影、广播电视、文化、互联网信息服务等机构和团体应当发挥各自优势做好科普宣传工作。

综合类报纸、期刊、广播电台、电视台应当开展公益科普宣传；电影、广播电视生产、发行和播映机构应当加强科普作品的制作、发行和播映；书刊出版、发行机构应当扶持科普书刊的出版、发行；综合性互联网平台应当开设科普网页或者科普专区。

鼓励组织和个人利用新兴媒体开展多种形式的科普，拓展科普渠道和手段。

第二十六条　农村基层群众性自治组织协助当地人民政府根据当地经济与社会发展的需要，围绕科学生产、文明健康生活，发挥农村科普组织、农村学校、基层医疗卫生机构等作用，开展科普工作，提升农民科学文化素质。

各类农村经济组织、农业科研和技术推广机构、农民教育培训机构、农村专业技术协（学）会以及科技特派员等，应当开展农民科技培训和农业科技服务，结合推广先进适用技术和科技成果转化应用向农民普及科学技术。

第二十七条　城市基层群众性自治组织协助当地人民政府利用当地科技、教育、文化、旅游、医疗卫生等资源，结合居民的生活、学习等需要开展科普活动，完善社区综合服务设施科普功能，提高科普服务质量和水平。

第二十八条　科技馆（站）、科技活动中心和其他科普教育基地，应当组织开展科普教育活动。图书馆、博物馆、文化馆、规划展览馆等文化场所应当发挥科普教育的作用。

公园、自然保护地、风景名胜区、商场、机场、车站、码头等各类公共场所以及重大基础设施的经营管理单位，应当在所辖范围内加强科普宣传。

第四章　科普活动

第二十九条　国家支持科普产品和服务研究开发，鼓励新颖、独创、科学性强的高质量科普作品创作，提升科普原创能力，依法保护科普成果知识产权。

鼓励科学研究和技术开发机构、高等学校、企业等依托现有资源并根据发展需要建设科普创作中心。

第三十条　国家发展科普产业，鼓励兴办科普企业，促进科普与文化、旅游、体育、卫生健康、农业、生态环保等产业融合发展。

第三十一条　国家推动新技术、新知识在全社会各类人群中的传播与推广，鼓励各类创新主体围绕新技术、新知识开展科普，鼓励在科普中应用新技术，引导社会正确认识和使用科技成果，为科技成果应用创造良好环境。

第三十二条　国家部署实施新技术领域重大科技任务，在符合保密法律法规的前提下，可以组织开展必要的科普，增进公众理解、认同和支持。

第三十三条　国家加强自然灾害、事故灾难、公共卫生事件等突发事件预防、救援、应急处置等方面的科普工作，加强应急科普资源和平台建设，完善应急科普响应机制，提升公众应急处理能力和自我保护意识。

第三十四条　国家鼓励在职业培训、农民技能培训和干部教育培训中增加科普内容，促进培育高素质产业工人和农民，提高公职人员科学履职能力。

第三十五条　组织和个人提供的科普产品和服务、发布的科普信息应当具有合法性、科学性，不得有虚假错误的内容。

第三十六条　国家加强对科普信息发布和传播的监测与评估。对传播范围广、社会危害大的虚假错误信息，科学技术或者有关主管部门应当按照职责分工及时予以澄清和纠正。

网络服务提供者发现用户传播虚假错误信息的，应当立即采取处置措施，防止信息扩散。

第三十七条　有条件的科普组织和科学技术人员应当结合自身专业特色组织、参与国际科普活动，开展国际科技人文交流，拓展国际科普合作渠道，促进优秀科普成果共享。国家支持开展青少年国际科普交流。

第三十八条　国家完善科普工作评估体系和公民科学素质监测评估

体系，开展科普调查统计和公民科学素质测评，监测和评估科普事业发展成效。

第五章　科普人员

第三十九条　国家加强科普工作人员培训和交流，提升科普工作人员思想道德品质、科学文化素质和业务水平，建立专业化科普工作人员队伍。

第四十条　科学技术人员和教师应当发挥自身优势和专长，积极参与和支持科普活动。

科技领军人才和团队应当发挥表率作用，带头开展科普。

鼓励和支持老年科学技术人员积极参与科普工作。

第四十一条　国家支持有条件的高等学校、职业学校设置和完善科普相关学科和专业，培养科普专业人才。

第四十二条　国家完善科普志愿服务制度和工作体系，支持志愿者开展科普志愿服务，加强培训与监督。

第四十三条　国家健全科普人员评价、激励机制，鼓励相关单位建立符合科普特点的职称评定、绩效考核等评价制度，为科普人员提供有效激励。

第六章　保障措施

第四十四条　各级人民政府应当将科普经费列入本级预算，完善科普投入经费保障机制，逐步提高科普投入水平，保障科普工作顺利开展。

各级人民政府有关部门应当根据需要安排经费支持科普工作。

第四十五条　国家完善科普场馆和科普基地建设布局，扩大科普设施覆盖面，促进城乡科普设施均衡发展。

　　国家鼓励有条件的地方和组织建设综合型科普场馆和专业型科普场馆，发展数字科普场馆，推进科普信息化发展，加强与社区建设、文化设施融合发展。

　　省、自治区、直辖市人民政府和其他有条件的地方人民政府，应当将科普场馆、设施建设纳入国土空间规划；对现有科普场馆、设施应当加强利用、维修和改造升级。

　　第四十六条　各级人民政府应当对符合规划的科普场馆、设施建设给予支持，开展财政性资金资助的科普场馆运营绩效评估，保障科普场馆有效运行。

　　政府投资建设的科普场馆，应当配备必要的专职人员，常年向公众开放，对青少年实行免费或者优惠，并不得擅自改为他用；经费困难的，政府可以根据需要予以补贴，使其正常运行。

　　尚无条件建立科普场馆的地方，应当利用现有的科技、教育、文化、旅游、医疗卫生、体育、交通运输、应急等设施开展科普，并设立科普画廊、橱窗等。

　　第四十七条　国家建设完善开放、共享的国家科普资源库和科普资源公共服务平台，推动全社会科普资源共建共享。

　　利用财政性资金设立的科学研究和技术开发机构、高等学校、职业学校，有条件的应当向公众开放科技基础设施和科技资源，为公众了解、认识、参与科学研究活动提供便利。

　　第四十八条　国家鼓励和引导社会资金投入科普事业。国家鼓励境内外的组织和个人设立科普基金，用于资助科普事业。

　　第四十九条　国家鼓励境内外的组织和个人依法捐赠财产资助科普事业；对捐赠财产用于科普事业或者投资建设科普场馆、设施的，依法给予优惠。

科普组织开展科普活动、兴办科普事业，可以依法获得资助和捐赠。

第五十条　国家依法对科普事业实行税收优惠。

第五十一条　利用财政性资金设立科学技术计划项目，除涉密项目外，应当结合任务需求，合理设置科普工作任务，充分发挥社会效益。

第五十二条　科学研究和技术开发机构、学校、企业的主管部门以及科学技术等相关行政部门应当支持开展科普活动，建立有利于促进科普的评价标准和制度机制。

第五十三条　科普经费和组织、个人资助科普事业的财产，应当用于科普事业，任何组织和个人不得克扣、截留、挪用。

第七章　法律责任

第五十四条　违反本法规定，制作、发布、传播虚假错误信息，或者以科普为名损害国家利益、社会公共利益或者他人合法权益的，由有关主管部门责令改正，给予警告或者通报批评，没收违法所得，对负有责任的领导人员和直接责任人员依法给予处分。

第五十五条　违反本法规定，克扣、截留、挪用科普款物或者骗取科普优惠政策支持的，由有关主管部门责令限期退还相关款物；对负有责任的领导人员和直接责任人员依法给予处分；情节严重的，禁止一定期限内申请科普优惠政策支持。

第五十六条　擅自将政府投资建设的科普场馆改为他用的，由有关主管部门责令限期改正；情节严重的，给予警告或者通报批评，对负有责任的领导人员和直接责任人员依法给予处分。

第五十七条　骗取科普表彰、奖励的，由授予表彰、奖励的部门或者单位撤销其所获荣誉，收回奖章、证书，追回其所获奖金等物质奖励，并由其所在单位或者有关部门依法给予处分。

第五十八条　公职人员在科普工作中滥用职权、玩忽职守、徇私舞弊的，依法给予处分。

第五十九条　违反本法规定，造成人身损害或者财产损失的，依法承担民事责任；构成违反治安管理行为的，依法给予治安管理处罚；构成犯罪的，依法追究刑事责任。

第八章　附则

第六十条　本法自公布之日起施行。

后　记

　　科普是我职业生涯中从事最长的工作，而其中最精彩的莫过于策划和组织科普活动了，它们成了我的最爱，而且将伴随我的一生。从开始的模仿到后来的奇思妙想，从无人喝彩到掌声响起，其中的苦乐只有我自己清楚。当然，最令我高兴的是，经过多年的不懈努力，中国的科普活动、科普工作、科普事业有了很大的改变，科普成为国家科技创新体系的重要组成部分，成为实现创新发展的重要基础性工作，成为当今社会不可缺少的重要内容。

　　"勿以事小而不为之"，这是我牢记的一句话。"不积细流无以成江海"，既然科普成了我的工作职责，那么我就应该认真学习它、研究它、热爱它。为了科学技术知识普及、科学方法倡导、科学思想传播、科学精神弘扬，我始终把科普活动、科普工作、科普事业作为最优先的任务，为此放弃了许多其他事业和机会，为了它而努力拼搏，一年中不是在机场，就是在往返机场的路上，有时会一天三飞。

　　承蒙科技部、中央宣传部、中国科协、中国科学院等部门领导和同志们的厚爱、支持和帮助，我先后荣获全国科普工作先进工作者、全国文化科技卫生"三下乡"先进个人、全民科学素质行动计划实施先进个人等荣誉称号，这既是对我的莫大肯定，也是极大的激励。

这本书，可以理解为我对科普活动的总结、概括与展望，希望能为您提供启示与思路、方法与技巧、经验与智慧、朋友与平台……

邱成利

终稿于北京龙潭湖

2024 年 12 月 31 日